S. Kistler / A. Puzio / A.M. Riedl / W. Veith (Hgg.)
Digitale Transformationen der Gesellschaft

FORUM SOZIALETHIK

Herausgegeben von
Werner Veith
und Christoph Hübenthal

Band 24

Sebastian Kistler
Anna Puzio
Anna Maria Riedl
Werner Veith (Hgg.)

Digitale Transformationen der Gesellschaft

Sozialethische Perspektiven
auf den technologischen Wandel

Bibliografische Information der Deutschen Bibliothek
Die Deutsche Bibliothek verzeichnet diese Publikation in der
Deutschen Nationalbibliografie; detaillierte bibliografische Daten
sind im Internet über <http://dnb.ddb.de> abrufbar.

© 2023 Aschendorff Verlag GmbH & Co. KG, Münster

www.aschendorff-buchverlag.de

Das Werk ist urheberrechtlich geschützt. Die dadurch begründeten Rechte, insbesondere die der Übersetzung, des Nachdrucks, der Entnahme von Abbildungen, der Funksendung, der Wiedergabe auf fotomechanischem oder ähnlichem Wege und der Speicherung in Datenverarbeitungsanlagen bleiben, auch bei nur auszugsweiser Verwertung, vorbehalten. Die Vergütungsansprüche des § 54 UrhG werden durch die Verwertungsgesellschaft Wort wahrgenommen.

Einbandgestaltung: Barbara Loy, München
Printed in Europe

ISBN 978-3-402-10658-7
ISBN 978-3-402-10659-4 (E-Book PDF)

Inhalt

Einleitung 9

DIGITALISIERUNG UND GESELLSCHAFT

Gibt es ein privates Leben im Digitalen?
Informationelle Selbstbestimmung im Kontext von Nassehis
Theorie der digitalen Gesellschaft
Ivo Frankenreiter

1. Privatheit in Nassehis Theorie der digitalen Gesellschaft 20
2. Auf dem Weg zu einer Aktualisierung des Privaten:
   Nissenbaums contextual integrity 27
3. Zum sozialethischen Umgang mit Nassehis Theorie der
   digitalen Gesellschaft 32

In welcher Gesellschaft wollen wir leben?
Vermeintliche Wachstumszwänge auf dem Prüfstand
Sebastian Kistler

1. Die Person im Fokus der Wirtschaft? 39
2. Wachstumszwänge und Naturverbrauch 44
3. Alternativen zu Wachstumsimperativen 46
4. Ausblick 49

Ko-Laboration: Arbeit 4.0 zwischen Theodor W. Adornos
‚Dialektik des Fortschritts' und Donna Haraways ‚Sympoiesis'
Simon Reiners

1. Vorab 53
2. Einführung – Verschränken 55

3. Digitalisierung der Arbeitswelt – Technische Möglichkeiten 57
4. Adorno – Fortschritt und Regression 58
5. Haraway – Gemeinsames Schaffen 62
6. Potenzial – (Ver-)Antworten 64
7. Abschluss – Ko-Laboration 66

KÖRPER UND TECHNOLOGIE

Mensch, gut siehst du aus! Betrachtung der heutigen Körperoptimierung: Balancing Ethische Autonomie und Fremdbestimmung

Anna Puzio

1. Die gegenwärtige Optimierung des Körpers: Begriff, Formen und Ziele 74
2. Autonome Entscheidungen? – Körperoptimierung zwischen Selbst- und Fremdbestimmung 76
3. Bewertung der technologischen Körperoptimierung 80
4. Das Verhältnis von Körper und Technik: Technik bringt einen neuen Körper hervor 84
5. Theologie als Influencerin 85
6. Fazit und Ausblick 88

Im Angesicht von Technik – der Mensch als Produkt und Produzent

Caroline Helmus

1. Eine kleine Einführung in den Transhumanismus 97
2. Das Menschenbild des Transhumanismus – Emanzipation durch Technik 99
3. Das Begehren von Technik im Körper – Der Mensch als Produkt und Produzent 102
4. Zum Abschluss – ein Ausblick für den theologischen Diskurs 105

DIGITALISIERUNG UND DEMOKRATIE

Demokratie eingebettet in die digitale Welt
Eine sozialethische Suche nach Orientierung und das Konzept
der embedded democracy
Alexandra Palkowitsch

1. Einleitung: Der mehrdimensionale Zusammenhang von
   Demokratie und Digitalisierung... 113
2. Demokratie im digitalen Zeitalter als Thema der christlichen
   Sozialethik 114
3. Öffentlichkeit als wesentlicher Teilaspekt................................. 117
4. Embedded democracy.. 120
5. Das Konzept der embedded democracy als Grundlage für eine sozialethische Auseinandersetzung mit Digitalisierung und Demokratie..... 124

Das digitale Subjekt
Das Zusammenleben im digitalen Raum und eine neue
Konstruktion des Selbst
Sebastian Dietz

1. Das digitale Subjekt als eigene Form von Subjektivität 130
2. Das Verhältnis zwischen digitalem Subjekt und natürlicher Person .. 133
3. Zur ethischen Relevanz des digitalen Subjekts 140

ANWENDUNGSBEZOGENE KONKRETIONEN

Digitalisierung der Pflegearbeit als soziale Innovation?
Mobile Endgeräte als strukturierendes Element der Organisation
und Interaktion in der Altenpflege
Eva Hänselmann

1. Einleitung.. 147
2. Kritik der digital gestützten Pflegesteuerung anhand des
   Konzepts der sozialen Innovation.. 150
3. Fazit 158

Programmierte Autonomie?
Autoregulative Waffensysteme als anthropologische Anfrage
Nicole Kunkel

1. Einleitung 165
2. Autoregulative Algorithmen 167
3. Anthropomorphisierende Menschen 170
4. Autonomie in Philosophie und Technik 173
5. Fazit 176

Künstliche Intelligenz und moralische Verantwortung
Wer übernimmt die Verantwortung für moralisch illegitime Operationen von KI-gesteuerten Kampfrobotern?
Timo Greger

1. Einleitung: Verantwortung in einer technisierten Alltagspraxis 181
2. Künstliche Intelligenz und moralische Verantwortung 183
3. Legitime Instanzen moralischer Verantwortung 193

Das *Digital Ethics Lab*
Ein didaktisches Konzept forschenden Lernens zur Ausbildung digitaler Souveränität
Max Tretter/ Hannah Bleher/Maike Tischendorf

1. Digitalisierung meistern 197
2. Digitale Souveränität ausbilden 199
3. Digitale Souveränität in der Theologie und das Digital Ethics Lab
   – ein didaktisches Konzept 202
4. Step-by-Step Anleitung 209
5. Fazit und Ausblick 210

Autor*innenverzeichnis 215

Einleitung

Digitale Transformationen der Gesellschaft. Sozialethische Perspektiven auf den technologischen Wandel

Der vorliegende Sammelband fragt nach technologischen und digitalen Transformationen und den damit einhergehenden Neubestimmungen der Gesellschaft durch Technik. Ausgangspunkt dieser Themenwahl war die Beobachtung, dass Technologisierung und besonders die Digitalisierung gesamtgesellschaftliche Transformationsprozesse bewirken, die im Kern die Art unseres Zusammenlebens – das Soziale – betreffen. Sie verändern nicht nur, wie wir leben, Partner suchen, arbeiten, wohnen, konsumieren oder uns selbst präsentieren, sondern auch sämtliche Lebensbereiche wie Politik, Bildung, Wirtschaft und Gesundheit. Mit diesen Prozessen sind Ängste und Hoffnungen gleichermaßen verbunden: Technologische Perspektiven im Kampf gegen die Klimaerwärmung, neue Heil- und Behandlungsmethoden durch den Einsatz von Nanotechnologien, Demokratisierung durch mehr Beteiligung oder aber die Beeinflussung von Wahlen und die Bedrohung der Demokratie durch die Macht der Daten, der Verlust der Privatsphäre, die Steuerung von Informationen und Entscheidungen durch Algorithmen, „intelligente" Waffensysteme und die Schaffung eines neuen Menschen.

Die Komplexität und Wirkungstiefe dieser Prozesse werfen Fragen nach deren Steuerbarkeit, ihren Zwecken bzw. möglichen Orientierungen auf: Welche Entwicklungen sind wie zu regulieren? Wie kann eine entsprechende Legitimation erfolgen? Wer übernimmt Verantwortung? Wie sind technische Entwicklungen ethisch zu beurteilen und welche Empfehlungen sind daraus für den Umgang mit Technik abzuleiten? Gibt es Grenzen dieser Entwicklungen oder haben die schieren Möglichkeiten des Machbaren die ethischen Fragen längst überholt und erledigt?

Bislang fielen die angerissenen Themen und Fragen der Technikethik als einer klassischen Bereichsethik zu. Allerdings zeigt der hier angedeutete epochale Wandel, dass die Kategorien einer solchen Bereichsethik gesprengt werden und vielmehr eine alle gesellschaftlichen Bereiche umfassende Querschnittsaufgabe auf Bearbeitung wartet.

Noch deutlicher wird dies, wenn man berücksichtigt, dass mit der Technologisierung und Digitalisierung nicht nur anwendungsorientierte Fragen, sondern gerade auch Grundlagenfragen ganz neu gestellt werden (müssen). Lange als sicher geglaubte Grenzen und Orientierungen wie die Natur als Gegenüber oder die Trennung zwischen natürlich und künstlich (technisch), geworden und gemacht entgleiten, erweisen sich als nicht haltbar und werden fluide. Unterscheidungen zwischen Mensch und Maschine verschwimmen und entziehen sich einer eindeutigen Kategorisierung. Wachsende Anthropozentrismuskritik, die Theorie vom Anthropozän und ein vor allem in den Sozialwissenschaften geführter Diskurs über die Bedeutung von Technik und Technologien für die Existenz des Sozialen geben davon Zeugnis. Gerade die christliche Sozialethik ist aufgefordert, diese Debatten wahrzunehmen, zu reflektieren und einen eigenen Beitrag dazu zu entwickeln. Steht doch ihr Kernthema – das Soziale – im Mittelpunkt dieser Diskussionen.

Christliche Sozialethik, die für sich in Anspruch nimmt, normative Orientierungen zu geben, darf sich dabei weder den Anwendungs- noch den Grundlegungsfragen verschließen, denn beide bedingen einander. Sie steht dabei vor der immensen Herausforderung, nicht allein mit einer von ihr allzu oft erwarteten reinen Technikkritik zu antworten. Wie aber kann ihre Antwort, ihr Beitrag zur gesellschaftlichen Situation und ihre Orientierung dann aussehen?

Digitale Transformationen der Gesellschaft. Sozialethische Perspektiven auf den technologischen Wandel lautet der Titel des vorliegenden Sammelbandes. Ihm voraus ging die im Herbst 2021 durchgeführten Jahrestagung des Forums Sozialethik, dem deutschsprachigen Nachwuchsnetzwerk der Christlichen Sozialethik zum Thema *Der Mensch zwischen Technik und Natur. Neubestimmungen des Sozialen durch die digitale Transformation.* Eine Auswahl der Tagungsbeiträge ist im vorliegenden Sammelband publiziert. Mit einem offenen Call zu diesem Thema wandte sich die Tagung an Interessierte. Gerade wegen dieser Offenheit und den vielfältigen Anknüpfungsmöglichkeiten sind die eingereichten Beiträge auch immer ein Spiegel der Themen und Diskussionen, die den Nachwuchs der christlichen Sozialethik und angrenzender Disziplinen aktuell beschäftigen. Das gilt auch für diesen Sammelband. Denn auch wenn Herausgeber:innen selbstverständlich eingreifen Beiträge ablehnt oder explizit einlädt, Texte redigiert und kommentiert, so präsentiert die Wahl der Themen doch immer, was gerade diskutiert wird und welche Themen und Fragen den aktuellen Fachdiskurs prägen.

Dabei zeigt sich, dass die ursprünglich der Tagung mal vorangestellte Spannung „der Mensch zwischen Natur und Technik" nur teilweise aufgegriffen wurde. Deutlich wurde der Ausschlag hin zu Beiträgen, die sich mit Digitalisierung, der Anwendung neuer Technologien, ihren Folgen und anthropozentrischen Fragen beschäftigen. Nicht nur der gegenüber der Tagung veränderte Titel dieses Sammelbandes, sondern auch vor allem die hier versammelten Beiträge geben davon Zeugnis.

Der Band gliedert sich in fünf Sektionen, die von Grundlegungs- bis Anwendungsfragen verschiedene Aspekte des Themas in den Blick nehmen.

Eröffnet werden die Beiträge mit einem Themenblock zu *Digitalisierung und Gesellschaft* der einerseits grundlegend das Verhältnis der beiden zueinander beleuchtet und damit auch die Dimension der Transformation in den Blick nimmt. Reflektiert wird der Umstand, dass wir gerade im Kontext technologischer Transformationen oft von Zukunftsszenarien sprechen. Der Diskurs wird dabei von Digitalisierungsutopien und -dystopien mit geprägt. Diese gilt es eben als solche potentiellen, aber nicht zwangsläufigen Zukunftsszenarien ernst zu nehmen und sozialethisch zu untersuchen.

Den Anfang macht ein Beitrag von *Ivo Frankenreiter* mit dem Titel *Gibt es ein privates Leben im Digitalen?* Entlang des Ansatzes von Armin Nassehi versteht er Digitalisierung nicht als Sonderbereich moderner Gesellschaft, sondern beschreibt die Gesellschaft insgesamt als eine digitale und nimmt dabei kritisch auf die Idee der informationellen Selbstbestimmung Bezug. In einem weiteren Schritt wird den soziologischen Betrachtungen von Nassehi im Rückgriff auf das Konzept der *contextual integrity* von Helen Nissenbaum eine ergänzende normative Perspektive an die Seite gestellt. Der Autor kommt nach diesem Theoriedurchgang zu dem Schluss, dass sich Natur und Technik nicht isoliert betrachten lassen und dass diese Unterscheidung zwischen beiden immer schon technisiert ist.

Dass dieses Verhältnis zwischen Natur und Technik eine wichtige Spur zum Umgang mit Digitalisierung und neuen Technologien legt, zeigt sich auch im Beitrag von *Sebastian Kistler*. Unter dem Titel *In welcher Gesellschaft wollen wir leben? Vermeintliche Wachstumszwänge auf dem Prüfstand* geht der Autor der Frage nach, ob Digitalisierung automatisch mit einem Wirtschaftsmodell von ständigem Wachstum einhergehen muss. Anhand von alternativen Konzepten zeigt er nicht nur andere Wege auf, sondern verdeutlicht, dass es auch wesentlich das Verständnis von Natur ist, das prägt, wie Nachhaltigkeit und Wirtschaft gedacht und gestaltet werden.

Die Folgen der gesellschaftlichen Transformation durch die Digitalisierung zeigen sich vor allem im Bereich der Arbeit. Durch die Verbreitung digitaler Technologien und „intelligenter" Produktionssysteme (Arbeit 4.0) befinden sich Arbeitsverhältnisse wieder einmal radikal im Wandel. Simon Reiners greift diese Thematik in seinem Beitrag *Ko-Laboration: Arbeit 4.0 zwischen Theodor W. Adornos ‚Dialektik des Fortschritts' und Donna Haraways ‚Sympoiesis'* unter gesellschafstheoretischer Perspektive auf. Mit Adornos ‚Dialektik des Fortschritts' als herrschaftskritische Perspektive und Haraways Theorie der ‚Sympoiesis' (mit machen als Gegensatz zu auto-poiesis) verknüpft er zwei eigentlich gegensätzliche Theorien. Er kommt so zu der Thesen, dass im Wandel der Arbeit auch Emanzipationspotenziale liegen, wenn es gelingt, die darin liegende Verwobenheit von Arbeit, Leben, Technik, Natur bewusst zu reflektieren und den Blick für eine Ethik des Anderen zu öffnen.

Im Themenblock *Körper und Technologie* fragen zwei Beiträge nach dem Menschen im Zeichen der Technologisierung und nehmen dabei Sehnsüchte, Optimierungen, Körper- und Menschenbilder hinter den technischen Entwicklungen in den Blick.

Anna Puzio untersucht in ihrem Aufsatz *Mensch, gut siehst du aus! Ethische Betrachtung der heutigen Körperoptimierung: Balancing Autonomie und Fremdbestimmung* die vielfältigen Möglichkeiten zur Körperoptimierung in der heutigen Gesellschaft. Sie erforscht die theologisch-ethischen Implikationen der Körperoptimierung, indem sie beispielsweise auf Foucaults Konzepte der „Bio-Macht" und „Technologien des Selbst" zurückgreift und diskutiert, wie die Optimierungsentscheidungen zwischen individueller Selbstbestimmung und gesellschaftlicher Fremdbestimmung verortet werden können. Puzio vertritt dabei die These, dass Technik mithervorbringt, was Körper bedeutet und zeigt auf, wie Technologien eine Chance sein können, das Menschen- und Körperverständnis neu und inklusiv auszuhandeln. Zuletzt erörtert Puzio, wie die Theologie einen Beitrag zu den Optimierungen leisten kann.

Caroline Helmus untersucht in ihrem Beitrag, welche Menschenbilder hinter den technologisch erzeugten Leistungssteigerungen und den Versprechungen des Enhancement stehen. Im Rückgriff auf den Transhumanismus – der ihr als Brennglas für diese Diskurse dient – arbeitet sie einerseits die Binnenperspektive (Emanzipationswunsch) heraus und kritisiert den Technikdiskurs des Transhumanismus zugleich aus der Außenperspektive für seine verkürzte Vision einer postgender-posthumanen Gesellschaft. In Auseinandersetzung mit dem Begehren zur technischen Modifikation des Körpers und den damit einhergehenden Subjektbildungsprozessen weist sie eine zu einfache Ablehnung des Transhumanismus zurück und plädiert stattdessen aus theologischer Perspektive für einen sowohl Chancen als auch Grenzen benennenden Dialog.

Der dritte Themenblock des Bandes zur *Digitalisierung und Demokratie* richtet den Blick darauf, wie sehr die Digitalisierung auch den Bereich des Politischen durchdrungen und verändert hat.

Alexandra Palkowitsch widmet sich in ihrem Aufsatz *Demokratie eingebettet in die digitale Welt. Eine sozialethische Suche nach Orientierung und das Konzept der embedded democracy* der Digitalisierung in der Politik. Online-Partcitage, Wahlbeeinflussung, Blockieren von Politiker:innen in den Sozialen Medien, Hacker:innenangriffe und die große Bedeutung der Technologiekonzerne wirken sich auf die Demokratie aus. Palkowitsch erforscht das demokratietheoretische Konzept der *embedded democracy* und macht es fruchtbar für die sozialethische Auseinandersetzung mit Digitalisierung und Demokratie.

Sebastian Dietz untersucht in seinem Aufsatz *Das digitale Subjekt. Eine neue Konstruktion des Selbst und das Zusammenleben im digitalen Raum* wie sich der Begriff des Subjekts im Kontext der Digitalisierung verändert. Er argumentiert, dass im digitalen Raum eine neue, eigenständig zu denkende Form der Subjektivität entstanden ist, die er im Anschluss an Foucault beschreibt. Die digitalen Subjekte stehen in Wechselbeziehungen mit natürlichen Personen, sind aber für ethische Betrachtungen von diesen zu unterscheiden. Dietz zeigt auf, dass das digitale Subjekt sich als Werkzeug eignet, Machtverhältnisse und den digitalen Raum als politischen Raum zu analysieren.

Wie die digitalen Transformationen Bereiche unserer Gesellschaft konkret verändern werden, wird in der Behandlung von anwendungsbezogenen Fragen deutlich. Im Themenblock *Anwendungsbezogene Konkretionen* finden sich Auseinandersetzungen mit dem Einsatz von KI. *Eva Hänselmann* eröffnet diesen Block und nimmt die Digitalisierung der Pflege in den Blick In ihrem Aufsatz *Digitalisierung der Pflegearbeit als soziale Innovation? Mobile Endgeräte als strukturierendes Element der Organisation und Interaktion in der Altenpflege* prüft sie, ob die derzeitige Digitalisierung in der Altenpflege eine soziale Innovation darstellt und entwickelt Bedingungen, die dafür erfüllt sein müssten. Der Beitrag bietet eine ausführliche Analyse der mobilen digitalen Pflegeplanung und -dokumentation und fokussiert dabei besonders mobile Endgeräte.

Das zweite anwendungsbezogenen Feld behandelt Fragen rund um die Digitalisierung von Waffen. Während auf der einen Seite Hoffnungen daraufgelegt werden, dass die Digitalisierung von Waffensystemen dazu führt, dass weniger Soldaten zu Schaden kommen und die Zahl von zivilen Opfern aufgrund der Ausschaltung menschlicher Schwächen wie Angst, Übermüdung oder Rachegefühlen minimiert werden können, kommt eine Vielzahl neuer ethische Fragen auf.

Nicole Kunkel beschäftigt sich mit der Frage, was es bedeutet, wenn nicht mehr Menschen, sondern Algorithmen Entscheidungen über die gezielte Tötung *vermeintlicher* Ziele treffen, also letztlich Kalkulationen über Leben und Tod anstellen. Ihr Beitrag *Programmierte Autonomie? Autoregulative Waffensysteme als anthropologische Anfrage* reflektiert über das grundsätzliche Verhältnis von Mensch und Maschine. Da Maschinen Algorithmen folgen, die selbst nicht zu ethischen Abwägungen fähig sind, bleiben sie auf die sozialen und ethischen Fähigkeiten des Menschen angewiesen. Deshalb plädiert die Autorin unter anderem dafür, nicht von Autonomie in Bezug auf Waffensysteme zu sprechen, sondern trefflicher von Autoregulation.

Timo Greger stellt in seinem Artikel die Frage, wer bzw. welche Instanzen für moralisch problematische Konsequenzen von autoregulativen, auf KI basierenden Waffensystemen verantwortlich ist bzw. sind. Dazu analysiert und kritisiert er die vielbeachteten Thesen von Luciano Floridi und John W. Sanders, sowie die von Robert Sparrow. Nach der Analyse der Probleme, aber auch der Möglichkeiten der Verantwortungszuschreibung in so komplexen Fragen, wie der diskutierten, identifiziert Greger fünf Instanzen, die begründet zur Verantwortung gezogen werden können und sollten.

Den Abschluss des vorliegenden Bandes bildet ein Block zu *Digitalisierung und Didaktik*. Er erweitert die zuvor behandelten Themen um eine praktische Perspektive. *Hanna Bleher, Max Tretter und Maike Tischendorf* geben hier Einblick in die Gestaltung digitaler Lehr- und Lerneinheiten im Kontext universitärer Seminare. Mit dem *Digital Lab* stellen sie ein didaktisches Konzept forschenden Lernens zur Ausbildung digitaler Souveränität in der universitären Lehre vor. Sie berichten davon, wie es gelingen kann mit Studierenden digitale Transformation nicht nur zu reflektieren, sondern beteiligungsorientiert Digitalisierungskompetenzen im Erstellen von kurzen sozialethischen Socialmedia-Beiträgen zu entwickeln.

Dank

Unser Dank gilt der Kommende Dortmund für die Unterstützung des Forums Sozialethik. Außerdem danken wir der *Pfarrer Elz Stiftung* in München, *AG Christliche Sozialethik* und dem *Verein der Freunde und Förderer der Kommende* (Dortmund) für großzügige Druckkostenzuschüsse, die diesen Band möglich gemacht haben.

Anna Maria Riedel, Sebastian Kistler, Anna Puzio, Werner Veith

Digitalisierung und Gesellschaft

Gibt es ein privates Leben im Digitalen?
Informationelle Selbstbestimmung im Kontext von
Nassehis Theorie der digitalen Gesellschaft

Ivo Frankenreiter

Digitalisierung nicht als Sonderbereich moderner Gesellschaft, sondern diese Gesellschaft insgesamt als eine *digitale Gesellschaft* zu verstehen, verändert die Perspektive, unter der gesellschaftliche Fragen zu erörtern sind. Trifft diese Voraussetzung zu, dann lassen sich gegenwärtige soziale Problemstellungen überhaupt nur dann angemessen begreifen, wenn sie als Probleme einer solchen digitalen Gesellschaft formuliert werden. Exemplarisch ausbuchstabiert wird diese Stoßrichtung im Umgang mit Digitalisierung durch den Soziologen Armin Nassehi in seinem Werk *Muster. Theorie der digitalen Gesellschaft*.[1] Um einen konkreten Prüfstein für die sozialethische Reflexion zu gewinnen, wird die Betrachtung im vorliegenden Beitrag anhand des Anwendungsfalls der Privatsphäre im Kontext einer solchen digitalen Gesellschaft fokussiert.[2]

Weil aber die Frage, was genau unter Begriffen der Privatsphäre oder Privatheit, englisch *privacy*, diskutiert und gefordert wird, von den jeweils in Anschlag gebrachten theoretischen Voraussetzungen abhängt,

---

[1] Nassehi, *Muster*. Im Kontext der Tagung, die dem vorliegenden Band zugrundeliegt, war die thematische Ausrichtung dieses Beitrags Teil einer umfassenderen Auseinandersetzung mit Fragen der Digitalisierung und entstand entsprechend in engem Zusammenhang mit den Beiträgen von Werner Veith und Felix Geyer. Bei beiden möchte ich mich an dieser Stelle ausdrücklich bedanken.

[2] Mit der thematischen Eingrenzung verbunden ist auch die Einschränkung, dass keine kritische Auseinandersetzung mit Nassehis Ansatz im Ganzen erfolgen kann. Ein wiederkehrendes Problem besteht bspw. darin, dass die Grenze zwischen methodisch streng beschreibender Soziologie und welterklärender Philosophie – die damit starke ontologische und epistemologische Prämissen impliziert, ohne diese explizit zu reflektieren – an vielen Stellen verschwimmt bzw. bewusst verwischt scheint; vgl. bspw. Nassehi, *Muster*, 82–105.

die implizit bleiben oder explizit thematisiert werden können, lässt sie sich nur eingeschränkt durch davon losgelöste Definitionen beantworten. Als Ausgangspunkt kann ein umgangssprachliches Verständnis davon dienen, dass es einen Raum von Eigenschaften, Überzeugungen und Verhaltensformen einer Person gibt, die diese Person einem beliebigen Zugriff durch andere entzogen wissen möchte. Im Rahmen der politischen Diskussionen um wünschenswerte oder notwendige Regulierungen erhalten die damit verbundenen Fragen ethische Brisanz. Wie sich dieser Gegenstand und seine Reflexion durch Nassehis Theorie verändern und was dies für die sozialethische Arbeit bedeutet, bildet daher die leitende Fragestellung der folgenden Überlegungen. Sie zielen somit auf eine Klärung des Stellenwerts dieser speziellen Theorie für die Anliegen Christlicher Sozialethik.

In einem ersten Schritt werden dafür zunächst einige Grundaspekte der ‚Theorie der digitalen Gesellschaft' rekapituliert (1.1), die anschließend an Nassehis soziologischem Verständnis von Privatheit unter besonderer Berücksichtigung seiner Kritik der Figur „informationeller Selbstbestimmung" konkretisiert werden (1.2). Vor diesem Hintergrund kann sich der Fokus im zweiten Schritt auf die Frage verschieben, welche Bedeutung Nassehis Position für die ethische Diskussion um digitale Privatsphäre zukommt. Um über Nassehis Anspruch deskriptiver Soziologie hinaus auch die normativen Dimensionen dieser Frage strukturieren zu können, wird auf Helen Nissenbaums Konzept der *contextual integrity* zurückgegriffen (2.). Der dritte Schritt schließlich weitet die Perspektive auf die Frage, wie im Blick auf einen solchen Anwendungsfall mit Nassehis *Theorie der digitalen Gesellschaft* umzugehen ist (3.).

1. PRIVATHEIT IN NASSEHIS THEORIE DER DIGITALEN GESELLSCHAFT

Um den Zusammenhang von Privatheit und Digitalität in Nassehis Theorie zu erschließen, ist zunächst ein Zugang zu seinem etwas eigenwilligen, stark systemtheoretisch geprägten Verständnis des Digitalen erforderlich. Im Unterschied zum allgemeinen Sprachgebrauch will Nassehi ‚Digitalisierung' eben nicht beispielsweise als Prozess einer Umwandlung analoger in digitale, diskrete Signale und damit einhergehend einer Verbreitung digitaler Technologien verstehen. Digitalisierung bildet für ihn folglich auch keinen klar definierten Phänomenbereich als

Teil einer auch losgelöst davon bestehenden und verstehbaren modernen Gesellschaft. Vielmehr bildet ‚das Digitale' für ihn einen Grundzug im Zusammenhang zwischen den Kerneigenschaften moderner Gesellschaften und der Möglichkeit ihrer Selbstbeobachtung, auf die jede organisierende Bezugnahme *auf* eine solche Gesellschaft *als Gesellschaft* angewiesen ist. Begriffe wie ‚Digitalität' und ‚Digitalisierung' werden damit gewissermaßen zu *abhängigen Variablen*[3] dieses Spannungsfelds. Ihr Verständnis kann daher für Nassehi auch nicht in Form einer klaren Definition am Anfang der Untersuchung stehen, sondern wird erst schrittweise einsichtig in der Arbeit am zentralen Bezugsproblem: der Selbstbeschreibung moderner Gesellschaften in ihrer erstaunlichen Stabilität und Regelmäßigkeit angesichts der undurchsichtigen Komplexität der ihre Abläufe bestimmenden Strukturen.

1.1 Zum theoretischen Verständnisrahmen digitaler Muster

Es sind besonders vier charakteristische Gehalte der Theorie, die sich als Eckpunkte eines Rahmens für Nassehis Diskussion digitaler Privatheit abstecken lassen. Der erste Aspekt ergibt sich aus seiner Perspektive systemtheoretischer Soziologie.[4] Sie ermöglicht es ihm, die *Komplexität* moderner Gesellschaft[5] in eine Beschreibung ihrer *Digitalität* zu übersetzen: Organisation und Abläufe dieser Gesellschaft werden durch *Muster* bestimmt, die sich nur mittels digitalisierter Techniken sichtbar machen lassen.[6] Dem Untertitel seines Buchs entsprechend, geht es in diesem Sinne „gar nicht um eine *Theorie der Digitalisierung*, sondern um eine *Theorie der digitalen Gesellschaft*."[7] Wie weit Nassehi hierfür den Begriff des Digitalen fasst, zeigt sich daran, dass er die Anfänge dessen bereits in den Volkszählungen des 19. Jahrhunderts ansetzt.[8]

---

[3] Vgl. Nassehi, *Muster*, 28.
[4] Auch wenn die expliziten Verweise auf diesen Rahmen gerade in den ersten Kapiteln eher selten sind – vgl. bspw. Nassehi, *Muster*, 93 –, zeigt sich doch auch hier der gesamte Gedankengang systemtheoretisch durchdrungen. Zum Hintergrund vgl. bspw. Kneer/Nassehi, *Luhmanns Theorie*.
[5] Zur Komplexität sich überlagernder Ordnungsstrukturen als Unterscheidungsmerkmal moderner von vormodernen Gesellschaften als Hintergrund dafür, das „*Bezugsproblem für die Digitaltechnik [...] in der Komplexität der Gesellschaft selbst*" zu entdecken, vgl. Nassehi, *Muster*, 35–41, zit. 36.
[6] Vgl. Nassehi, *Muster*, 50–59.
[7] Nassehi, *Muster*, 27.
[8] Vgl. Nassehi, *Muster*, 62f.

Entscheidend sei, dass bereits hier die Selbstbeobachtung der Gesellschaft nur noch mit den Mitteln einer Übersetzung ihrer Strukturen in dieses neu hinzugezogene Medium möglich gewesen sei. Die Abbildung des Sozialen in Statistiken, deren Quantifizierungen zueinander in Bezug gesetzt werden, um etwa als Gegenstand von Regierungsmaßnahmen zu fungieren, bildet für Nassehi das charakteristische Merkmal *digitaler Gesellschaft* und erlaubt es ihm so, seine Rede von *Digitalität* vom Einsatz von *digitalen Technologien* im umgangssprachlichen Sinne computerbasierter Verarbeitungen zu entkoppeln.[9]

In der Abbildung des Sozialen anhand quantifizierter Daten klingt bereits der zweite und wesentlich epistemologische Aspekt an, durch dessen Verständnis sich Nassehis Ansatz erschließen lässt. Die für ihre Organisation relevanten Muster moderner Gesellschaft können für ihn nicht mehr in einem solchen Sinne als ‚offensichtlich' gelten, dass sie einer direkten, sinnlichen Wahrnehmung zugänglich wären.[10] Um ihre Strukturen dennoch begreifen und etwa politisch bearbeiten zu können – um also zu verhindern, dass ihre Ausdifferenzierung ihren Zerfall in isolierte Gemeinschaften bewirkt – müssen diese Muster eigens sichtbar gemacht werden. Die Bedeutung dessen zeigt sich etwa anhand des Kontrasts, dass *statistische* Gruppen in modernen Gesellschaften wichtiger, aussagekräftiger werden als *soziale* Gruppen.[11] Verhalten und Eigenschaften einer Person beispielsweise lassen sich Nassehi zufolge erheblich besser anhand statistischer Gemeinsamkeiten mit den Datensätzen anderer Personen vorhersagen, als dies ausgehend von einer Betrachtung ihrer Biographie und ihres direkten sozialen Umfelds aus möglich wäre. Nassehis weiter Begriff der ‚Digitalität' verbindet sich so mit der Ansicht, dass gerade die zunächst verborgenen und erst in digitaler Selbstbeobachtung sichtbar zu machenden Muster notwendig dafür sind, die Strukturen moderner Gesellschaft beschreiben und damit die Voraussetzung moderner Politik bereitstellen zu können.

Die angenommene Digitalität moderner Gesellschaft und die epistemologische Bedeutung ihrer Muster lassen sich drittens in Nassehis Rede von einer „*Verdoppelung der Welt in Datenform*"[12] bündeln: Die Welt – als natürliche Welt im weitesten Sinne – wird in einem Satz von Daten abgebildet, um anschließend zur Beschreibung dieser Welt nur noch

---

[9] Vgl. Nassehi, *Muster*, 62, 326f.
[10] Vgl. Nassehi, *Muster*, 54f.
[11] Vgl. Nassehi, *Muster*, 39f., 59f.
[12] Nassehi, *Muster*, 33f.

ihre Daten untereinander in Beziehung setzen zu müssen.[13] Im systemtheoretischen Vokabular kann die weitere Arbeit dann in „*operative[r] Geschlossenheit*"[14] erfolgen. Das bedeutet zum einen, dass zum Umgang mit einer solchen ‚Welt in Daten' kein kontinuierlicher Abgleich mehr mit einer dem vorgelagerten objektiven Wirklichkeit erforderlich wäre. Zum anderen verliert damit alles, was in den Datensatz einfließt, auch seine Bindung an etwaige spezifische Zwecke, zu denen die entsprechenden Daten erhoben wurden.[15] Gerade diese selbstreferentielle Geschlossenheit der in Datenform verdoppelten Welt ist es, der sich der unbegrenzte Reichtum sichtbar zu machender Muster einer solchen Gesellschaft verdankt.[16]

Vor diesem Hintergrund lässt sich Nassehis Antwort auf seine Grundfrage danach verstehen, *welche Lösung Digitalisierung für die moderne Gesellschaft bietet*.[17] Sie ermöglicht eine Form der Selbstbeobachtung *als Gesellschaft*, die es trotz der gesteigerten Komplexität sozialer Strukturen erlaubt, sich erfolgreich in dieser Gesellschaft zu bewegen und ihre Strukturen zum Gegenstand beispielsweise politischer Kommunikation zu machen. Für diese Frage des Umgangs rückt als vierter Aspekt daher das spezifische „*Funktionieren*"[18] der Technik in den Blick. Dieses Funktionieren wird für Nassehi zum Schlüsselbegriff dafür, die Leistung der Technik für moderne Menschen zu verstehen. Sie besteht wesentlich im Abkürzen von „Konsensfragen"[19]. Eine Rechenaufgabe etwa lässt sich mithilfe eines Taschenrechners beantworten, ohne sich weiter mit ihrer Berechnung und Überprüfung beschäftigen zu müssen. Bestand zuvor Uneinigkeit über im Kopf errechnete Lösungen, schafft der – als funktionsfähig vorausgesetzte – Taschenrechner eine nicht mehr zu hinterfragende Einigkeit als Ausgangspunkt weiterer Prozesse.[20] Weitere Überzeugungsarbeit ist nicht mehr nötig. Die Komplexität gilt als bewältigt, die Aufmerksamkeit kann sich auf Anschluss-

---

[13] Vgl. Nassehi, *Muster*, 110–113 sowie die Zsfg. 149f.
[14] Nassehi, *Muster*, 111.
[15] Vgl. Nassehi, *Muster*, 127f.
[16] Vgl. Nassehi, *Muster*, 145–149.
[17] Vgl. Nassehi, *Muster*, 12, 28.
[18] Vgl. insg. Nassehi, *Muster*, 196–227, zit. 196.
[19] Nassehi, *Muster*, 206.
[20] Das Versprechen technischen Funktionierens und seine Schwächen in der Konfrontation mit komplexen Problemen ließen sich im Zuge der Corona-Pandemie am Beispiel der Luca-App beobachten: vgl. als knappen Überblick zur technischen Seite und mit weiteren Verweisen Lindemann/Mehlhose, *Kontakt-Tracing-Apps*.

fragen verschieben. Das Funktionieren ermöglicht somit Anschlussprozesse, die zuvor aufgrund der Komplexität des dafür zu Bearbeitenden unzugänglich waren. Zugleich lässt es die absolvierten Zwischenschritte in einer Weise als selbstverständlich erscheinen, die ihre gesonderte Reflexion überflüssig zu machen beansprucht. Es sind solche kognitiven Abkürzungen im datenbasierten Umgang mit der Welt, auf denen für Nassehi die funktionsfähige Komplexität moderner Gesellschaft beruht.[21]

1.2 Zur Frage einer Privatheit informationeller Selbstbestimmung

Die moderne Gesellschaft im Vollzug ihrer unverzichtbaren Selbstbeobachtung als eine zutiefst ‚digitale' im beschriebenen Sinn zu verstehen, kann nun den Hintergrund für einen konkreteren Blick auf Fragen der „Privatheit"[22] bilden. Wie bereits angedeutet, lässt sich Nassehis Position anhand seiner Kritik am „Begriff der *informationellen Selbstbestimmung*"[23] verdeutlichen. Er greift damit denjenigen Begriff auf, der auch in Rechtstexten als Zielgröße für dasjenige dient, was in Bezug auf Problemkontexte des Privaten im Bereich digitaler Medien bewahrt oder hergestellt werden soll.[24] Nassehi geht nun allerdings nicht den Weg einer ausführlicheren Rezeption und Diskussion der dahinterstehenden Theoriepositionen. Stattdessen unternimmt er eine grundsätzlich gehaltene Kritik des Konzepts der informationellen Selbstbestimmung, die sich in Gestalt zweier Argumentationsstränge rekonstruieren lässt: Demzufolge handelt es sich bei ‚informationeller Selbstbestimmung' (1.) um einen in sich widersprüchlichen Begriff, der (2.) auf der falschen Voraussetzung eines eigenständigen ‚Selbst' beruhe.

---

[21] Vgl. Nassehi, *Muster*, 205–212.
[22] Vgl. zum Folgenden insg. Nassehi, *Muster*, 293–317, zit. 293. Eine genaue Abgrenzung zum Begriff der „Privatsphäre" erfolgt bei Nassehi nicht. Es ist daher davon auszugehen, dass beide Begriffe je nach Definition synonym oder unterscheidbar gebraucht werden können.
[23] Nassehi, *Muster*, 295.
[24] Entsprechend lohnend erscheint eine Auseinandersetzung mit den rechtswissenschaftlichen Perspektiven auf das Konzept informationeller Selbstbestimmung, die bei Nassehi jedoch nicht näher miteinbezogen wird. Vgl. bspw. Albers, *Informationelle Selbstbestimmung*; Eichenhofer, *Rechtswissenschaftliche Perspektiven*.

(1.) Der Vorwurf einer „*contradictio in adiecto*"[25] hat im ersten Schritt das in Anschlag gebrachte Verständnis beider Begriffsbestandteile auszuweisen, um im zweiten Schritt deren Unvereinbarkeit zu behaupten. Für den ersten Schritt ist die systemtheoretische Basis entscheidend, auf der Nassehis gesamter Zugang zur digitalen Gesellschaft aufbaut. Unter ihrer Voraussetzung beruht der Begriff der ‚Information' wesentlich darauf, dass die Selektion dessen, was Information *ist* oder *als Information zustandekommt*, in ihrem Empfang geschieht:[26] Will A eine Information senden, hat A in diesem Verständnis nie einen letztlich bestimmenden Einfluss darauf, wie genau diese Information bei bzw. nach ihrem Empfang aussehen wird, weil die Information nie vorgängig zu ihrer Beeinflussung durch B besteht. Die Information *als Information* entsteht erst in der sich ereignenden Kommunikation zwischen A und B. Das Konzept ‚informationeller Selbstbestimmung' beansprucht für Nassehi nun, dass – ganz wörtlich verstanden – ein ‚Selbst' A eigenständig und unabhängig von B über seine Informationen bestimmen soll. Hieraus ergibt sich der zweite Schritt seines Vorwurfs: Kommt die Information als solche erst mit der Empfangsselektion durch B zustande, ist ihre alleinige Bestimmung durch A prinzipiell ausgeschlossen. Folgt man dieser Argumentation, ist das Konzept daher bereits in sich widersprüchlich und scheidet daher auch als brauchbare Zielkategorie einer Privatheit in digitaler Gesellschaft aus.

(2.) Nassehis zweiter Argumentationsstrang fokussiert noch stärker auf die Kategorie des ‚Selbst' im Konzept ‚informationeller Selbstbestimmung'.[27] In ihm scheint vorausgesetzt, dass es ein souveränes Selbst gibt, das vorgängig zu aller Interaktion besteht und daher in diesem Bestand gegen Einflüsse von außen oder einen ungewollten Informationsfluss nach außen geschützt werden kann. Dem entgegen steht für Nassehi nun, dass es sich bei diesem Selbst seit jeher um ein sozial normiertes Konstrukt handle.[28] Er begründet seine Kritik mit einem historischen Abriss des Prozesses, in dem im Zuge des 19. Jahrhunderts die Vorstellung von Privatheit in enger Verbindung mit der Vorstellung des Subjekts und seiner Freiheit aufgekommen sei. Im Hintergrund lässt sich hier der Anspruch eines *soziologischen* Blicks in Abgrenzung zu einer übersteigert idealistischen Art von Subjekt- oder Existenzphilosophie erkennen: Was in der Welt durch und mit Menschen geschieht,

---

[25] Nassehi, *Muster*, 295.
[26] Zum Informationsbegriff vgl. Nassehi, *Muster*, 96–98.
[27] Vgl. Nassehi, *Muster*, 298, 303f.
[28] Vgl. Nassehi, *Muster*, 305–311.

wird demnach erst im Blick auf soziale Strukturen und deren Einfluss auf die einzelnen Menschen in ihnen verständlich. Beginnt die Untersuchung stattdessen mit einem absolut gedachten menschlichen Subjekt und dessen bewusstem, autonomem Handeln, verfehlt ihr Blick die vielfältigen und historisch kontingenten Einflüsse, die jedes der Betrachtung zugängliche Subjekt erst ausgeformt haben.[29] Diesen Hintergrund vorausgesetzt, kann Nassehi argumentieren, dass Privatheit schon im 19. Jahrhundert kein im ersten Schritt für sich stehender, souveräner Bereich eines Selbst im Sinne des philosophischen Subjekts gewesen sei, sondern bereits hier *gesellschaftlich normiert* war: Der private Freiraum für ein Subjekt konnte nur gewährt werden, weil es zugleich beispielsweise ein Bildungs- und Moralsystem gab, um diesen Freiraum immer schon vorzustrukturieren.[30] Von der Gesellschaft aus betrachtet, steht die Freiheit der einzelnen Menschen demzufolge unter der Voraussetzung einer gewissen Erwartungssicherheit, dass sie sich in einer Weise verhalten werden, die gesellschaftlich erforderlich oder erwünscht ist.

Wenn jedes Selbst ein immer schon sozial normiertes ist, kann der Anspruch seiner Selbstbestimmung nicht gegen äußere Beeinflussung im Allgemeinen in Stellung gebracht werden. Über die rein begriffliche Argumentation der inneren Widersprüchlichkeit hinaus scheitert das Konzept ‚informationeller Selbstbestimmung' für Nassehi also auch an der unrealistischen Voraussetzung seiner Zielkategorie. Gibt es kein Selbst als ein Primäres gegenüber seiner nur sekundären sozialen Beeinflussung, lässt sich auch dessen Privatheit nicht als Gegenpol zu solcher Einbettung in soziale Einflüsse begreifen und demzufolge auch nicht sinnvoll gegen sie in Schutz nehmen.

Unter den Bedingungen digitaler Gesellschaft das Konstrukt einer solchen *selbstbestimmten Privatheit* verteidigen zu wollen, bleibt für Nassehi auf der naiven Stufe einer letztlich unhaltbaren „Privatheit

---

[29] Vgl. Nassehi, *Geschlossenheit und Offenheit*, 89–98. Aus Sicht der Systemtheorie kann Max Weber dann als „eine möglicherweise notwendige Kinderkrankheit der noch relativ jungen Soziologie" (Willke, *Systemtheorie I*, 127) erscheinen, wenn dieser noch vom ‚sozialen Handeln' als elementarer Einheit ausgeht, von der aus sich induktiv eine Analyse der Gesellschaft erschließen lasse.

[30] Vgl. die Rolle der „Vernunftgeneratoren" zur Herstellung von Regelmäßigkeiten im Verhalten: Nassehi, *Muster*, 310f.

1.0"³¹ stehen. Wie demgegenüber ein angemessenes Konzept von „Privatheit 2.0"³² oder *„embedded privacy"*³³ aussehen könnte, wird von ihm jedoch nicht mehr eigens ausbuchstabiert. Als bestimmender Grundzug steht lediglich die immer schon gesellschaftliche Einbettung und Vorprägung individueller Lebensformen, zu der analog auch nur eine ebenso in den allgemeinen Datenfluss eingebettete Privatsphäre soziologisch zu konzipieren scheint.³⁴ An diesem Punkt hat entsprechend auch der sozialethische Gedankengang anzusetzen.

2. AUF DEM WEG ZU EINER AKTUALISIERUNG DES PRIVATEN: NISSENBAUMS *CONTEXTUAL INTEGRITY*

Wo Menschen etwa gegen einen unbegrenzten Weiterverkauf ihrer persönlichen Daten protestieren, stellt der Verweis auf die Widersprüchlichkeit ‚informationeller Selbstbestimmung' keine angemessene Antwort auf einen solchen Anspruch dar. Der Streit um digitale Privatsphäre hat von seinen Betroffenen her eine normative Dimension, die in Nassehis Behandlung des Themas – durchaus bewusst und intendiert³⁵ – weitestgehend unberücksichtigt bleibt. Der Gedankengang für den sozialethischen Anschluss setzt daher mit der Frage an, welche Vorstellung des Privaten Nassehis Kritik einerseits tatsächlich trifft und inwiefern es andererseits gerade diese Vorstellung ist, die für eine relevante Positionierung in aktuellen Debatten durch eine besser geeignete zu ersetzen ist.

Wird ‚das Private' als Sphäre verstanden, die eine Art Membran hat, über die das Subjekt in dem Sinne verfügt, dass es jeden Informationsfluss durch diese Membran völlig kontrollieren könnte – dass das Subjekt also, solange es sich nur innerhalb seiner Sphäre bewegt und nichts willentlich nach außen gibt, unbeobachtet und frei von allen gesellschaftlichen Einflüssen wäre –, dann wird *dieses* ‚Private' durch Nassehis Theorie digitaler Gesellschaft und ihre systemtheoretische Basis als

---

[31] Nassehi, *Muster*, 305.
[32] Nassehi, *Muster*, 311.
[33] Nassehi, *Muster*, 315.
[34] Vgl. Nassehi, *Muster*, 311–316; dazu auch die Vorüberlegungen bei Nassehi und anderen in: Kursbuch 177, *Privat 2.0.*
[35] Vgl. bspw. Nassehi, *Muster*, 12–15, 120f., 326f. Mit letzter Konsequenz scheint allerdings auch Nassehi selbst den Anspruch einer wertungsfreien Beschreibung nicht durchzuhalten, vgl. bspw. Nassehi, *Muster*, 92f.

problematische Illusion entlarvt. Ähnliches gilt für ein stark vereinfachtes Verständnis des Privaten im Sinne eines reinen Gegenbegriffs zur politischen Öffentlichkeit: Wird das Private rein negativ bestimmt als dasjenige, was durch einen wirksamen Schutz vor staatlichen Eingriffen hinreichend bewahrt wird, dann bleiben alle Probleme der Verarbeitung und Verbreitung persönlicher Daten durch nicht-staatliche Unternehmen konzeptuell ausgeblendet. Die mögliche Aussagekraft statistischer Gruppierungen nicht nur für Kaufentscheidungen durch personalisierte Werbung, sondern durch die Personalisierung angezeigter Parteieninformationen auch auf demokratische Wahlentscheidungen,[36] zeigt die Relevanz auch privatwirtschaftlicher Akteure für Grenzfragen digitaler Privatsphäre.

Als Grundlage für die weitere Diskussion wird somit ein Konzept des Privaten benötigt, dass sich auch gegenüber Nassehis ‚Theorie der digitalen Gesellschaft' zur Bündelung deskriptiver und normativer Dimensionen behaupten lässt, ohne in den von ihm aufgezeigten Sackgassen zu enden. Aus dem weiten Feld möglicher Ansätze für diesen Weg wird im Folgenden Helen Nissenbaums Konzept der „kontextuellen Integrität" (*contextual integrity*) ausgewählt.[37] Ihr großer Wert für das Anliegen des vorliegenden Beitrags liegt darin begründet, dass sie die Ebene rein begrifflicher Argumentation verlässt und sich stattdessen der Praxis politischer Auseinandersetzungen um Fragen der Weitergabe oder Zurückhaltung personenbezogener Daten zuwendet, um aus jenen ihr Verständnis der darin verfolgten Form von Privatheit zu gewinnen.

Nissenbaums Ansatzpunkt sind US-amerikanische Rechtstexte, die in Reaktion auf die Entwicklung und Verbreitung digitaler Medien zur Regelung des Umgangs mit personenbezogenen Daten verabschiedet wurden.[38] Im Zentrum ihrer Überlegungen steht die These, dass sich diejenige Privatheit, die es unter den Bedingungen einer digitalisierten Gesellschaft zu bewahren gilt, als das *Respektieren kontextueller Integrität* übersetzen lässt: „To respect context under this interpretation means to respect contextual integrity, and, in turn, to respect informational norms that promote general ethical and political values, as well as

---

[36] Vgl. den Überblick zum Fall bei Müller, *Protektion 4.0*, 68–71.
[37] Vgl. Nissenbaum, *Privacy in Context*; Nissenbaum, *Respecting Context*.
[38] Vgl. Nissenbaum, *Respecting Context*, 832–834. Zur Vorbereitung dieses Zugangs in der Verortung gegenüber anderen thoretischen Zugängen zur Privatsphäre vgl. Nissenbaum, *Privacy in Context*, 67–128. Zur Einordnung vgl. Ebner, *Öffentlichkeit und Privatheit*, 125–129.

context specific ends, purposes, and values."³⁹ Wenn die Integrität des Kontexts, in dem sich die betroffenen Personen bewegen, in dem Sinne gewahrt ist, dass der Informationsfluss innerhalb dieses Kontexts den von jenen Personen an diesen Kontext gestellten Erwartungen entspricht, dann kann die in Frage stehende Privatheit als gewährleistet gelten: „Ein Respektieren des Kontexts meint deshalb für die informationelle Selbstbestimmung, erwarten zu können, dass gesammelte und bereitgestellte Informationen nur in Übereinstimmung mit dem sozialen Kontext, in dem sie entstanden sind, verwendet werden."⁴⁰ Gegenüber Nassehis Konstrukt einer ‚Privatheit 1.0' fordert Nissenbaums Verständnis demnach keine Vorstellung einer absoluten Kontrolle von Informationsflüssen. Die immer schon gegebene Einbettung des modernen Selbst in soziale Strukturen kann damit grundsätzlich bejaht werden, ohne zugleich jeden Anspruch auf Selektion und Kontrolle relevanter Informationsflüsse als widersprüchlich zurückweisen zu müssen.

Wie wichtig ihre Differenzierung relevanter Kontexte ist, lässt sich etwa an der heute wie selbstverständlich verbreiteten Nutzung von Smartphones zeigen. Auch ohne Geräte und Software im Detail zu verstehen und im zumindest grundsätzlichen Wissen um die von Betriebssystem und Anwendungen ausgelesenen Daten – vom persönlichen Nutzungsverhalten bis hin zu den Kontakten im Telefonbuch – sehen die meisten Nutzer*innen darin vermutlich keine tiefgreifende, gesetzlich zu verhindernde Verletzung ihrer Privatsphäre. Vielmehr ziehen sie selbst ebendiese Nutzung einer Nichtnutzung vor, bestärkt durch die Abstraktheit möglicher Konsequenzen aus der beliebigen Rekombinierbarkeit einmal hinterlassener oder freigegebener Datensätze. Als Problem wahrgenommen werden erst Anwendungen, die entweder Daten in weitaus größerem Umfang erheben, als es für ihre Funktion angemessen und damit erwartbar scheint, oder sogar als Spionagesoftware ohne das Wissen der Nutzer*innen auf ihren Geräten installiert wurden. Den Maßstab zur Beurteilung eines Informationsflusses bildet somit erst der Nutzungskontext der betroffenen Personen. Welchen positiven Ertrag dieser Zugang für die Diskussion um digitale Privatsphäre bieten kann, hängt freilich in all solchen Fällen davon ab, welcher ‚Kontext' als relevant bestimmt wird. Da der Begriff aus sich heraus keine sachbezogene Grenzziehung vorgibt, bleibt seine Auslegung

---

³⁹ Nissenbaum, *Respecting Context*, 848.
⁴⁰ Ebner, *Öffentlichkeit und Privatheit*, 129.

eine Sache diskursiver Aushandlung. Um sich nicht in der Beliebigkeit aller theoretisch denkbaren Positionen zu verlieren, arbeitet Nissenbaum aus den konkurrierenden Interpretationen von ‚Kontext' in den einschlägigen Diskussionen um die jeweiligen Rechtstexte vier solcher Verständnisweisen heraus.[41] Diese vier Interpretationen kurz darzustellen und in ihrem Verhältnis zum jeweils angestrebten politischen Ziel zu vergleichen, wird im Anschluss als Basis für die ethische Abwägung dienen können.

Die vier Ansätze antworten in je unterschiedlicher Weise auf die Herausforderung, sich im Spannungsfeld zwischen einer wünschenswerten Allgemeinheit politischer Regulierung und der gebotenen Konkretion in der Betrachtung einzelner Anwendungsbereiche zu verorten. Einer ersten Interpretation zufolge ist es deshalb der *Kontext des jeweiligen Geschäftsmodells*, der gewahrt werden muss. Am Beispiel des sozialen Netzwerks Facebook würde das bedeuten: So lange Facebook selbst die Informationsflüsse elektronischer Daten im Einklang mit der angebotenen Dienstleistung sieht – inklusive etwa der Vermarktung zu Werbezwecken –, wird auch die Privatsphäre seiner Nutzer*innen gewahrt. Verschafft sich dagegen etwa ein Geheimdienst Zugang zu diesen Daten, kommt es zu einem von Facebook nicht vorgesehenen Informationsfluss: Die kontextuelle Integrität der Nutzung dieses Geschäftsmodells würde verletzt. So klar diese Unterscheidung scheinen mag, wird damit die Grenzziehung zwischen gerechtfertigten und ungerechtfertigten Erwartungshaltungen letztlich vom Geschäftsmodell jedes spezifischen Anbieters abhängig gemacht, was zum Problem für die Möglichkeit einer allgemeinen politischen Regulierung werden kann. Um dem zu entgehen, weitet die zweite Interpretation den relevanten Kontext deshalb auf die verwendete *Technik* insgesamt aus. Am Beispiel von Facebook wäre es die gesamte Technik, aus der die Infrastruktur sozialer Medien besteht, die als zu wahrender Kontext fungiert. Noch eine Stufe allgemeiner verweist das dritte Verständnis auf die dahinterstehende *Industrie*. Wenn sich (1.) alle Anbieter von sozialen Medien darauf einigen, was die Informationsflussregeln für ihren Kontext sind, und diese Regeln (2.) im betrachteten Fall gewahrt werden, dann wäre (3.) auch Privatheit – so weit sie es eben sinnvoll beansprucht werden kann – gewahrt.

Schon an den unscharfen Grenzziehungen in dieser groben Darstellung wird ein gemeinsames Grundproblem der drei Interpretationen

---

[41] Vgl. insg. zum Folgenden Nissenbaum, *Respecting Context*, 834–843.

Geschäftsmodell, Technik und *Industrie* deutlich. Die Deutungshoheit über denjenigen Kontext, dessen Integrität es zu wahren gilt, liegt auf unterschiedlichen Ebenen der Anbieterseite und droht daher immer, von den Interessen des jeweiligen Geschäftsmodells aus bestimmt zu werden.[42] Solange also Facebook etwa beanspruchen kann, das Erstellen von personalisierten Werbeprofilen aus den bei der Nutzung des sozialen Netzwerks erhobenen Daten gehöre mitsamt deren Verkauf an politische Analysefirmen zum Geschäftsmodell, zur verwendeten Technik oder insgesamt zu diesem industriellen Sektor, lassen diese ersten drei Auslegungen wenig Raum für berechtigte Kritik. Aus diesem Grund kommt Nissenbaum zu ihrem Vorschlag, Kontext als ‚sozialen Bereich' (*social domain*) zu übersetzen.[43] Gegenüber den drei vorigen besteht der wesentliche Zug dieser vierten Interpretation darin, die betrachteten Informationsflüsse über ihre wirtschaftlichen, technischen und industriellen Bereiche hinaus in das breitere soziale Geschehen einzubetten: Die Nutzung von Facebook oder Smartphones findet nicht isoliert im leeren Raum statt, sondern eingebettet in eine komplexe soziale Welt, weshalb die in letzterer wirksamen normativen Vorstellungen auch für Fragen der Integrität solcher Nutzungskontexte relevant bleiben.

Dass dieser Ansatz eine differenziertere Problembetrachtung eröffnet als die von Nassehi kritisierte ‚Privatheit 1.0' wurde bereits oben deutlich. Beide Zugänge zusammenzuführen, kann nun dabei helfen, den Unterschied zwischen den Interpretationsweisen eins bis drei einerseits und Nissenbaums viertem Vorschlag andererseits weiter zu erhellen. Die Kontexte von Geschäftsmodell, Technik oder Industrie als Maßstab zu setzen, begründet eine reduktive Perspektive, die sich mit Nassehi als schlichtes Verlassen auf das *Funktionieren der Technik* verstehen lässt: Indem die Deutung ihrer Richtlinien durch die wirtschaftlichen Akteure selbst erfolgt, entlasten sie die politische Diskussion von der Mühe aufwändiger Konsensprozesse und übergehen damit zugleich die Frage nach einer politischen Gestaltung dieses Maßstabs. Mit Nissenbaum den ‚sozialen Bereich' mit einzubeziehen, erlaubt dagegen die Hinzuziehung gesellschaftlicher Zielvorstellungen und damit einen Schritt, der bei Nassehi – ganz dem eigenen Anspruch wertfreien Beschreibens gemäß – verschlossen bleibt. Privatheit als ‚kontextuelle Integrität' zu konzipieren, erschließt damit zum einen die breitere Ein-

---

[42] Vgl. Nissenbaum, *Respecting Context*, 843f.
[43] Vgl. ausführlicher zum Konzept Nissenbaum, *Respecting Context*, 838–843.

bettung dessen, worum in politischen Auseinandersetzungen um digitale Privatsphäre tatsächlich gerungen wird, und behält über die Vielfältigkeit sozialer Bereiche zum anderen die Offenheit dafür bei, im inhaltlichen Diskurs weitere Differenzierungen vornehmen zu können.

3. ZUM SOZIALETHISCHEN UMGANG MIT NASSEHIS THEORIE DER DIGITALEN GESELLSCHAFT

Wie in der jüngeren Vergangenheit aus unterschiedlichen Blickwinkeln herausgearbeitet wurde, kommt der Digitalisierung heute ein enormer Stellenwert für nahezu alle aktuellen gesellschaftlichen Entwicklungen zu.[44] Vor diesem Hintergrund beansprucht Nassehis Werk *Muster*, eine *Theorie der digitalen Gesellschaft* als wertneutrales Analyseinstrument für die damit verbundenen Fragestellungen zu bieten. Dieses anhand seiner Anwendung auf das Beispiel digitaler Privatsphäre auf seinen Wert für die sozialethische Reflexion hin zu testen und damit nicht zuletzt die normativen Implikationen einer solchen ‚wertneutralen' Beschreibung sichtbar zu machen, war die Aufgabenstellung des vorliegenden Beitrags.

Als die eine Seite des Ergebnisses lässt sich festhalten: Wo Privatsphäre im Sinne der von Nassehi rekonstruierten ‚Privatheit 1.0' verstanden wird, ist ein solches Konzept unter den Bedingungen digitaler Technik und Gesellschaft in der Tat nicht sinnvoll aufrechtzuerhalten. Für ein solches Verständnis ist Nassehi sowohl darin zuzustimmen, dass eine dafür beanspruchte ‚informationelle Selbstbestimmung' widersprüchlich wird, als auch in Bezug auf die historische Einbettung, dass es einen Raum absoluter Privatheit und Souveränität des modernen Subjekts wohl niemals gegeben hat und dieser daher auch als Zielvorstellung gegenwärtiger Debatten untauglich ist.

Sich als Reaktion darauf dem von Nassehi stark gemachten, seinem Selbstverständnis nach wertungsfrei beschriebenen Funktionieren der Technik zu überlassen, würde die normative Dimension der thematisierten Probleme aber schlicht als nicht existent oder zumindest unzugänglich deklarieren und kann daher sozialethisch ebenso wenig eine zufriedenstellende Position bilden. Darin liegen die entscheidende Provokation und Leistung Nassehis: Seine Soziologie kann als kritische

---

[44] Vgl. bspw. WBGU, *Unsere gemeinsame digitale Zukunft*; Reckwitz, *Gesellschaft der Singularitäten*, 225–272.

Hürde fungieren, deren Reflexionsniveau durch sozialethische Beiträge zu überspringen ist. Dafür muss auch das dahinterstehende Gebäude der Systemtheorie keineswegs monolithisch angenommen werden. Nassehis Perspektive beleuchtet wichtige Aspekte der betrachteten Phänomene und kann so auf entscheidende konzeptuelle Probleme verweisen, die – beispielsweise eben im Bereich digitaler Privatheit – auch für deren normative Reflexion zu berücksichtigen sind.

An dieser Stelle kommt aber die andere Seite des hier erreichten Ergebnisses in den Blick: Mit Konzepten wie Nissenbaums ‚kontextueller Integrität sozialer Bereiche' kann die so aufgebaute Hürde durchaus übersprungen werden. Auch wenn mit Nassehi *soziologisch* beim wertungsfreien Beschreiben des technischen Funktionierens stehenzubleiben ist, kann diese Perspektive zwar beanspruchen, den Anfang *sozialethischer* Auseinandersetzungen mit derartigen Themen zu bilden, keinesfalls jedoch deren Ende.

Von hier aus lässt sich der Fokus deshalb auch auf den Fragehorizont weiten, welchen sozialethischen Wert die Auseinandersetzung mit Nassehis Theorie digitaler Gesellschaft in Bezug auf den Problemkontext von Natur und Technik insgesamt entfalten kann. Zunächst ist dafür festzuhalten, dass sich ‚Natur' und ‚Technik' zwar begrifflich unterscheiden und als Bereiche benennen lassen. Mitzubedenken ist dabei jedoch immer, dass unser Umgang als Menschen *mit* dieser Unterscheidung und beiden Bereichen sowohl erkenntnistheoretisch als auch praktisch immer schon ein *technisierter* ist. Von Nassehis Theoriearbeit aus betrachtet bedeutet das: Wenn sich (1.) moderne Gesellschaft nur digitalisiert beobachten lässt, weil sich (2.) ihre Komplexität überhaupt nur erfassen lässt mithilfe solcher Methoden der Mustererkennung, die eine Verarbeitung entsprechender Daten einer ‚verdoppelten Welt' voraussetzen, dann lässt sich (3.) zwar immer noch eine „Digitalisierung" als gesellschaftspolitisches Thema benennen; dies steht allerdings (4.) immer unter der Voraussetzung, nicht der Illusion zu erliegen, dass alles, was nicht mit diesem Begriff bezeichnet würde, nichts mit Digitalisierung zu tun hätte. Dieser konzeptuelle Zugang lässt sich nun analog auf Natur und Technik insgesamt übertragen, wiederum mit Nassehis Arbeit als Beispiel und Ausgangspunkt: So wie moderne Gesellschaft eben nur als digitalisierte zu beobachten ist und ihre Selbstbeobachtung vollziehen kann, ist auch der gesamte Umgang mit Natur und

Technik heute nur technisiert möglich.[45] Sollen Aspekte dieses Umgangs beschrieben werden, um eine Erkenntnisbasis für politisches Handeln zu gewinnen, dann lassen sich beide Bereiche nicht in idealisierter Isolation erfassen, sondern werden nur über die kleinteilige Nachverfolgung hybrider Netzwerke zugänglich, wie sie beispielsweise den methodischen Ansatz Bruno Latours kennzeichnet. Der Klimawandel etwa wird gerade nicht als Phänomen einer objektiv vorgegebenen und ablesbaren Natur zugänglich, sondern nur über das wissenschaftlich-technische Re-Konstruieren seiner unterschiedlichen Systemdynamiken, dessen Qualität damit zugleich auch über die Tragfähigkeit solcher Diagnosen entscheidet. Ebenso ist das Vorantreiben technischer Innovationen in Bereichen wie der Bioökonomie kein beliebiger Zusatzbereich neben einer ‚eigentlichen' gesellschaftlichen Entwicklung, sondern geht nahtlos in die Bearbeitung anderer Politikfelder wie Ernährungssicherheit, Wirtschaftswachstum oder Fragen der Energiewende über. Erst die Anerkennung dieser Relativierung der epistemologischen Grundbedingungen menschlichen Umgangs mit derartigen Umweltbereichen auf Basis einer Anerkennung unseres immer schon *technisierten* Blicks auf gegenwärtige Herausforderungen kann eine tragfähige Struktur für das Gelingen ihrer politischen Bearbeitung begründen. Will die Sozialethik deren Prozesse orientieren, hat sie sich auch deren erkenntnistheoretischen Herausforderungen zu stellen.

Literatur

Albers, Marion, *Informationelle Selbstbestimmung als vielschichtiges Bündel von Rechtsbindungen und Rechtspositionen*, in: Friedewald, Michael/Lamla, Jörn/Roßnagel, Alexander (Hg.), Informationelle Selbstbestimmung im digitalen Wandel, Wiesbaden 2017, 11–35.

Ebner, Katharina, *Öffentlichkeit und Privatheit in der digitalen Gesellschaft – Leitbilder unter Druck*, in: Bachmann, Claudius/Kaiser-Duliba, Alexandra/Sturm, Cornelius (Hg.), Wirtschaftsethik. Sozialethische Beiträge, Münster 2020, 117–132.

Eichenhofer, Johannes, *Rechtswissenschaftliche Perspektiven auf Privatheit*, in: Behrendt, Hauke u. a. (Hg.), Privatsphäre 4.0. Eine Neuverortung des Privaten im Zeitalter der Digitalisierung, Berlin 2019, 155–175.

---

[45] Vgl. bei Nassehi seine Auseinandersetzung mit Husserl und Heidegger: Nassehi, *Muster*, 82–89.

Kneer, Georg/Nassehi, Armin, *Niklas Luhmanns Theorie sozialer Systeme*, Paderborn [4]2000.

Kursbuch 177, *Privat 2.0*, Hamburg 2014.

Lindemann, Christoph/Mehlhose, Frank Martin, *Kontakt-Tracing-Apps*, in: Informatik Spektrum 45 (2022), 115–120.

Müller, Günter, *Protektion 4.0: Das Digitalisierungsdilemma*, Berlin 2020.

Nassehi, Armin, *Geschlossenheit und Offenheit. Studien zur Theorie der modernen Gesellschaft*, Frankfurt am Main 2003.

Nassehi, Armin, *Muster. Theorie der digitalen Gesellschaft*, München 2019.

Nissenbaum, Helen, *Privacy in Context. Technology, Policy, and the Integrity of Social Life*, Stanford, CA 2010.

Nissenbaum, Helen, *Respecting Context to Protect Privacy: Why Meaning Matters*, in: Science and engineering ethics 24 (2015), 831–852.

Reckwitz, Andreas, *Die Gesellschaft der Singularitäten. Zum Strukturwandel der Moderne*, Berlin 2019.

WBGU – Wissenschaftlicher Beirat der Bundesregierung Globale Umweltveränderungen, *Unsere gemeinsame digitale Zukunft*, Berlin 2019.

Willke, Helmut, *Systemtheorie I: Grundlagen. Eine Einführung in die Grundprobleme der Theorie sozialer Systeme*, Stuttgart [7]2006.

In welcher Gesellschaft wollen wir leben? Vermeintliche Wachstumszwänge auf dem Prüfstand

Sebastian Kistler

„Die Frage, wie wir in Deutschland künftig wirtschaften, leben und arbeiten werden, wird ganz maßgeblich vom Prozess der Digitalisierung geprägt. Die digitale Transformation unserer Volkswirtschaft ist eine der zentralen Gestaltungsaufgaben der nächsten Jahre. Bereits heute werden wichtige Grundlagen für den Wettlauf um die Produkte und die Märkte von morgen gelegt. So gilt es beim Thema Industrie 4.0 an unsere vorhandenen Stärken anzuknüpfen. Die Industrie bildet das Herz der deutschen Wirtschaft. Sie trägt entscheidend zu Wachstum und Wohlstand bei. Viele deutsche Unternehmen sind in ihren Geschäftsfeldern Marktführer und internationale Champions. Es muss unser gemeinsames Ziel sein, die herausgehobene Stellung unserer Industrie auch in der Phase der digitalen Transformation zu bewahren und weiter auszubauen."[1]

Mit diesen Worten beschreibt der ehemalige Bundesminister für Wirtschaft und Energie, Sigmar Gabriel, im Vorwort der Studie *Industrie 4.0 und Digitale Wirtschaft* des BMWi die Zukunftsaufgaben der deutschen Politik zur Gestaltung der Digitalen Transformation. Er spricht von einem „Wettlauf um die Produkte und Märkte von morgen" und formuliert den politischen Imperativ, in diesem Wettlauf eine Führungsrolle zu übernehmen. Digitalisierung wird in dieser Studie als „umfassende Vernetzung aller Bereiche von Wirtschaft und Gesellschaft sowie die Fähigkeit, relevante Informationen zu sammeln, zu analysieren und in Handlungen umzusetzen"[2] verstanden. Als Schlüsseltechnologien und Treiber dieser sogenannten Industrie 4.0 werden vier Kategorien gesehen: Erstens sollen Cyber-Physische (Produktions-)Systeme, also mittels IT miteinander vernetzte Maschinen, Fertigungs- und Logistikprozesse automatisieren und autonomisieren. Zwei-

---

[1] BMWi, *Industrie 4.0*, S. 2.
[2] BMWi, *Industrie 4.0*, S. 3.

tens müssen die dabei entstehenden großen Datenströme und Datenmengen (Big Data) sowohl über die verschiedenen Stufen der Wertschöpfungskette (horizontal) als auch zwischen den Akteuren der Zulieferkette (vertikal) für ein ganzheitliches Management des Produktlebenszyklus von der Produktion bis zur Demontage miteinander verknüpft und ausgewertet werden. Cloud-Technologien erlauben drittens, dass die zentral gespeicherten Daten eines Prozesses von überall aus abgerufen werden können. Viertens schließlich ermöglichen additive Fertigungsverfahren, wie 3D-Visualisierung und 3D-Druck die einfache Herstellung von individuellen Bauteilen und Materialien, um eine Individualisierung von Produkten zu erreichen.[3] Eine Digitalisierung mit diesen Flankierungen wird laut der Studie einen „dramatischen Strukturwandel" und einen „Systembruch"[4] mit sich bringen, was große Chancen für die deutsche Wirtschaft haben könnte. Gleichzeitig wird das Risiko eines enormen Wertschöpfungsverlusts betont, sollte es deutschen Unternehmen nicht gelingen, den wachsenden Anteil der Wertschöpfung durch Informations- und Kommunikationstechnologien (IKT) für sich zu nutzen und digitale Zugänge zu den Kunden an internationale Wettbewerber zu verlieren. Insgesamt sind die Folgen der digitalen Transformation nicht vollständig abschätzbar, was die Studie nur beiläufig erwähnt.

Gabriel spricht zwar von einer „Digitalisierung der Wirtschafts- und Arbeitswelt mit Augenmaß"[5] bzw. der Notwendigkeit einer „intelligenten Digitalisierung"[6]. Die erwähnte Studie des BMWi verfolgt jedoch die grundlegende Ausrichtung, nach der es Wachstumszwänge und der internationale Wettbewerb scheinbar alternativlos machen, dass die deutsche Wirtschaft, Gesellschaft und Politik ganz vorne in der digitalen Transformation mitspielen. Die ehemalige Beauftragte der Bundesregierung für Digitalisierung, Dorothee Bär, ergänzt diesen Gedankengang an anderer Stelle um eine weitere Perspektive. Denn hinter der Digitalisierung steht nicht nur eine Weiterentwicklung maschineller Prozesse, sondern es geht um eine „ganz grundsätzliche Neuausrichtung des Verhältnisses von Mensch und Maschine"[7], welches ein neues Rollenverständnis des Menschen innerhalb von Kommunikationspro-

---

[3] Vgl. BMWi, *Industrie 4.0*, S. 8-9.
[4] BMWi, *Industrie 4.0*, S. 3.
[5] BMWi, *Industrie 4.0*, S. 2.
[6] BMWi, *Industrie 4.0*, S. 2.
[7] Bär, *Mensch und Technik*, S. XIV.

zessen verlangt. Deshalb bedeutet die „Verweigerung, sich auf bestimmte Entwicklungen einzulassen, [...] in Zukunft nicht mehr nur einfach ein Außen-Vor- oder ein Zurück-Bleiben, sondern kann sehr schnell zu einem Verlust der menschlichen Freiheit im Zusammenhang mit der Entscheidungshoheit über technische Prozesse und Handlungen"[8] führen.

Im Zusammenhang mit Themen der Digitalisierung werden diese und viele weitere vermeintlich systemimmanente Wachstumszwänge geäußert und daraus Wachstumsimperative abgeleitet. Zweifelsohne wird die Digitalisierung zu erheblichen Veränderungen in allen Wirtschafts- und Lebensbereichen führen. Neben Prognosen, welche davon als positiv oder negativ zu bewerten sind, stellt sich die Frage der Gestaltbarkeit der anstehenden Veränderungsprozesse. Es ist die Aufgabe der Christlichen Sozialethik diese Prozesse kritisch zu reflektieren. Dieser Beitrag möchte ganz grundsätzlich die Frage stellen, in welcher Gesellschaft wir leben wollen. Dazu soll zunächst ein sozialethisch-kritischer Blick auf die wirtschaftlichen, gesellschaftlichen und politischen Verwerfungen durch frühere Industrialisierungsschübe gelegt werden, eine Analyse von Wachstum und Naturverbrauch anhand verschiedener Nachhaltigkeitskonzepte erfolgen, und schließlich sollen einige alternative Wachstumsmodelle vorgestellt werden.

1. DIE PERSON IM FOKUS DER WIRTSCHAFT?

Die Begriffe *Digitalisierung, digitale Transformation* und *Industrie 4.0* werden häufig mehr oder weniger bedeutungsgleich verwendet. Vor allem der zuletzt genannte Begriff macht deutlich, dass die Industrialisierung als ein Prozess mit markanten Einschnitten stattgefunden hat und weiterhin stattfindet: Mit *Industrie 1.0* werden die Veränderungen durch die mechanische Produktion mit Wasser und Dampfkraft bezeichnet. Von *Industrie 2.0* ist mit der Massenproduktion durch elektrische Energie die Rede. *Industrie 3.0* steht für die Automation durch Elektronik und IT und *Industrie 4.0* für die Digitalisierung und Vernetzung der Produktion, wie sie in der Einleitung beschrieben wurde.[9]

Die erste industrielle Revolution begann in der zweiten Hälfte des 18. Jahrhunderts und verstärkte sich im 19. Jahrhundert, zuerst in Eng-

---

[8] Bär, *Mensch und Technik*, S. XIV.
[9] Vgl. Manzeschke, Brik, *Ethik der Digitalisierung*, S. 1384.

land, dann auch in Westeuropa und den USA. Gegen Ende des 19. Jahrhunderts begann die zweite industrielle Revolution. Diese Veränderungen in der Wirtschaft waren von tiefgreifenden gesellschaftlichen und sozialen Umstürzen begleitet. Die traditionelle gesellschaftliche Ordnung, deren Strukturen durch Stände, Zünfte und Hausgemeinschaften geregelt war, wies jedem Einzelnen einen bestimmten Status zu, bot aber auch einem Großteil der Bevölkerung Versorgungssicherheit. Die sich durch die Industrialisierung herausbildende Marktwirtschaft brachte eine Fülle neuer Arbeitsmöglichkeiten, unterwarf die Arbeit selbst den Gesetzen des Marktes, führte zu einer viel größeren Mobilität und zu großen Veränderungen in Besitzverhältnissen und Bildungschancen. Freiheit wurde zur leitenden Idee des Wandels, mit all ihren Chancen und Risiken. Zur Kehrseite dieser Veränderungen gehörten vor allem die Ausnutzung der Arbeitskraft der Arbeiterschaft von denjenigen, die über die Produktionsmittel verfügten. Während die Arbeiter vorher oft selbst über ihre Arbeitsmittel und Arbeitszeit bestimmen konnten, wurden sie mit der Industrialisierung mehr und mehr „vom Eigentümer zum Maschinenbediener"[10]. Vor allem mit der Fließbandarbeit wurden Handwerker in großem Stil durch angelernte Arbeiter, die nur über ein geringes Qualifikationsniveau verfügen mussten, abgelöst. Niedrige Löhne, fehlende soziale Sicherungssysteme und prekäre Arbeit führten zur Verarmung und Proletarisierung eines Großteils der Bevölkerung, zur sogenannten Sozialen Frage des 19. Jahrhunderts. Als Antwort darauf gründeten sich unter anderem katholische Arbeiter- und Gesellenvereine, die mit dem Mainzer Bischof Wilhelm Emmanuel Freiherr von Ketteler (1811-1877) und Adolf Kolping (1813-1865) von katholischer Seite her wichtige Förderer fanden. Die erste Sozialenzyklika Rerum Novarum (1891) von Papst Leo XIII. war eine wirkmächtige Antwort des Katholizismus auf die Soziale Frage.[11] Mit den darauf folgenden päpstlichen Sozialenzykliken, weiteren Dokumenten und begleitender Forschung bildete sich die Systematik der Christlichen Sozialethik aus Personalität, Solidarität, Subsidiarität und Nachhaltigkeit heraus. Zentral darin ist, dass die menschliche Person Wurzelgrund, Träger und Ziel der institutionellen Veränderungen sein muss (vgl. GS 25).

---

[10] Schönfelder, *Muße*, S. 10.
[11] Vgl. Baumgartner, *(Sozial)Katholizismus*, S. 189-193.

Nachdem mit den Industrialisierungsschüben der Industrie 1.0 und der Industrie 2.0 vor allem die Mechanisierung der Produktion vorangetrieben wurde, setzte mit der Industrie 3.0, die mit den sechziger Jahren des 20. Jahrhunderts begonnen hat, eine neue Dimension der Automatisierung der Produktion ein. Es kam zum weitreichenden Einsatz von Elektronik und von Informations- und Kommunikationstechnologien (IKT), welche sowohl die Automatisierung, als auch variantenreichere Serienproduktion ermöglichten.[12] Alle mit der wirtschaftlichen Situation verbundenen Umbrüche führten stets auch zu Veränderungen der Gesellschaft. Ungeachtet von unzähligen persönlichen Schicksalen und Zeiten großer gesellschaftlicher Not, kann festgestellt werden, dass es in der Summe sowohl zu einer Zunahme der Produktivität als auch des Wohlstandes gekommen ist – zumindest in den Industrieländern. Auch wenn sich retrospektiv viele negative Prognosen (noch) nicht erfüllt haben, sind mit dem Beginn der Automatisierung viele diffuse gesellschaftliche Ängste entstanden. Der Ersatz von Menschen durch Technik oder die Bedrohung von Menschen durch Technik sind seit den 80er Jahren zum Beispiel eines der Hauptthemen der Filmindustrie. Gerade im Genre der Science Fiction zeichnen Filme und Filmreihen wie Terminator (seit 1984) oder Matrix (seit 1999) dystopische Zukunftsszenarien, welche diese gesellschaftlichen Ängste aufgreifen.

Deutlich ist, dass sich die Geschwindigkeit der wirtschaftlichen Veränderungsprozesse erhöht. Zwischen den Umbrüchen von Industrie 1.0 und Industrie 2.0 lagen noch mehr als 100 Jahre. Zur einsetzenden Industrie 3.0 vergingen nur noch etwa 60 Jahre. Obwohl der Prozess der dritten Industriellen Revolution noch nicht abgeschlossen ist, beginnt seit einigen Jahren mit der Industrie 4.0 eine neue Dimension der Digitalisierung. Bisher reichte die Zeit meist aus, dass Menschen, die ihre Arbeit verloren haben, sich in vielen Fällen für andere Arbeitsplätze qualifizieren konnten und solche gefunden haben. Nachdem die vierte industrielle Revolution so kurz nach der dritte kommt, ist nicht klar, ob die gesellschaftlichen Anpassungsprozesse schnell genug stattfinden können. „Viele Anzeichen sprechen dafür, dass die Auswirkungen diesmal völlig anders und vor allem viel gravierender sein werden, als in der Vergangenheit"[13]. Schon in der Vergangenheit war die Verteilung der Wohlstandsgewinne ungleich und oft ungerecht. Die über die Jahre gestiegenen Erwerbstätigkeitszahlen in Deutschland dürfen nicht

---

[12] Vgl. Schönfelder, *Muße*, S. 11.
[13] Andelfinger, *Gesellschaftliche Veränderungen*, S. 150.

darüber hinweg täuschen, dass ein Großteil der neu geschaffenen Jobs im Niedriglohnsektor angesiedelt ist. Der Lohn in diesen meist prekären Arbeitsverhältnissen reicht vielen Menschen nicht, für sich und ihre Familien einen wünschenswerten Lebensstandard zu schaffen. Deshalb müssen viele Menschen einen Zweitjob annehmen. Zudem können gerade diese Arbeitsplätze, für die nur ein geringes Qualifikationsniveau erforderlich ist, sehr leicht durch Technologie ersetzt werden. Selbstfahrende Taxis, Putz- oder Pflegeroboter, KI in Callcentern oder digitale Kassenautomaten in Supermärkten sind nur einige Beispiele für die Ersetzbarkeit von Arbeitsplätzen im Niedriglohnsektor. „Wurden seit der Erfindung der Dampfmaschine überwiegend die menschliche Arbeitskraft im Sinne von körperlicher Kraft überflüssig gemacht, bedrohen nun künstliche Intelligenz, lernende Maschinen und Robotertechnik Bereiche des Arbeitslebens, wo bisher der Mensch unersetzlich schien"[14]. Auf der einen Seite ist es also recht einfach vorherzusagen, welche Arbeitsplätze von der fortschreitenden Digitalisierung bedroht sind, auf der anderen Seite ist es recht schwer einzuschätzen, welche neuen Jobs in welchem Umfang durch die Umbrüche neu entstehen werden. Offen ist auch, ob es im Sinne von Unternehmen sein kann, durch Einsparungen von Personal und Umstellungen auf internetbasierte Automatisierungsprozesse kosteneffizienter immer mehr Produkte herstellen zu können, wenn es immer weniger Menschen gibt, die sich diese Produkte durch ihren mit Arbeit verdienten Lohn leisten können. Nicht nur für die hier beispielhaft aufgeführten Veränderungen der Arbeitsbedingung, sondern auch für viele andere Bereiche gilt, dass Menschen Sicherheit in Stabilität finden. Die immer schneller werdende webbasierte Digitalisierung mit der schnellen Verschmelzung von Technologien und den dadurch induzierten gesellschaftlichen und politischen Unsicherheiten und Veränderungen schüren stattdessen diffuse Ängste.[15]

Die Industrialisierungsprozesse gingen mit Globalisierungsprozessen einher. Die Fortschritte und Wohlstandsgewinne der Digitalisierung, die sogenannte „digitale Dividende", ist nicht nur innerhalb der Gesellschaften, sondern auch zwischen den verschiedenen Weltregionen ungleich und ungerecht verteilt. Laut dem von der UNESCO und der Internationalen Fernmeldeunion (ITU) herausgegebenen Bericht der Breitbandkommission für digitale Entwicklung von 2016 haben

---

[14] Andelfinger, *Gesellschaftliche Veränderungen*, S. 157.
[15] Vgl. Adelfinger, *Gesellschaftliche Veränderungen*, S. 149-162.

mehr als die Hälfte der Menschheit noch keinen Zugang zum Internet.[16] Um der dadurch entstehenden weltweiten digitale Spaltung und der ungleichen und ungerechten Verteilung der digitalen Dividende entgegen zu wirken, arbeiten globalpolitische Institutionen und viele Organisationen der Entwicklungszusammenarbeit daran, die Digitalisierung durch den Ausbau einer digitalen Basisinfrastruktur und der sogenannten „digitalen Alphabetisierung" zur verantwortungsbewussten Wahrnehmung der digitalen Möglichkeiten auch in Ländern des Südens voranzutreiben. Gleichzeitig gilt es die spezifischen Herausforderungen ernst zu nehmen, die gerade für diese Länder mit der Digitalisierung einhergehen. Denn auch in den Ländern des Südens gefährden Digitalisierungs- und Automatisierungsprozesse vor allem Arbeitsplätze im Niedriglohnsektor. Nachdem viele Unternehmen, zum Beispiel in der Textilindustrie und der Schuherstellung, in den vergangenen Jahrzehnten ihre Produktion aufgrund der besseren Verfügbarkeit billiger Arbeitskräfte aus Industrieländern in Länder des Südens verlagert haben, führt die steigende Kapitalintensität von digitalisierten und automatisierten Produktionsprozessen sowie der sinkende Bedarf an billiger menschlicher Arbeitskraft dazu, dass viele Unternehmen ihre Produktion zurück in Industrieländer verlagern. Da viele Länder des Südens ihre Volkswirtschaften auf diese Niedriglohnindustrien ausgerichtet haben und es oft wenig alternative Beschäftigungsmöglichkeiten gibt, hat der digitalisierungsbedingte Verlust von Arbeitskräften im Niedriglohnsektor vermutlich erheblich gravierendere Folgen für die Länder des Südens, die nach und nach ihren wichtigsten Standortvorteil verlieren, als für die Industrieländer. Zudem führen die entgrenzten Möglichkeiten der internetbasierten Digitalisierung zur Verdrängung des regulierten Kapitalismus, wie er in Europa zu finden ist, durch einen „digitalen Kapitalismus [...], der höchste Renditen generiert und den Gesetzen des Stärkeren folgt"[17]. Mittlerweile haben sich enorme Monopole für digitale Dienstleistungen etabliert, die ihre Firmensitze vor allem in den USA haben, und zu denen Firmen in den Ländern des Südens nur sehr schwer in Konkurrenz treten können.[18]

Durch die Industrie 4.0 stellt sich die Frage, ob der Mensch im Mittelpunkt der wirtschaftlichen, politischen und gesellschaftlichen Entscheidungsprozesse steht, noch deutlicher als in den vorausgehenden Industrialisierungsschüben. So wie katholische Verbände und die

---

[16] Vgl. unesco.de.
[17] Sangmeister, *Digitalisierung*, S. 1420.
[18] Vgl. Sangmeister, *Digitalisierung*, S. 1415-1420.

päpstliche Soziallehre schon während der Sozialen Frage des 19. Jahrhunderts für die Rechte insbesondere der einfachen Arbeiter eintraten, geht es auch heute darum, den Menschen als Person in den Mittelpunkt von Veränderungsprozessen zu stellen. Laut der Enzyklika Laborem Exercens von Papst Johannes Paul II aus dem Jahre 1981 ist die Arbeit „ein Gut für den Menschen – für sein Menschsein –, weil er durch die Arbeit nicht nur die Natur umwandelt und seinen Bedürfnissen anpaßt, sondern auch sich selbst als Mensch verwirklicht, ja gewissermaßen ‚mehr Mensch wird'" (LE9). Auch wenn es sowohl im beschriebenen Kontext von Technik und Arbeit und der Enzyklika vor allem um die Phänomene der menschlichen Arbeit geht, die der Sicherung des Lebensunterhaltes dienen, stellt Laborem Exercens bereits vor über 40 Jahre heraus, dass auch die Mühen innerhalb der Familie und für das Gemeinwesen, die zumeist nicht entlohnt werden, als Aspekte der Arbeit zu deuten sind (vgl. LE10).

2. WACHSTUMSZWÄNGE UND NATURVERBRAUCH

Die Digitalisierung findet nicht nur im Kontext der Globalisierung statt, sondern auch zeitgleich mit ökologischen Krisen und dem Klimawandel. Insofern spielen auch Fragen zur Belastung der Umwelt beziehungsweise zum Naturverbrauch eine große Rolle. Die Digitalisierung hat sowohl Potentiale durch Technologien, wie zum Beispiel Smart Grids, zum Klimaschutz beizutragen, als auch Potentiale, zum Beispiel durch Wachstum bedingte Produktionssteigerungen und einen erhöhten Energiebedarf, die Umwelt noch stärker zu belasten. Ohne Zukunftsprognosen abgeben zu wollen, ob sich die Digitalisierung insgesamt positiv oder negativ auf den Klimaschutz auswirken wird, hilft eine genauere Betrachtung des Prinzips Nachhaltigkeit weiter, Zusammenhänge zwischen Naturverbrauch und wirtschaftstheoretischen Grundlagen im Hinblick auf wirtschaftliches Wachstum zu beleuchten. Im Kern betrifft dies die Kontroversen zwischen der sogenannten „schwachen" und der „starken Nachhaltigkeit".

Sowohl schwache als auch starke Nachhaltigkeit teilen den Vernetzungsgedanken zwischen ökonomischen, ökologischen und sozialen Prozessen, die Berücksichtigung der Tragekapazitäten des Ökosystems

Erde, das Gebot globaler Solidarität und die Rücksicht auf Aspekte intergenerationeller Gerechtigkeit.[19] Die beiden Nachhaltigkeitskonzeptionen unterscheiden sich jedoch in ihren wirtschaftstheoretischen Grundannahmen zur Substituierbarkeit natürlichen Kapitals durch Sachkapital und ihren Annahmen ob zukünftige Generationen für den Naturverlust entschädigt werden können. Unter dem Begriff der schwachen Nachhaltigkeit verbirgt sich diejenige Nachhaltigkeitsauffassung, wie sie vor allem von der neoklassischen Wirtschaftstheorie vertreten wird. Sie geht von einer vollständigen Substituierbarkeit natürlichen Kapitals durch Sachkapital aus. Das heißt, wenn eine Generation der nächsten Generation Technologien und Innovationen hinterlässt, mit der ähnliche Funktionen erreicht werden können, wie sie die Natur bereitstellt, kann der Verbrauch an Naturkapital durch das Hinterlassen entsprechenden Sachkapitals an kommende Generationen aufgerechnet werden. Es geht also um die Summe beider Kapitalarten und damit die Sicherung des Gesamtwohlstands. Der Naturerhalt steht dabei nicht im Zentrum. Des Weiteren bewertet die Neoklassik Nutzen mit einer Zeitpräferenz für die Gegenwart beziehungsweise einer positiven Diskontrate. Das heißt, der Konsum in der Gegenwart wird gegenüber dem Konsum in der Zukunft vorgezogen. Dies gründet sich zum einen auf die Überzeugung, dass der Wohlstand aufgrund technischen Fortschritts und einer damit einhergehenden Steigerung der Arbeitsproduktivität stetig zunimmt. Zum anderen geht sie davon aus, dass der Grenznutzen des Konsums mit jeder weiteren konsumierten Einheit abnimmt. Bildlich gesprochen bedeutet dies, dass beispielsweise der Konsum der ersten Breze große positive Auswirkungen auf das Wohlbefinden einer hungrigen Person hat, dieser Zugewinn an Wohlbefinden jedoch mit jeder weiteren konsumierten Breze abnimmt. Aus diesen beiden Annahmen leitet die neoklassische Wirtschaftstheorie ab, dass es im Sinne der schwachen Nachhaltigkeit in Ordnung sei, dass die aktuelle Generation etwas mehr von den endlichen natürlichen Gütern verbraucht als kommenden Generationen zur Verfügung stehen werden, oder sie mehr Schadstoffe hinterlässt als es zukünftig möglich sein wird.

Dagegen wird das Konzept starker Nachhaltigkeit unter anderem von der Ökologischen Ökonomie vertreten. Ihre Vertreter teilen die Annahme der grundsätzlichen Substituierbarkeit von Naturkapitel durch Sachkapital nicht, weil Naturkapital ihrer Meinung nach einige

[19] Vgl. Veith, *Nachhaltigkeit*, S. 306-307

Merkmale aufweist, die durch Sachkapital nicht adäquat ersetzt werden können. Zudem lehnen sie auch den Diskontierungsansatz ab und gehen davon aus, dass es zukünftige Generationen nicht als angemessen empfinden werden, dass sie durch Sachkapital von früheren Generationen für den Verlust an Natur entschädigt werden.[20]

Diese beiden Nachhaltigkeitskonzeptionen bilden in der beschriebenen Form Extrempositionen. Die schwache Nachhaltigkeit argumentiert anthropozentrisch und kritisiert an Konzeptionen starker Nachhaltigkeit, dass sie Wachstum verhindern würden. Die Position der starken Nachhaltigkeit ist eher einer physiozentrischen oder ökozentrischen umweltethischen Position zuzuordnen und macht der schwachen Nachhaltigkeit zum Vorwurf, dass der Wert der Natur zu wenig beachtet würde. Eine verantwortbare Nachhaltigkeitsauffassung kann jedoch weder gänzlich auf Wachstum verzichten, noch die Natur vollständig verzwecken. Realitätsnäher sind Positionen zwischen den Extremen schwacher oder starker Nachhaltigkeit. Für die Christliche Sozialethik gilt es, wie schon im vorherigen Kapitel beschrieben, den zentralen Wert der Person herauszustellen und gleichzeitig den Wert der Natur nicht zu vernachlässigen. Denn, wie Papst Franziskus in seiner Enzyklika Laudato Si' betont, haben wir kein Recht dazu, dass unseretwegen bereits „Tausende Arten nicht mehr mit ihrer Existenz Gott verherrlichen, noch uns ihre Botschaft vermitteln" (LS 33) können.

3. ALTERNATIVEN ZU WACHSTUMSIMPERATIVEN

Als Antwort auf vermeintlich systembedingte Wachstumszwänge, wie sie in der Einleitung dargestellt wurden, mehren sich in verschiedenen Disziplinen und in unterschiedlichen Weltregionen Vorschläge für Alternativen zu Wirtschaftstheorien, die von einem notwendigen stetigen Wachstum ausgehen.

Im deutschen Sprachraum wirbt unter anderem die Postwachstumstheorie für Wachstumsneutralität und ein stoffliches Nullsummenspiel als Maßstab für wirtschaftliche Entwicklungsprozesse. Innovationen sind die Treiber von Entwicklung. Sie fügen dem Vorhandenen beziehungsweise dem Bekannten etwas Neues hinzu. Es ist ihnen nicht von vornherein eingeschrieben, dass sie Altes ersetzen. Selbst Nachhaltigkeitsinnovationen führen oft nicht zu insgesamt umweltfreundlicheren

---

[20] Vgl. Hauff, Schiffer, *Nachhaltige Entwicklung*, S. 20-26.

Zuständen. Additions-, Verlagerungs- und Reboundeffekte führen nicht selten dazu, dass das durch die Umweltinnovationen ermöglichte Einsparungspotential zwar mitgenommen wird, aber durch alternativen oder zusätzlichen Verbrauch überkompensiert wird.[21] Der Volkswirt Niko Paech betont deshalb, dass es neben der Innovation drei weitere Veränderungsprinzipien gibt: die Exnovation, die Imitation und die Renovation. Genau gegenteilig zu Innovationen entfernen Exnovationen Optionen aus dem Gebräuchlichen (z. B. Atom- und Kohleausstieg). Sie sind nicht grundsätzlich an einen Ersatz gebunden, sondern können auch als eigenständiges Veränderungsprinzip zur Problembehandlung verstanden werden. Von Imitation kann gesprochen werden, wenn nicht auf neue, sondern auf längst bekannte, bewährte, aber aus der Mode gekommene Optionen für Veränderungsprozesse zurückgegriffen wird (z.B. Rückgriff auf aus der Mode geratene heimische Obstsorten, anstatt auf Südfrüchte). Renovation bezeichnet schließlich die Aufarbeitung oder Aufwertung von vorhandenen Optionen, um ihre Nutzungsmöglichkeiten zu verlängern oder mit ihnen neue Lösungen zu finden (z. B. Upcycling-Prozesse in der Mode). Während Innovationen und Exnovationen dem Bestand vorhandener Möglichkeiten etwas hinzufügen oder abziehen, bleibt bei Imitationen und Renovationen der Fundus vorhandener Möglichkeiten gleich groß. Paech fordert erstens, dass Exnovation, Imitation und Renovation als gleichwertige Veränderungsprozesse zu Innovationen Beachtung finden sollten, weil die Konzentration nur auf Innovationen eine Einbahnstraße beziehungsweise ein „Vorwärts in die Gefilde des nie Gewesenen"[22] darstelle. Denn Innovationen ist folgende Eigenschaft zu eigen, die häufig als „Innovationsparadox" bezeichnet wird: Die Folgen der Innovationen können zum Zeitpunkt ihrer Entwicklung noch nicht gekannt werden, es kann nicht genau vorhergesagt werden, ob die intendierten oder auch die nicht-intendierten Konsequenzen direkt oder indirekt folgen werden. „Im Schatten der berühmten Erfolgsgeschichten bleiben die inhärenten Ambivalenzen und Unsicherheiten und ihre Ex-post-Bewertung meist unbedacht"[23]. Deshalb plädiert Paech zweitens für einen Risikotausch. Das heißt bei Veränderungsprozessen sollte zuerst die Frage beantwortet werden, wie überkommene Prozesse abgeschafft werden kön-

---

[21] Vgl. Kropp, *Exnovation*, S. 14-15.
[22] Paech, *Nachhaltiges Wirtschaften*, S. 255; vgl. edb. 252 - 255.
[23] Kropp, *Exnovation*, S. 17.

nen, bevor das Schaffen neuer Optionen durch Innovationen angegangen wird. Durch diesen Prioritätenwechsel werde nicht die Innovation, sondern die ihr vorausgehende Exnovation zur treibenden Kraft.[24]

Eine weitere populäre Wachstumskritik kommt aus dem indigenen Denken Südamerikas, den Überlegungen zum sogenannten „Buen Vivir". Dieses findet sich in der neuen Verfassung Ecuadors wieder, welche 2008 in Kraft trat. Als weltweit erste Verfassung enthält sie nicht nur Rechte auf Natur, sondern auch Rechte der Natur. Der Natur wird ein vom Menschen unabhängiges Recht auf Existenz und Regeneration eingeräumt. Die Verfassung greift zur Begründung dieses Rechtes auf das indigene Naturverständnis als Pachamama zurück und begründet deren Schutzanspruch durch das in der indigenen Kultur verankerte Konzept des Buen Vivir (deutsch: Gute Leben).[25] Als einer der bekanntesten Vertreter des Konzepts gilt Alberto Acosta, der als ehemaliger Präsident der verfassungsgebenden Versammlung Ecuadors in den Jahren 2007 und 2008 diese Verfassung entscheidend mitgeprägt hat. Sein Buch *Buen Vivir* trägt den alternativen Untertitel *Das Wissen der Anderen für eine Welt jenseits des Wachstums*. Zentraler Kritikpunkt an westlich geprägten Wachstumstheorien ist der Begriff der Entwicklung selbst. Denn dieser Begriff sei nicht neutral, sondern beinhaltete ein bestimmtes Konzept von Entwicklung nach westlicher Prägung. Wenn entsprechend diesem Begriff die Länder des Südens als unterentwickelt klassifiziert werden, entspräche das einer ungerechtfertigten Stigmatisierung. Insgesamt kritisiert das Buen Vivir die westlichen Vorstellungen einer Entwicklung, die sich an Wachstum, Effizienz und Extraktivismus orientiert. Die Vertreter des Buen Vivir fordern eine Transition der Wirtschaftsordnung hin zu mehr Solidarität und Nachhaltigkeit. Im Zentrum dieser Wirtschaft soll der Mensch stehen, der jedoch stets als in die Zusammenhänge der Natur integriert verstanden werden soll. Arbeit soll sowohl als Recht als auch als Pflicht gelten. In der Produktion soll es nicht darum gehen, immer mehr herzustellen, sondern für ein gutes Leben zu produzieren. Als Orientierungsrahmen für Lebensstilfragen sollen nicht weiter die Lebensstile der Eliten gelten, sondern an Suffizienz orientierte Konzepte, in denen es darum geht, mit weniger Verbrauch besser zu leben. Als methodische Grundlage für diese Transition der Wirtschaft führt Acosta den Autozentrismus an. „Der Auto-

---

[24] Vgl. Paech, *Nachhaltiges Wirtschaften*, S. 255-256.
[25] Vgl. Knauß, *Pachamama*, S. 221.

zentrismus ist eine politische und wirtschaftliche Organisationsstrategie, die den Aufbau von unten und von innen heraus verfolgt und den lokalen Gegebenheiten gerecht wird; durch ihn gewinnen beispielsweise alternative Währungen an Gewicht, mit denen die Gemeinschaft wieder Herr über ihre Wirtschaft werden kann"[26]. Laut Acosta braucht es eine Wiederbelebung anderer Arten der Wirtschaftslogik, die nicht dem Diktum von Angebot und Nachfrage folgen, sondern auf Gegenseitigkeit und Solidarität bauen. Als Beispiele nennt er Sozialversicherungen, das öffentliche Transportwesen und das Gesundheits- und Bildungssystem. Auch im sozialen Bereich seien tief greifende Transformationen und erhebliche Umverteilungen notwendig, damit Einkommen und Reichtum gerechter verteilt werden. Acosta zitiert den deutschen Journalisten Thomas Pampuch: „Es geht darum, die Misere der Moderne zu überwinden, nicht die Misere zu modernisieren"[27].

Das Buen Vivir trägt deutlich utopische Züge und ist kein fertiges Konzept, das als solches sofort umsetzungsfähig ist. Dies ist Acosta auch selbst bewusst. Er sieht darin die Chance, als Gesellschaft zusammen Alternativen für ein Gutes Leben zu entwickeln.[28]

4. AUSBLICK

Ausgangspunkt dieses Beitrags waren wirtschaftliche und politische Forderungen, welche die Digitalisierung als globalen Wettlauf um wirtschaftliche und technische Vormachtstellungen verstehen. Ihnen liegt meist die Annahme zugrunde, dass die Marktwirtschaft Wachstumszwänge hervorruft, denen Volkswirtschafen folgen müssen, wenn sie nicht zu den Verlierern in der globalen Ökonomie werden wollen. Daraus werden ökonomische Wachstumsimperative abgeleitet, die allenfalls beiläufig über gesellschaftliche Folgen reflektieren. Die Frage, in welcher Gesellschaft wir leben wollen, verliert angesichts solcher vermeintlichen Wachstumszwänge und -imperative an Relevanz. Absicht dieses Artikels ist es nicht, solche Annahmen über mikro- und makroökonomischen Zusammenhänge in einer weitestgehend unregulierten globalen Marktwirtschaft zu widerlegen, sondern aufzuzeigen, dass diesen ein bestimmtes Wirtschaftsverständnis zugrunde liegt und es über

---

[26] Acosta, *Buen Vivir*, S. 147.
[27] Acosta, *Buen Vivir*, S. 177; vgl. ebd. 144 - 187.
[28] Vgl. Acosta, *Buen Vivir*, S. 153.

die Wirtschafsförderung hinaus weitere zentrale politisch-volkswirtschaftliche Verantwortungen gibt. So stellen sich bedeutende Fragen, wie zum Beispiel eine rein auf Wachstum und Digitalisierung setzende Gesellschaft mit Arbeitsplatzverlusten im Niedriglohnsektor umgehen will und wer nach damit einhergehenden Kaufkraftverlusten die vielen kostengünstiger produzierten Produkte kaufen soll. Wenn, des Weiteren, die Digitalisierung als globaler Wettlauf um Marktvormachten verstanden wird, den es von den westlichen Industriestaaten zu gewinnen gilt, dann wird damit in Kauf genommen, dass die globale Schere zwischen Arm und Reich zwischen den Industrieländern und den Ländern des Südens und innerhalb der Gesellschaften weiter auseinander geht. Im Kontext der Diskussion über die Konzepte der schwachen und der starken Nachhaltigkeit wurde gezeigt, dass deutlich auf Wachstum setzende Wirtschaftstheorien den Wert von Natur oft nur instrumentell bewerten und bestimmte Vorannahmen treffen, wie zukünftige Generationen ihren Nutzen einschätzen werden. Zuletzt wurden einige Ideen der Postwachstumsökonomie und des Konzeptes des Buen Vivir vorgestellt, die nochmals verdeutlichen, dass wirtschaftliches Wachstum weder naturgesetzlichen Zwängen folgt noch von allen Menschen als notwendig oder wünschenswert eingestuft wird. Gegen die Forderungen, dass die Digitalisierung einer Logik nach dem Motto *schneller, höher, weiter* gestaltet werden müsse, können die aufgezeigten alternativen Wirtschaftsmodelle sowie die Prinzipien der Sozialethik einen Weg weisen, die mit der Digitalisierung entstehenden neuen Möglichkeiten in den Dienst für den Menschen und die Natur zu stellen. Deshalb wird hier die These vertreten, dass die Frage, in welcher Zukunft wir leben wollen, nicht durch Wachstumszwänge vorbestimmt ist, sondern trotz oder sogar durch die entstehenden Möglichkeiten der Digitalisierung zu vielfältigen unterschiedlichen Antworten führen kann.

Literatur

Acosta, Alberto, *Buen vivir: Vom Recht auf ein gutes Leben, [das Wissen der Anderen für eine Welt jenseits des Wachstums]*, München 2015.
Andelfinger, Volker P., *Gesellschaftliche Veränderungen - wenn Menschen und Maschinen zu Konkurrenten werden*, in: Andelfinger, Volker P.; Hänisch, Till (Hg.), Industrie 4.0. Wie cyber-physische Systeme die Arbeitswelt verändern, Wiesbaden 2017, 149-164.

Bär, Dorothee, *Ein neues Rollenverständnis von Mensch und Technik (Geleitwort)*, in: Frenz, Walter (Hg.), Handbuch Industrie 4.0: Recht, Technik, Gesellschaft, Berlin 2020, XIII-XV.

Baumgartner, Alois, *Entwicklungslinien des deutschen (Sozial-)Katholizismus*, in: Heimbach-Steins, Marianne (Hg.), Christliche Sozialethik. Ein Lehrbuch, Band 1, Regensburg 2004, 187-199.

Bundesministerium für Wirtschaft und Energie (BMWi) (Hg.), *Industrie 4.0 und Digitale Wirtschaft. Impulse für Wachstum, Beschäftigung und Innovation*, München 2015.

Hauff, Michael von; Schiffer, Helena, *Anforderungen des Paradigmas nachhaltiger Entwicklung*, in: Hauff, Michael von; Nguyen, Thuan (Hg.), Nachhaltige Wirtschaftspolitik, Baden-Baden 2013, S. 9-31.

Knauß, Stefan, *Pachamama als Ökosystemintegrität – Die Rechte der Natur in der Verfassung von Ecuador und ihre umweltethische Rechtfertigung*, in: Zeitschrift für Praktische Philosophie, Band 7, Heft 2 (2020), 221–244.

Kropp, Cordula, *Exnovation – Nachhaltige Innovationen als Prozesse des Abschaffens*, in: Arnold, Annika; David, Martin; Hanke, Gerolf; Sonnberger, Marco (Hg.), Innovation – Exnovation: Über Prozesse des Abschaffens und Erneuerns in der Nachhaltigkeitstransformation, Marburg 2015, 13-34.

Manzeschke, Arne; Brink, Alexander, *Ethik der Digitalisierung in der Industrie*, in: Frenz, Walter (Hg.), Handbuch Industrie 4.0: Recht, Technik, Gesellschaft, Berlin 2020, 1383-1405.

Paech, Niko, *Nachhaltiges Wirtschaften jenseits von Innovationsorientierung und Wachstum. Eine unternehmensbezogene Transformationstheorie*, Marburg 2005.

Sangmeister, Hartmut, *Digitalisierung und globale Verantwortung*, in: Frenz, Walter (Hg.), Handbuch Industrie 4.0: Recht, Technik, Gesellschaft. Berlin 2020, 1415-1423.

Schönfelder, Christoph, *Muße - Garant für unternehmerischen Erfolg. Ihr Potential für Führung und die Arbeitswelt 4.0*, Wiesbaden 2018.

Unesco, ITU (Hg.), *Mehr als die Hälfte der Menschen weltweit ohne Internetzugang. Pressemitteilung, 16. September 2016, unter:* www.unesco.de/wissen/wissensgesellschaften/digitalisierung/mehr-als-die-haelfte-der-menschen-weltweit-ohne (abgerufen am 30.08.2022).

Veith, Werner, *Nachhaltigkeit*, in: Heimbach-Steins, Marianne (Hg.), Christliche Sozialethik. Ein Lehrbuch, Band 1. Regensburg 2004, 302-314.

Ko-Laboration: Arbeit 4.0 zwischen Theodor W. Adornos ‚Dialektik des Fortschritts' und Donna Haraways ‚Sympoiesis'

Simon Reiners

1. VORAB

„Wie Fortschritt und Regression sich heute verschränken, ist am Begriff der technischen Möglichkeiten zu lernen."[1]

Die moderne Bestimmung der Bedeutung menschlicher Tätigkeit beginnt mit Kant. Den substanziellen Zweck des menschlichen Wesens sieht dieser in der Aneignung innerer und äußerer Natur und damit in der Befreiung von Trieben zur Entfaltung der Potenziale des Menschen als Vernunftwesen.[2] Von hier ausgehend findet sich der explizite Bezug auf die Bestimmung menschlicher Arbeit für die Moderne bei Hegel. Seine Begriffsbildung hat bis heute Geltung: Arbeit steht im Zentrum der Ausbildung des Selbstbewusstseins des menschlichen Subjekts in der Auseinandersetzung mit der äußeren Welt. So formuliert Hegel in der *Phänomenologie des Geistes*:

„Das arbeitende Bewusstsein kommt also hierdurch zur Anschauung des selbstständigen Selbst, als sein Selbst."[3]

Diese Bestimmung erfährt mit Marx' Wendung zur Gesellschaftstheorie eine Perspektive auf die negativen Seiten dieser Selbstbildung durch Arbeit. Sie sei das, was durch Naturaneignung Waren und Werte schafft. Unter Bedingungen des Privateigentums und kapitalistischer Produktionsweisen entstehe aber eine spezifische Form menschlicher Arbeit. Zunächst werde sie selbst zur Ware: der Verkauf der eigenen

---

[1] Adorno, *Minima Moralia*, 152.
[2] Vgl. Kant, *GMS*, BA 7-8.
[3] Hegel, *PhdG*, 115.

Zeit beziehungsweise der Tätigkeit in dieser. Statt Mittel zur Selbstbildung als Freiheit zu sein, finde sich Arbeit unter fremden Zwecken wieder und führe, laut Marx, zur vierfachen Entfremdung: gegenüber dem Produkt der Arbeit, der eigenen Tätigkeit, dem Menschen als Gattungswesen und schließlich gegenüber sich selbst.[4] Arendt fügt noch eine fünfte und entscheidende Form der Entfremdung hinzufügen: diejenige gegenüber ‚der Welt'. Das heißt, zentral ist nicht nur der Verlust einer Beziehung zum eigenen beziehungsweise zwischenmenschlichen Dasein, sondern zur (natürlichen) Umwelt als ebenfalls sinngebendem Bestandteil des menschlichen Lebens.[5] Dennoch halten sowohl Marx als auch Arendt eine nicht-entfremdete Arbeit für möglich. Eine solche könne freie Selbst- und Weltbeziehung herstellen. Die Autor:innen halten, ebenso wie Hegel, daran fest, dass in der Arbeit das Potenzial zur Entfaltung und Verwirklichung des menschlichen, freien Subjekts liege. So heißt es bei Marx in den ‚*Grundrissen*': „Selbstverwirklichung, Vergegenständlichung des Subjekts, daher reale Freiheit, deren Aktion eben die Arbeit ist."[6]

Marx geht aber auch hierbei vom hegelschen Idealismus zur Gesellschaftstheorie über. Ihm zufolge hängt von den Produktions- und Arbeitsverhältnisse einer Gesellschaft ab, was zum jeweiligen historischen Zeitpunkt in der jeweiligen Gesellschaft als Leben gilt. Sie stiften damit die Bedeutung menschlicher Subjektivität und damit verbunden das jeweilige Verständnis von Freiheit.[7]

Diese Verhältnisse haben sich in den letzten Jahrzehnten entscheidend verändert. So wird schon länger über die Bedeutung der Einführung digitaler Technologien in die industriellen Produktionsverhältnisse diskutiert. Hierfür hat sich der Begriff der Industrie 4.0 etabliert. Weniger Betrachtung hat jedoch bisher die Bedeutung von Digitalisierung explizit für die Arbeitsverhältnisse gefunden. Dafür steht heute der Begriff der Arbeit 4.0 – die Verbreitung digitaler Technologien und intelligenter Produktionssysteme in allen Bereichen der Arbeitswelt. Gerade mit Blick auf die durch die Covid-19-Pandemie beschleunigte Digitalisierung am Arbeitsplatz, wird unübersehbar, dass digitale Technologien weit über die bloßen Produktionstechnologien hinausreichen. Die Verwendung des Begriffs ‚Arbeit 4.0' ist dabei selbst nicht unproblematisch. Der Begriff impliziert bereits eine Idee von Fortschritt.

---

[4] Vgl. Marx, *MEW 40*, 514-517.
[5] Vgl. Arendt, *Vita Activa*, 264.
[6] Marx, *MEW 42*, 512.
[7] Marx, *MEW 13*, 7-11.

Dadurch werden die Entwicklungen einer ‚schönen neuen Welt' bereits affirmiert ohne die Herrschaftsverhältnisse, die in jedem sozialen Wandel liegen, zu reflektieren. Eine Analyse von Risiken und Potenzialen wäre daher immer schon herrschaftsförmig präformiert. Um diesen problematischen Bedeutungsgehalt des Begriffs ‚Arbeit 4.0' möglichst zu umgehen, werde ich wo angemessen von ‚Digitalisierung der Arbeitswelt' als offenen Umwandlungsprozess sprechen.

2. EINFÜHRUNG – VERSCHRÄNKEN

Wenn Produktionsverhältnisse Gesellschaftsverhältnisse bestimmen, muss zu jeder Zeit neu gefragt werden, was als nicht-entfremdete Arbeit gelten kann, was demnach an Möglichkeiten zur Ausbildung freier Selbst- und Weltbeziehungen zur Verfügung steht: auch unter Bedingungen der Digitalisierung. Eine solche Betrachtung verlangt, dass nicht allein die zunehmenden Potenziale zur Entfremdung durch Arbeit 4.0 untersucht werden. Die Digitalisierung der Arbeitsverhältnisse ist real und die damit einhergehenden Veränderungen werden sich nicht zurückdrehen lassen. Im Gegenteil gilt es auch Potenziale zu bergen, die in der „Verschränkung", wie Adorno es im Einstiegszitat nennt, für ein befreites Dasein durch die Einführung digitaler Technologien in die Arbeitspraxis zur Verfügung stehen.

Es muss darum gehen, die Bestimmung dessen, was Arbeit 4.0 in einer modernen Gesellschaft für die Verwirklichung der Potenziale des Menschen leisten kann, mit zu vollziehen. Nur dadurch kann verhindert werden, dass allein das Potenzial von Arbeit 4.0 zur „produktiven" Vernutzung von entfremdeter, menschlicher Arbeitskraft ausgeschöpft wird. Was könnte eine nicht-entfremdete Arbeit 4.0 auszeichnen? Ich werde im Folgenden durch zwei theoretische Perspektiven hindurch auf Arbeit 4.0 schauen. Die beiden gesellschaftstheoretischen Positionen, die ich zu diesem Zweck aneinander heranführen werde, heben auf je eigene Weise die sozio-historische Beziehung des Menschen zur Natur bzw. zum Nicht-Menschlichen – worunter ebenfalls Technik zu fassen wäre – als Grundlage für kritische Gesellschaftstheorie hervor:

Erstens werde ich die herrschaftskritische Perspektive von Theodor W. Adorno, ein wesentlicher Vertreter der Kritischen Theorie der Frankfurter Schule, heranziehen. Dabei werde ich mich auf seinen Aufsatz *Fortschritt* aus den 60er Jahren beschränken. Dort entlarvt er die durch Hegel etablierte Deutung von technischem Fortschritt als dem

Weg zur Verwirklichung des menschlichen Wesens als ideologisch: Zu identifizieren, was das Wesen von etwas darstellt, sei gänzlich von Herrschaftsdimensionen durchzogen. Fortschritt sei hingegen nicht teleologisch als auf eine festgelegte Idee gerichtet zu deuten, sondern sei vielmehr die Unterbrechung dieser totalitären Ideologie.

Ausgehend von Adornos rein negativ analytischer Perspektive, was Fortschritt *nicht* sei, lässt sich keine ethische Praxis bestimmen. Daher werde ich zweitens Adorno die feministische Ethik des (Ver-)Antwortens aus Verwobenheit von Donna Haraway zur Seite stellen. Haraway hebt die Verwobenheit von Mensch und Nicht-Menschlichem statt die Abspaltung des Subjekts von der Welt hervor. Ich beschränke mich auf ihr Konzept der Sympoiesis – das Gemeinsame-Schaffen und ko-konstitutive Werden von Mensch und Nicht-Menschlichem. Eine Ethik der gemeinsamen Sorge und Verantwortung gehe daraus hervor, in der Körperlichkeit statt bloßer Ratio ins Zentrum rückt. Ich werde zeigen, dass sich auf diese Weise gemeinsam mit der gesellschaftstheoretischen Kritik Adornos auch anders auf Arbeit 4.0 als Verwobenheit von Mensch und Natur/Technik[8] blicken lässt.[9]

Meine These lautet dann, dass Arbeit 4.0 nicht als Schicksal, sondern als Fortschritt zu denken ist. Jedoch nicht im klassischen Sinne von Fortschritt als zunehmende Rationalisierung und damit Kontrollierbarkeit der Welt. Im Fortschritt steckt eine körperliche Erfahrung der Verwobenheit des Menschen mit Natur und damit die Chance für eine anti-anthropozentrische Ethik der Verantwortung als Sorge für ein nachhaltiges Leben auf einem beschädigten Planeten – eben ko-laborativ.

---

[8] „Natur" wird hier im Sinne Adornos als Grenzbegriff behandelt. Also nicht als biologische Ganzheit oder romantischer Naturbegriff, sondern als all das, was nicht im Begriff ‚Mensch' aufgeht (vgl. Gransee, *Grenzbestimmungen*, 129).

[9] Die interessante Nähe dieser zunächst disparat erscheinenden Autor:innen besteht auch darin, dass sie beide Philosophie als Auseinandersetzung mit den Krisen ihrer Zeit verstehen. Adornos Fortschritts-Text entstand in den 60er Jahren als Reaktion auf die technische Möglichkeit der gegenseitigen Vernichtung im Kalten Krieg. Haraway reagiert auf ähnliche Weise auf die gegenwärtige Gefahr der eigenen Vernichtung durch den Klimawandel.

3. DIGITALISIERUNG DER ARBEITSWELT – TECHNISCHE MÖGLICHKEITEN

Die Ausbreitung digitaler Technologien und ‚intelligenter' Produktionssysteme in allen Wirtschaftszweigen führt zu einschneidenden Umwandlungsprozessen in der Arbeitswelt. Entscheidende Aspekte dieser sich noch grundlegend verändernden neuen Wirklichkeit sind die Einführung von sogenannten Cyber-physischen Systemen, Internet der Dinge, Cloud-Computing, Big Data, Virtual Reality und Smart Robotics. Das sind alles Technologien, die gekennzeichnet sind durch eine Verschmelzung virtueller Informations- und Kommunikationstechnologien mit physisch-mechanischen Dingen, einschließlich dem menschlichen Körper. Es findet eine wachsende Verbindung menschlicher Tätigkeit mit Dingen beziehungsweise nicht-menschlichem Tätigsein statt. Arbeit ist zunehmend geprägt vom Zusammenspiel mit sehr effizienten und selbst ‚intelligenten' Technologien. Diese lassen sich unter anderem insofern als intelligent bezeichnen, als dass sie dazulernen und Entscheidungen für ihr weiteres Verfahren treffen.

Für die menschliche Selbstbewusstseinsbildung wird Arbeit 4.0 dadurch problematisch, dass mittels Digitalisierung von Arbeitsprozessen gerade das an menschlicher Tätigkeit ersetzt wird, was bislang als genuin menschlich galt: Informationsverarbeitung und Entscheidungsfindung. Algorithmen sind darin wesentlich schneller und abweichungssicherer als Menschen.

Technischer Fortschritt führt demnach entgegen hegelianisch geschichtsphilosophischen Prämissen bezogen auf menschliche Arbeit nicht per se zur zunehmenden Verwirklichung des menschlichen Wesens als eines freien, vernunftbegabten Subjekts. Das Gegenteil scheint der Fall zu sein.

Von sozialwissenschaftlicher Seite wird vor allem das mit flexiblen Beschäftigungsmöglichkeiten verbundene Versprechen geringerer Fremdbestimmung und größerer Selbstentfaltung durch digitale Technologien zurecht mit großer Skepsis betrachtet. In der unternehmerischen Praxis gäbe es zunehmende Kontrollmöglichkeiten. Darüber hinaus ermögliche Digitalisierung die Loslösung der Arbeitnehmer:innen aus den traditionell festen Unternehmensstrukturen. Die zunehmende Flexibilität, Entgrenzung und Autonomie der Arbeitnehmer:in gestatte damit zugleich den Zugriff auf bisher der Vermarktlichung entzogene Fähigkeiten des Menschen wie Kreativität, Emotionalität oder Solidarität und Räume wie Privatheit, Freizeit oder Feierabend. Hinzu käme Eigenverantwortung für soziale Risiken und schließlich würde die Entlohnung an das Ergebnis und nicht den Prozess des Arbeitens gebunden. Statt der versprochenen nicht-entfremdeten Entfaltungsmöglichkeiten des Subjekts in neuen Arbeitsformen, fänden auch diese unter fremder Zwecksetzung statt.[10]

Und so befassen sich gegenwärtig insbesondere Sozialwissenschaftler:innen überwiegend kritisch, bis hin zu technophob, mit diesen Entwicklungen. Neben aller Angemessenheit dieser Kritiken wird damit jedoch die Möglichkeit verspielt, zu betrachten, was an ‚Fortschrittlichem' darin angelegt und herausgearbeitet werden könnte. Dabei bleibt zu fragen, was unter Fortschritt zu verstehen ist. Insbesondere dann, wenn sich dieser, anders als Hegel glaubte, nicht von selbst vollzieht, sondern oft das Gegenteil – und zwar die größere Abhängigkeit des Menschen von Technik, eingebettet in ökonomische Herrschaftsverhältnisse – stattfindet. Die Potenziale müssen anderswo gesucht werden.

4. ADORNO – FORTSCHRITT UND REGRESSION

„Fortschritt ereignet sich dort, wo er endet."[11] In diesem Zitat formuliert Adorno am klarsten die Dialektik des Fortschritts – das immanent Widersprüchliche an ihrem eigenen Prinzip. Fortschritt ist nach Adorno im alltäglichen Sprachgebrauch bestimmt als Hoffnung für die Zukunft. Nämlich darauf, „daß es endlich besser werde, daß die Menschen einmal aufatmen dürfen."[12] Das hieße letztlich, dass ein menschenwürdiges Leben möglich sei. Gegen die Überwindung eines rein physischen Mangels setze jedoch die Philosophie von der Stoa über Augustinus und schließlich Kant auf eine „vernünftige Einrichtung der Gesamtgesellschaft als Menschheit."[13] Ausgehend von Walter Benjamins Kritik an Kant argumentiert Adorno das diese weitgehende Annahme und Heilsgeschichte eine feste und zugleich teleologische, da auf die Zukunft gerichtete, Idee dessen voraussetze, was das ‚Wesen der

---

[10] Diese Tendenzen der Entgrenzung und Vermarktlichung des Subjekts sind zwar auch unabhängig von der Digitalisierung in Arbeitsverhältnissen zu beobachten. Die These existierte in den Sozialwissenschaften schon vor der Jahrtausendwende (vgl. u.a. Pongratz/Voß, *Arbeitskraftunternehmer*). Digitalisierung befeuert jedoch diesen Trend in einem gehörigen Maße (vgl. Nachtwey/Staab, *Produktionsmodell*, 290).
[11] Adorno, *Fortschritt*, 625.
[12] Adorno, *Fortschritt*, 617.
[13] Vgl. Adorno, *Fortschritt*, 618.

Menschheit', ihr eigentliches ‚Gut' auszeichne. Eine solche Idee zu benennen hält Adorno bereits für totalitär, da sie keinen Raum für Abweichungen mehr zulasse und die Zukunft gewissermaßen bereits im Jetzt feststehe. Solche Fest-Stellungen seien an die jeweiligen sozio-historischen Herrschaftsverhältnisse gebunden.[14] Das Sich-Lösen aus real-existierendem Mangel, Sklaverei und Abhängigkeiten messe sich hingegen an den gesellschaftlichen Verhältnissen der jeweiligen Zeit und nicht an einer überzeitlichen Idee von Erlösung.[15] Ein möglicher Begriff von Humanität stecke nicht in einem ‚Immer-besser-und-besser'[16] mit einem wie auch immer transzendental festgesetzten Ziel sondern in der „Immanenz der Welt"[17].

Davon ausgehend schreibt Adorno, dass das moderne Narrativ dessen, was Fortschritt sei, an die Entwicklung technischer Produktivkräfte gebunden sei: Das zu verwirklichende menschliche Wesen werde seit der Aufklärung in der Freiheit und Kontrolle von äußeren und innermenschlichen naturhaften Zwängen gesehen. Zu erreichen sei das durch einen Zuwachs an Naturbeherrschung zur Produktion von Mehrwert. Das Mittel dazu bilde technischer Fortschritt. In dieser Relation, das heißt der Befreiung des Menschen von der externen Gewalt der äußeren Natur und der des eigenen Körpers in Form von Affekten und Trieben, entwickle sich der Mensch zum Vernunftwesen. Soweit jedenfalls das totalitäre Versprechen der Aufklärung.[18]

Adorno beschreibt nun jedoch, dass diese Bewegung zur Befreiung des Menschen von der Natur selbst naturhafter Zwang wird. Zum einen folge das aus dem totalitären Charakter des Fortschrittskonzept: dass also bereits feststehe, was sein soll. Zum anderen impliziere Totalität die Verhärtung von Institutionen und Produktionsprozessen, die nicht notwendig, sondern herrschaftsförmig erzeugt, also menschengemacht seien. Naturbeherrschung durch Mehrwertproduktion wird zum

---

[14] Vgl. Adorno, *Fortschritt*, 619.
[15] Dieser Verzicht auf jeden Offenbarungsglauben erlaubt es jedoch nicht, Adorno als Nihilisten aufzufassen. Das Seiende in Form von Leid könne nicht unterschiedslos als Nichtigkeit gegenüber dem Möglichen stehen. Gerade seine Metaphysik bewegt sich „in der historisch noch unausgefochtenen Spannung zwischen dem objektiv Möglichen und der schmählichen Gestalt der Gegenwart" (Schmidt, *Adorno realer Humanismus*, 51). Nur so erklärt sich Adornos abschließender Satz der *Negativen Dialektik* „Solches Denken ist solidarisch mit Metaphysik im Augenblick ihres Sturzes" (Adorno, *Negative Dialektik*, 400).
[16] Vgl. Adorno, *Fortschritt*, 619.
[17] Adorno, *Fortschritt*, 623.
[18] Vgl. Adorno, *Fortschritt*, 618.

Zwang und damit selber naturhaft, zu totaler Fremdbestimmung unter Gesetzen der Produktionsverhältnisse.[19] Das, was als Idee des menschenwürdigen Lebens gilt – der Prozess der Emanzipation von der Natur durch ihre technologische Kontrolle – werde zur „Naturverfallenheit"[20]. Hierin bestehe die Dialektik des Fortschritts. Noch expliziter formuliert Adorno gemeinsam mit Horkheimer diesen Gedanken des Verhältnisses von Naturbeherrschung und Beherrschung durch Natur in der *Dialektik der Aufklärung*: „Jeder Versuch, den Naturzwang zu brechen, indem Natur gebrochen wird, gerät nur um so tiefer in den Naturzwang hinein. So ist die Bahn der europäischen Zivilisation verlaufen."[21]

Das ließe sich heute auch an der Digitalisierung der Arbeitswelt ablesen. Zur Produktion von Mehrwert als gesetzgewordenes Ziel eines menschenwürdigen, ‚zivilisierten' Lebens wird der Mensch zum Objekt der Technologisierung. Er wird in seiner Besonderheit ersetzt, kontrollierbar und zur reinen Ökonomisierung überflüssig.

Was wäre aber ein Humanismus, ein menschenwürdiges Leben, ohne eine Festlegung, worin dieses besteht.[22] Das heißt, gibt es einen Begriff von Fortschritt ohne Telos? Diese Frage bewegt die ganze Philosophie Adornos, der die Frage nach dem richtigen Leben eben nicht aufgibt.

Adorno hält seinerseits an der Idee von Fortschritt als Verwirklichung eines menschenwürdigen Lebens fest und damit an der Hoffnung auf das richtige Leben, ohne vorherbestimmen zu können, worin das besteht. Denn „kein Gutes und nicht seine Spur ist ohne Fortschritt."[23] Wenn Fortschritt sich dort ereignet, „wo er endet"[24] bedeutet das für Adorno, dass der naturhafte Zwang, der aus dem modernen Fortschrittsnarrativ folgte, an sich selber scheitert und diese Brüche wahrnehmbar werden. Fortschritt ist also zunächst eine Erfahrung ‚am eigenen Leib' und zwar die des Endens beziehungsweise des Scheiterns des Fortschrittsversprechens.[25]

Bei Adorno steht hierfür ganz besonders die Atombombe: Das absolute, totalitäre Freiheitsversprechen durch fortschreitende technische

---

[19] Vgl. Adorno, *Fortschritt*, 632.
[20] Adorno, *Fortschritt*, 628.
[21] Horkheimer/Adorno, *Dialektik der Aufklärung*, 19.
[22] Vgl. Schmidt, *Adorno – realer Humanismus*, 31.
[23] Adorno, *Fortschritt*, 622.
[24] Adorno, *Fortschritt*, 625.
[25] Vgl. Adorno, *Fortschritt*, 627.

Möglichkeiten wird zur Möglichkeit der absoluten Vernichtung. Zugleich wird erst hier die zerstörerische Gewalt des scheinbaren Fortschritts durch die Angst vor dem eigenen Tod fühlbar: „(...) erst im Zeitalter der Bombe (ist) ein Zustand zu visieren, in dem Gewalt überhaupt verschwände."[26] Für heute könnte aber auch Arbeit 4.0 ein solcher Gegenstand der Erfahrung sein: Das Versprechen auf Freiheit durch technologischen Fortschritt lässt den Menschen seine Überflüssigkeit und Ausbeutung spüren.

Genau an diesen Krisen des Fortschritts, da wo Institutionen nicht mehr in der Lage sind, ihre normativen Versprechen einzuhalten – etwa Arbeit als Selbstbestimmung – und dies erfahrbar wird, steckt nach Adorno das Fortschrittliche. Das Brechen mit ihren Totalitätsansprüchen bringt die Erfahrung mit sich, dass die Welt auch anders sein kann: Fortschritt ist dann, „der Herrschaft Einhalt gebieten"[27], zu Unterbrechen und aus der Totalität herauszutreten, hin zu Spontaneität und Offenheit gegenüber der Zukunft.

„*Gut* ist das sich Entringende, das, was Sprache findet, das Auge aufschlägt. Als sich Entringendes ist es verflochten in die Geschichte, die, ohne daß sie auf Versöhnung hin eindeutig sich ordnete, im Fortgang ihrer Bewegung deren Möglichkeiten aufblitzen läßt."[28]

Fortschritt aber als Unterbrechung rein negativ zu bestimmen, also nicht zusätzlich zu sagen, wo es hingehen soll, führt zur Frage, was aus der Erfahrung des ‚es könnte auch anders sein', folgt. Sie drängt unmittelbar zur Praxis dieses zu überwinden. Solche Praxis weiter positiv zu bestimmen hält Adorno aus gutem Grund für unmöglich. Fortschritt lässt sich nur insofern als ‚gute' Praxis bestimmen, als dass damit das Entringen aus erkanntem, zeitlich gebundenen Leiden bezeichnet wird – bloße Negation. Denkend sind wir innerhalb unserer eigenen soziohistorischen Bedingungen und Sprachspiele gefangen und nur die Erfahrung der Unterbrechung, das Augenaufschlagen und Aufblitzen von Möglichkeit steht uns zur Verfügung. Zu bestimmen, *wie* wir anders handeln sollten, wäre allerdings selber wieder ein totalitärer Anspruch.[29]

---

[26] Adorno, *Fortschritt*, 629.
[27] Adorno, *Fortschritt*, 625.
[28] Adorno, *Fortschritt*, 622, Herv. SR.
[29] Vgl. Adorno, *Negative Dialektik*, 207.

5. HARAWAY – GEMEINSAMES SCHAFFEN

An diesem Punkt angelangt lässt sich mit sogenannten materialistisch-feministischen Theorien, die ebenso fordern, aus dem modernen, maskulinistischen Fortschrittsnarrativ auszubrechen, mehr sagen.[30] In der Frage nach einer anderen Praxis, die nicht an der Ausdifferenzierung des Menschen als Vernunftwesen in Dualität zur Natur orientiert ist, werde ich auf die Arbeit von Donna Haraway zurückgreifen. Haraway steht seit den 1980er Jahren für eine queer-feministische Einschreibung in Wissenschafts-, Technik- und Ökologiediskurse. Sie bildet bis heute Narrative, Figuren, Erzählperspektiven aus, die sich von den hergebrachten männlich dominierten Perspektiven unterscheiden. Im Zentrum stehen bei ihr das ‚Mit-der-Welt-Sein'[31] als ko-konstitutive Beziehung und deren ethische Implikationen von Verantwortung und Sorge, statt der Bestimmung der Form des ‚In-der-Welt-Sein'. Diese wäre eine Perspektive, die auf ein dualistisches Weltbild angewiesen bleibt.

Ich werde meine Analysen nur ausgehenden von Haraways aktuellsten Buch *Staying with the trouble* (2016) ausführen. In diesem Buch setzt sie sich überwiegend mit ökologischen Fragestellungen auseinander – der Frage, wie wir auf einem bereits beschädigten Planeten leben können. Der Titel deutet bereits an, dass es sich um ein gegenwartsgerichtetes und nicht teleologisches Narrativ handelt und damit Adornos Kritik am aufklärerischen Fortschrittsnarrativ Rechnung trägt. Zugleich zeigt sich daran aber eine deutlich aktivere Position, statt wie Adorno lediglich auf eine unbestimmte Hoffnung zu setzen. Im Zentrum steht dabei der Begriff der Sympoiesis, das Gemeinsame-Schaffen – statt der Autopoiesis, dem monadischen Handeln.

Es ließe sich fragen, warum ich mich mit diesem Text und nicht mit ihrem *Cyborg-Manifest* aus den 80er Jahren befasse. Das Manifest ist ihre explizite feministische Technikkritik. Bei den Cyborgs handelt es sich um kybernetische Organismen, die die Grenzen der Trennung zwischen Mensch und Maschine, aber auch zwischen Fakt und Fiktion

---

[30] Das Besondere an materialistisch-feministischen Positionen ist, dass sie die Aufwertung von Körperlichkeit gegenüber von Dualismen wie aktiv/passiv, männlich/weiblich oder Mensch/Natur hervorheben. Dabei wird kein neuer Dualismus konstruiert, der Körper gegen Geist stellt, sondern die Körperlichkeit des Geistigen betont. Durch die Dekonstruktion von Dualismen soll auf deren immanente Herrschaftsförmigkeit hingewiesen werden. (vgl. dazu insbesondere Alaimo/Hekman, *Material Feminisms*).

[31] "(H)uman beings are with and of the earth (...)" Haraway, *Staying with*, 55.

überschreiten; das, was auch Arbeit 4.0 darstellt. Cyborgs stehen für eine herrschaftskritische Epistemologie, die sowohl Dualismen als auch Ganzheitlichkeit ihrer Verwischung von Machtverhältnissen überführt beziehungsweise diese sichtbar macht.[32] In dieser Schrift arbeitet Haraway aber überwiegend an einer kritischen Epistemologie. Es wird keine explizite, handlungsleitende Ethik daraus entwickelt. Deren Ausarbeitung folgt erst in ihren späteren Schriften.[33]

Das Narrativ der Sympoiesis beschreibt, wie sich Haraway die Erzeugung und Reproduktion von Systemen und Organismen vorstellt: gemeinsam-gestaltend, statt autopoietisch: selbsterschaffend, unabhängig von Anderen. „*Sympoiesis* is a simple word, it means ‚making-with'. Nothing makes itself; nothing is really autopoetic or self-organizing."[34] Dabei greift sie auf Bilder der aktuellen Mikrobiologie zurück, wonach ein Mikrobiom die Gesamtheit der Mikro- und Makroorganismen beschreibt, die eine Entität ausmachen, etwa den Menschen mit all seinen Pilzen, Bakterien und Viren als ein kollektives, ebenfalls produktives und destruktives symbiotisches System. „We are sympoietic systems; we become-with, relentlessly. There is no becoming, there is only becoming-with."[35]

Nicht von der Autopoiesis einzelner, voneinander getrennter Entitäten auszugehen etabliert auch ein anderes Verständnis von Arbeit: Nicht unabhängig voneinander existierende, vermögende Subjekte greifen in die Welt ein und konstituieren, im Sinne Hegels, dadurch sich selbst beziehungsweise das eigene ‚In-der-Welt-Sein' durch Ausdifferenzierung und Abgrenzung. Stattdessen würde bei einer solchen Lesart Ko-Laboration, das gemeinsame Wirken, im Zentrum stehen. Damit verbunden ist auch die Erzeugung von uns selbst in permanenter Ko-Laboration. Selbst-Bildung geschehe demnach nicht in Unabhängigkeit von Anderem, sondern in der Verwobenheit mit Anderen. Es gehe um das ‚Mit-der-Welt-Sein'. Hieraus lässt sich kein Telos ableiten, sondern performative Prozesse, ein beständiges Werden, auch dessen,

---

[32] Vgl. Haraway, *Cyborg Manifesto*, 73.
[33] Katharina Hoppe zeigt auf, dass sich der Übergang von epistemologischer Herrschaftskritik zur Ethik bereits mit Donna Haraways zweitem Manifest *The Companion Species Manifesto* und dem Narrativ der Gefährt.innenschaft von Mensch und Tier vollzieht (vgl. Hoppe, *Revision*, 204). *Staying with the Trouble* ist für diesen Text jedoch insofern ertragreicher, als dass Haraway dort die Perspektive vom Mensch/Tier-Verhältnis und damit zugleich einer post-anthropozentrischen Ethik auf einen größeren Begriff des Nicht-Menschlichen ausweitet.
[34] Haraway, *Staying with*, 58.
[35] Haraway/Wolfe, *Companions*, 221.

was zu einem spezifischen Zeitpunkt menschliche Körper sind. Diese sind Teile einer Gegenwart, lediglich temporär und situativ.[36] ‚Arbeit' hat für Haraway somit eine wesentlich weitere Bedeutung, als in unserem alltäglichen Sprachgebrauch. Produziert wird gemeinsam und permanent.[37] Haraway nutzt als Beispiel für eine solche Ko-Laboration etwa eine Forschungsstudie und zugleich Kunstperformanz, die von der symbiotischen Zusammenarbeit von Menschen, Tauben und digitaler Technologie abhängt.[38]

6. POTENZIAL – (VER-)ANTWORTEN

Gelingendes Arbeiten besteht demnach nicht in Ausdifferenzierung und Abhebung, sondern in gemeinsam verwobenem Erzeugen. Menschlich an diesem Verständnis von Arbeit ist, dass der Mensch in seiner Abhängigkeit von Anderem ebenfalls temporär-situativ das wird, was er ist und eben nicht umgekehrt, auf etwas hinzuarbeiten, was werden soll. Damit wird der Gedanke einer substantiellen Idee des ‚menschlichen Wesens' ebenso abgelehnt, wie es Adorno aus seiner herrschaftskritischen Perspektive heraus tut.

Die Digitalisierung von Arbeit kann im Anschluss daran zunächst – wie bereits bei der Figur der Cyborg, aber auch als mögliche Weiterführung Adornos – als potenzieller Ort der Erfahrung von Verwobenheit beschrieben werden. So beispielsweise anhand der körperlichen Dimension cyber-physischer Systeme, an denen menschliche Körper teilhaben. Die Frage nach einem gelingenden Arbeiten in Ko-Laboration stellt dabei die wechselseitige Abhängigkeit und damit Fragen nach Sorge und Befähigung anstelle der Produktion von Mehrwert ins Zentrum des Handelns und damit der Ethik: Ich sorge für diejenigen, von denen auch mein Sein ko-konstitutiv abhängig ist.

Im Anschluss an Levinas und Derrida arbeitet Haraway eine Ethik des (Ver-)Antwortens aus Verwobenheit aus. Anders als in klassischen ethischen Theorien sind nicht Ontologie oder Epistemologie grundlegend. Erst oder anders: immer bereits in Verbundenheit mit Anderen sind wir, die wir ethisch handeln (können). Die Relatio besteht vor den Relata und nicht umgekehrt. Auf diese Verbundenheit können wir gar nicht verzichten.

---

[36] Vgl. Haraway, *Staying with*, 4.
[37] Vgl. Haraway, *Cyborg Manifesto*, 76; *Staying with*, 79.
[38] Vgl. Haraway, *Staying with*, 20-23.

Dabei geht es Haraway zunächst darum, eine andere Perspektive auf ethisches Handeln einzunehmen: Da wir Menschen nur sympoietisch werden und handeln können, ist unser Handeln immer ein kollektives Handeln, das auch Nicht-Menschliches einschließt. Zugleich will Haraway mit einer solchen post-anthropozentrischen Analytik nicht jede Beziehung, Akteursfähigkeit und damit Verantwortungszuschreibung auflösen – wie derartigen Positionen, die auf die Interaktion von festen Entitäten verzichten, oft vorgeworfen werden kann.[39] Haraways Narrativ entzieht dem Menschen nicht seine Verantwortung, sondern verweist vielmehr darauf, wohin es gehen soll: Weg von unserer anthropozentrischen Sonderrolle und hin zum Eingehen sympoietischer Gefährt:innenschaften[40], die sich verantwortlich und gemeinsam erzeugen statt vernichten. Im temporär-situativen Narrativ des menschlichen Subjekts, kann dieses Handeln nur von dessen Bewusstsein ausgehen, auch wenn es nie ohne das ihm Andere gelingt.

Für dieses Denken über Ethik als Verantwortung verwendet Haraway den Begriff der Response-*ability* statt Responsibility – Verantwortung als Fähigkeit zu antworten. Oder allgemeiner: Response-ability als überhaupt fähig und damit vorhanden sein zu können, ist „jenseits eines Bezugs auf feststehende Normenkataloge und eine[r] vorgängige[n] autonom und intentional handelnde[n] Subjektivität zu verstehen."[41] Ethisches Handeln ist dann die Praxis wechselseitiger Befähigung, statt ein auf Unabhängigkeit durch Naturbeherrschung gerichtetes Handeln. Fähigkeiten sind somit ebenfalls keine essenziellen Eigenschaften, sondern entstehen erst im Zusammenwirken.[42] Hiervon ausgehend lässt sich bereits absehen, wie das gemeinsame Wirken unter Bedingungen von Arbeit 4.0 als nicht-entfremdet aufgefasst werden kann: wenn das wechselseitige Befähigen und Ausbilden unbekannter Potenziale

---

[39] Susanne Lettow ist an dieser Stelle die beste Referenz. Sie hat differenziert auf die Gefahr hingewiesen, die aus einer naturalistisch-essentialistischen Perspektive auf Homogenisierung und Ausweitung des Akteurbegriffs hervorgeht, etwa in den Arbeiten von Jane Bennett. Akteurhaftigkeit gänzlich anonym und aus historisch-materialitischen Zusammenhängen zu lösen, entzieht es den Analysen von Machtverhältnissen, wo keine Verhältnisse mehr bestimmt werden können (vgl. Lettow, *Turning*, 111).

[40] Den Begriff der Gefährt:innenschaft führt Haraway in ihrem zweiten Manifest *The Companion Species Manifesto* ein und betont damit die unterschiedlichen Kontexte gemeinsamer Bezüge (vgl. Haraway, *Companion Species Manifesto*, 4; Hoppe, *Revision*, 231).

[41] Hoppe, *Revision*, 248f.

[42] Haraway, *Staying with*, 19.

durch gemeinsames Wirken von Mensch und Maschine ins Zentrum gestellt wird, statt der beschleunigten Produktion.

7. ABSCHLUSS – KO-LABORATION

Das Arbeiten unter Bedingungen der Digitalisierung stellt zunächst einen Standpunkt oder eine Perspektive dar, um diese realen Verwobenheit von Mensch und Nicht-Menschlichem zu beobachten, am eigenen Leib, und damit zugleich die Möglichkeit zu einer ethischen Praxis der Response-ability. Der Versuch zur Abspaltung vom Nicht-Menschlichen durch dessen Beherrschung ist gerade das, so versucht Adorno zu zeigen, was den Menschen als fähiges Wesen unter Anderen abschafft. Das wird bei Haraway und Adorno in der Theorie deutlich. Durch eine falsche Beziehung zur Digitalisierung (oder auch dem Klimawandel) ganz praktisch sicht- und fühlbar. Aus dem Versuch zur Befreiung aus Zwängen durch vermeintlichen Fortschritt wird naturhafter Zwang bis hin zur faktischen Vernichtung. Die Digitalisierung der Arbeit bietet demnach beides: entweder den Zugriff auf den gesamten Menschen oder die Möglichkeit, neu zu bestimmen, was Emanzipation bedeuten kann. Und zwar das gemeinsame Schaffen und Befähigen und damit in eine sorgsame Beziehung mit der Welt zu treten, statt gegenseitigem Kontrollieren, Loslösen und Zerstören.

Arbeit unter Bedingungen der Digitalisierung ist demnach dann nicht-entfremdete Arbeit, wenn in ihr diese Möglichkeit wahrgenommen und angenommen wird. Sie ist kein Schicksal, das den Menschen befällt, sondern als Fortschritt durch Austritt und Selbstreflexion zu *denken* und entsprechend zu *handeln*. Fortschritt bedeutet dann nicht zunehmende Rationalisierung und damit Aneignung oder Einverleibung der Welt. Sondern ist eine körpergebundene Erfahrung der Verwobenheit von Mensch und Technik und damit als Chance zur Ausbildung einer post-anthropozentrisch ethischen Praxis der verantwortlichen Sorge für ein nachhaltiges Leben auf einem beschädigten Planeten. Menschliches Dasein ist kein unabhängiges Dasein, sondern ein Mit-anderen-Sein.

Wozu braucht Haraway nun aber die kritische Gesellschaftstheorie Adornos? Das Problem ihrer Theorie ist, dass sie dazu tendiert naiv-optimistisch auf den Prozess der Befähigung und auf die Konstellationen von Gefährt:innenschaften zu schauen.⁴³ Fortschritt, Verwobenheiten, Gefüge, die erzeugen, was ist und damit auch sich selber, sind vermachtet. Haraway unterschätzt im Konzept der Sympoiesis die ungleichen Verhältnisse innerhalb solcher Gefährt:innenschaften.

In Bezug auf Arbeit 4.0 wird diese Gefahr beispielsweise deutlich an der Rolle von Google, Apple oder Amazon. In welche Richtung sich diese Verwobenheit von Mensch und Technik entwickelt, ob zu größerer Abhängigkeit, Entgrenzung oder Bedeutungslosigkeit des Menschen oder zur Erkenntnis und zu einem Handeln in Befähigung durch Verwobenheit mit anderem, hängt von der Deutung einiger Weniger ab. Etwa im Falle von Haraways Beispiel der Ko-Laboration von Menschen, Tauben und Elektrochips, spielt es eine erhebliche Rolle, aus welcher vermachteten Konstellation heraus sie gebildet wird. Wenn beispielsweise die Technik von Google geliefert wird, ist zu hinterfragen, ob die gemeinschaftlichen Schaffens- und Entfaltungsspielräume nicht bereits präformiert sind.

Ein kritisch-gesellschaftstheoretischer Blick auf real existierende Verhältnisse muss sich mit einer materialistisch-feministischen Ethik, die sich auf Subjekte konzentriert, verwoben überlagern. Verwobenheit ist politisch umkämpft. Wie die Digitalisierung der Arbeitsverhältnisse als Fortschritt zu einem weniger maskulinistischen, dualistischen, sondern einem kollektiven, sorgenden, mehr-als-menschlichen Leben führen kann, das Räume zur Entfaltung statt Orte der Zerstörung schafft, ist umkämpft. Arbeit 4.0 auf Response-ability, auf wechselseitige Befähigung einzurichten ist demnach auch eine politische Aufgabe, der man sich gemeinsam stellen muss. Das bedeutet insbesondere, den weiten Raum ‚des' Digitalen unter dem Blick des Eigentums zu betrachten, um Fortschritt vom Prinzip des Tausches zu lösen: „Dann verwandelt sich der Fortschritt in Widerstand gegen die immerwährende Gefahr des Rückfalls. Fortschritt ist dieser Widerstand auf allen Stufen, nicht das sich überlassen an den Stufengang."⁴⁴ Digitalisierung von Arbeit als real existierende Ko-Laboration von Mensch und Nicht-Menschlichem ermöglicht es, diesen Widerstand auf eine andere Ebene zu heben und nicht-entfremdete Arbeit als Grundlage mehr-als-menschlicher Emanzipation weg vom Tauschprinzip und hin zum gemeinsamen Werden zu organisieren. Es lassen sich die Aspekte der Digitalisierung der Ar-

---

⁴³ Vgl. Hoppe, *Revision*, 360.
⁴⁴ Adorno, *Fortschritt*, 638.

beitswelt evaluieren, die auf Response-ability aller Verwobenen eingerichtet sind. Damit wäre auch eine Wiederaneignung des Begriffs ‚Arbeit 4.0' möglich. Im Sinne von Marx und Arendt kann Arbeit 4.0 dann als Selbstbildung aus Freiheit verstanden werden, wenn Verwobenheit und nicht Abspaltung als Freiheit zur ethischen Anerkennung der Response-ability angenommen wird. Diese hat das Potenzial, das selbstzerstörerische Narrativ des omnipotenten, naturbeherrschenden Subjekts der Aufklärung zu übersteigen und Herrschaftsverhältnisse kritisch zu reflektieren.

Literatur

Adorno, Theodor W., *Minima Moralia. Reflexionen aus dem beschädigten Leben*, Frankfurt am Main 1997.
Adorno, Theodor W., *Fortschritt*, in: Theodor W. Adorno, Kulturkritik und Gesellschaft II, Frankfurt am Main[8] 2020, 617-638.
Adorno, Theordor W., *Negative Dialektik. Jargon der Eigentlichkeit*, Frankfurt am Main[3] 2013.
Arendt, Hannah, *Vita activa oder vom tätigen Leben*, München 2007.
Alaimo, Stacy/Hekman, Susan, *Material Feminisms*, Bloomington 2008.
Gransee, Carmen, *Grenzbestimmungen. Erkenntniskritische Anmerkungen zum Naturbegriff bei Donna Haraway"*, in: Gudrun-Axeli Knapp (Hrsg.), Kurskorrekturen. Feminismus zwischen kritischer Theorie und Postmoderne, Frankfurt am Main 1998, 126-152.
Haraway, Donna, *Manifesto for Cyborgs. Science, Technology, and Socialist Feminism in the 1980's*, in: Socialist Review 80 (1985), 65-108.
Haraway, Donna, *The Companion Species Manifesto. Dogs, People and Significant Otherness*, Chicago 2003.
Haraway, Donna, *Staying with the Trouble. Making Kin in the Anthropocene*, Durham 2016.
Haraway, Donna/Wolfe, Cary, *Companions in Conversation*, in: Donna Haraway, Manifestly Haraway, Minneapolis 2016, 199 – 296.
Hoppe, Katharina, *Die Kraft der Revision. Epistemologie, Politik und Ethik bei Donna Haraway*, Frankfurt am Main 2021.
Hegel, Georg W. F., *Phänomenologie des Geistes*, Hamburg 1989.
Horkheimer, Max/Adorno, Theodor W., *Dialektik der Aufklärung. Philosophische Fragmente*, Frankfurt am Main[21] 2013.
Kant, Immanuel, *Grundlegung zur Metaphysik der Sitten*, Frankfurt am Main 1974.

Lettow, Susanne, *Turning the turn. New materialism, historical materialism and critical theory*, in: Thesis Eleven 140 (1) (2017), 106 – 121.
Marx, Karl, *Ökonomisch-philosophische Manuskripte, 1844*, in: Marx-Engels-Werke (MEW), Band 40, Berlin 1969.
Marx, Karl, *Grundrisse der Kritik der politischen Ökonomie*, in: Marx-Engels-Werke (MEW), Band 42, Berlin 1983.
Marx, Karl, *Zur Kritik der Politischen Ökonomie*, in: Marx-Engels-Werke (MEW), Band 13, Berlin 1972.
Nachtwey, Oliver / Staab, Philipp, *Das Produktionsmodell des digitalen Kapitalismus*, in: Maasen, Sabine / Passoth, Jan-Hendrik (Hrsg.), Soziologie des Digitalen – Digitale Soziologie?, Soziale Welt 23, Baden-Baden 2020, 285-304.
Pongratz, Hans J. / Voß, Günther G., *Arbeitskraftunternehmer: Erwerbsorientierungen in entgrenzten Arbeitsformen*, Berlin 2003.
Schmidt, Alfred, *Adorno – ein Philosoph des realen Humanismus*, in: Alfred Schmidt, Kritische Theorie, Humanismus, Aufklärung, Stuttgart 1981, 27-55.

Körper und Technologie

Mensch, gut siehst du aus!
Ethische Betrachtung der heutigen Körperoptimierung: Balancing Autonomie und Fremdbestimmung

Anna Puzio

Ob im Fitnessstudio, in der Mode oder bei der Ernährung – heute wird ständig Körperoptimierung betrieben. Durch neue technologische Entwicklungen wie Neuroimplantate und Brain-Computer-Interfaces (neurologisches Enhancement) wird die Körperoptimierung auf eine neue Ebene gehoben. Mittels Pharmazeutika sollen Kognition (kognitives Enhancement) oder moralische Verhaltensweisen (moralisches Enhancement) verbessert werden, Prothesen werden in den Körper integriert und es werden ästhetisch-chirurgische Eingriffe vorgenommen. 2019 wurden insgesamt 983.432 ästhetische Eingriffe in Deutschland unternommen.[1] Im Alltag sind Wearables wie Smartwatches mit ihren Fitnessprogrammen und vielfältige Smartphone-Apps zur Körperoptimierung allgegenwärtig. Technologische Körperoptimierung spielt eine wichtige Rolle im menschlichen Leben und bedarf einer ethischen Auseinandersetzung. Der Beitrag behandelt die Frage, wie die gegenwärtigen technologischen Körperoptimierungen ethisch bewertet werden können und stellt dabei die Autonomie ins Zentrum der ethischen Überlegungen. Inwiefern kann die Entscheidung für eine Körperoptimierung autonom getroffen werden? Welche ethischen Aspekte spielen eine Rolle und wie wirken sich die Optimierungen auf das Selbstverständnis des Individuums aus?

---

[1] Vgl. International Society of Aesthetic Plastic Surgery, *ISAPS International Survey*, 20. Inkludiert sind alle chirurgischen und nicht-chirurgischen/minimalinvasiven Eingriffe. Aufgrund der verschiedenen Kontaktbeschränkungen in der COVID-19-Pandemie von 2020–2022 wird in diesem Beitrag auf die Statistiken des Jahres 2019 zurückgegriffen.

Die Fülle an Optimierungsmaßnahmen macht es notwendig, in Kap. 1 zunächst in den Begriff, die Formen und Ziele der Körperoptimierung einzuführen und Differenzierungen vorzunehmen. In Kap. 2 wird die Autonomie in den Fokus gerückt und mit Rückgriff auf Foucaults Konzepte der „Bio-Macht" und „Technologien des Selbst" untersucht, wie die Optimierungsentscheidungen zwischen individueller Selbstbestimmung und gesellschaftlicher Fremdbestimmung verortet werden können. Daran anknüpfend wird in Kap. 3 nach einer ethischen Bewertung der Optimierungsmaßnahmen gefragt. Der Aufsatz sucht nach einer ethischen Einordnung der Körperoptimierungen und gelangt letztlich zu wichtigen Erkenntnissen über den Zusammenhang von Identität/Körper, Gesellschaft und Technik. Kap. 4 führt dazu die These aus, dass Technik mithervorbringt, was Körper bedeutet und zeigt auf, wie Technologien auf diese Weise eine Chance sein können, das Menschen- und Körperverständnis neu und inklusiv auszuhandeln. Aus den Untersuchungsergebnissen werden letztlich in Kap. 5 Schlüsse für die Theologie abgeleitet und Wege dargestellt, wie die Theologie einen Beitrag zu den Optimierungen leisten kann. Abschließend wird in Kapitel 6 ein Fazit gezogen und ein Ausblick für die zukünftige ethische Forschung eröffnet.

1. DIE GEGENWÄRTIGE OPTIMIERUNG DES KÖRPERS: BEGRIFF, FORMEN UND ZIELE

Die Vielfalt an Möglichkeiten zur Körperoptimierung und die verschiedenen Verständnisse von Körperoptimierung machen zunächst eine Bestimmung des Begriffs erforderlich. Körperoptimierung zielt vom Begriff her auf ein „Optimum", d. h. den „bestmögliche[n] Zustand oder vollkommene[n] Zustand, den [...] ein Mensch [...] unter den gegebenen Voraussetzungen tatsächlich erreichen kann."[2] Das „Optimum" unterscheidet sich damit vom „Ideal", das die konkreten Realisierungsvoraussetzungen nicht berücksichtigt.[3] Dennoch wird Körperoptimierung im gesellschaftlichen Diskurs nicht als ein Streben nach einem Bestzustand oder einer vollkommenen Verfassung aufgefasst, sondern vielmehr als eine „graduelle Verbesserung": Darunter wird

---

[2] FENNER, *Selbstoptimierung*, 11. Fenner bezieht sich hier und im Folgenden jedoch weiter gefasst auf die Selbstoptimierung allgemein.
[3] Vgl. ebd.

„ein kontinuierlicher, allmählicher Prozess der Veränderung verstanden, der über ständige Rückmeldungen, Selbstkontrolle und Verbesserung der Lebensführung sukzessive zur bestmöglichen persönlichen Verfassung hinführt"⁴. Die Begriffe der Optimierung und Verbesserung sind dabei normativ aufgeladen, da sie die Körperveränderungen positiv bewerten.⁵ Eine besondere Herausforderung stellt die Vielfalt an Körperoptimierungen dar: Sie reichen von Ernährung, Mode und Frisörbesuch über Fitness und Body Building bis hin zu Schönheitsoperationen und der Implementierung von Technologien in den Körper. Die Grenzen, ab wann von Körperoptimierung gesprochen werden kann, lassen sich nur schwer ziehen. Im vorliegenden Beitrag wird der Begriff der Körperoptimierung eng gefasst und dabei in erster Linie auf die durch Digitalisierung und Technologisierung geprägte Körperoptimierung fokussiert.

Durch Digitalisierung und Technologisierung entstehen ganz neue Möglichkeiten zur Körperoptimierung. Unterschieden werden können dabei medial vermittelte Körperoptimierung, beispielsweise über Social Media oder Fernsehen, sowie optimierende Handlungen am Körper mittels Technologien. Beide Formen lassen sich jedoch nicht scharf voneinander trennen und sind eng miteinander verwoben. Bei der ersten Form der Körperoptimierung werden in Fernsehformaten wie „Germany's Next Topmodel", „Extrem schön! – Endlich ein neues Leben!" und „Leben leicht gemacht" (ehemals „The Biggest Loser") bestimmte Körpervorstellungen vermittelt, Kandidat*innen verglichen und optimierende Maßnahmen vor den Zuschauer*innen ergriffen. Genauso werden in Social Media wie Instagram von Influencern, Coaches, Schönheitschirurgen, Modeunternehmen oder anderen User*innen der App Körperoptimierungen durchgeführt und Körperideale geprägt.

Auch in der zweiten Form gibt es eine stetig wachsende Fülle an Möglichkeiten zur Optimierung. Dazu zählen Apps und Technologien, die dem Individuum einen eigenen optimierenden Umgang mit dem Körper ermöglichen, z. B. Wearables wie Smart Watches oder das Abnehmprogramm der Weight Watchers-App, Genetic Engineering, Reproduktionstechnologien, chirurgische Schönheitseingriffe, die korrigierend eingreifen sollen und Technologien, die Einblicke in den Körper er-

---

4   Ebd., 12.
5   Vgl. ebd., 13.

möglichen oder in den Körper implementiert werden sollen wie Prothesen, Chips und neuronale Implantate. Es gibt kaum noch eine Körperstelle, die nicht technologisch bearbeitet werden kann. Durch den rasanten technologischen Fortschritt wird der Blick sowohl mit Hoffnung als auch mit Unbehagen darauf gerichtet, was technologisch in der Zukunft möglich sein wird. Die fortgeschrittenen Technologien werden bereits unter dem Schlagwort „Enhancement" rege diskutiert. Eine wichtige Rolle spielen dabei auch die technologischen Visionen des Transhumanismus und Posthumanismus, wie ich sie an anderer Stelle ausführlich untersucht habe.[6] Diese Bewegungen zielen auf eine grundlegende Transformation bzw. die Überwindung des Menschen durch Technik. Zwar sind sie auf die Zukunft gerichtet, prägen aber bereits heute Vorstellungen von Mensch, Körper und Technik.

Die Ziele der Körperoptimierung sind v. a. Schönheit, Gesundheit, Fitness, Stärke, Jugendlichkeit und langes Leben.[7] Aus dieser Vielfalt an Optimierungen und dem schnellen Fortschritt der neuen technologischen Möglichkeiten erwächst das Desiderat einer ethischen Einordnung der technologischen Körperoptimierung. Es lässt sich ein gesellschaftliches Orientierungsbedürfnis danach feststellen, inwiefern die verschiedenen Optimierungsmaßnahmen ethisch vertretbar sind.

2. AUTONOME ENTSCHEIDUNGEN? – KÖRPEROPTIMIERUNG ZWISCHEN SELBST- UND FREMDBESTIMMUNG

2.1 Autonomie

In einer Ethik der Körperoptimierung kommt der Autonomie eine Schlüsselrolle zu. Autonomie, die eigene selbstbestimmte Entscheidung der Patient*innen für oder gegen eine medizinische Maßnahme, ist in der Medizin handlungsleitend. Genauso werden auch ästhetisch-chirurgische Eingriffe unter dem Postulat der Selbstbestimmung beworben und hängen schon in ihren kulturgeschichtlichen Ursprüngen eng mit der Selbstbestimmung zusammen. Sie sollen sich ganz an den Wünschen der zu behandelnden Person ausrichten und ihr selbstbestimmtes Leben fördern.[8] Johann Ach macht eine doppelte Feststellung in der ästhetischen Chirurgie: Zum einen meinen die Personen,

---

[6] Vgl. PUZIO, *Über-Menschen*; PUZIO, *Zwischen Ent- und Begrenzung*.
[7] Vgl. FENNER, *Selbstoptimierung*, 119.
[8] Vgl. ACH, *Komplizen der Schönheit?* 194; VILLA, *Prekäre Körper*, 57.

den Schönheitseingriff „für sich selbst" zu unternehmen, um selbstbestimmt zu sein und ihr Selbstwertgefühl zu steigern. Zum anderen sind die Eingriffe jedoch von sozialen Normen geprägt, die bereits vorgeben, was in der jeweiligen Gesellschaft als schön gilt.[9]

Erstens sind Körperoptimierungen fremdbestimmt und stets mit der Gesellschaft verbunden, in der sie unternommen werden. Denn woran wird festgemacht, wann ein Bauch zu dick ist und wer entscheidet, wann die Haut zu faltig ist oder wie die perfekte Nase aussieht? Die Entscheidung zur Körperoptimierung wird in einem bestimmten Kontext getroffen und ist in soziale Strukturen eingebettet. Sie entsteht „nicht in einem luftleeren Raum, sondern stets in Interaktion mit [...] [dem] sozialen und kulturellen Umfeld".[10] Des Weiteren wird durch Kommerzialisierung, Werbung und Konsumgüterindustrie auf die Optimierungsbestrebungen Einfluss genommen. Optimierungstechnologien sind in das kapitalistische Marktsystem integriert, das Bedürfnisse nicht nur befriedigt, sondern vielmehr diese Bedürfnisse erst selbst hervorbringt, indem es das Bild von einem Idealkörper entwirft.[11]

Zweitens können Körperoptimierungen selbstbestimmt sein. „Optimierungsbemühungen führen nicht zwingend zu Selbstausbeutung und Erschöpfung, sondern viele Menschen haben Spaß an den neuen Möglichkeiten der Weiterentwicklung, der erhöhten Selbstkontrolle und Selbstverantwortung und dem besseren Erreichen ihrer Ziele."[12] Die Apple Watch spielt mit der Lust an Optimierung, Leistung und Produktivität. Es soll den Benutzenden Spaß machen, durch Fitness die Aktivitätsringe auf ihrer Smart Watch zu schließen.[13] Technologien können ein „gutes Gefühl" vermitteln und dazu führen, sich gesund und fit oder „im Einklang mit sich selbst" zu fühlen. Sie können die Lebensbedingungen und das subjektive Lebensgefühl verbessern, das Selbstbewusstsein und die Selbstbeobachtung steigern und sie können Teil von Selbstsorge und Me-Time sein. Auch ermöglichen Wearables, Fitnesstracker und verschiedene Messgeräte das Bewusstsein für den eigenen Körper zu erhöhen.

---

9 ACH, *Komplizen der Schönheit?* 187; Vgl. zur Verortung der Körperoptimierungen zwischen Selbst- und Fremdbestimmungen hier und im Folgenden auch PUZIO, *ÜberMenschen*, Kap. 5.3, 8.2.
10 FENNER, *Selbstoptimierung*, 324.
11 Vgl. RUNKEL, *Enhancement und Identität*, 177.
12 FENNER, *Selbstoptimierung*, 30.
13 Für eine vertiefende Auseinandersetzung mit der Apple Watch vgl. PUZIO, *ÜberMenschen*, Kap. 8.2.2.

Technologische Körperoptimierungen bewegen sich also in der Spannung zwischen Selbst- und Fremdbestimmung. Dass jeder Blick von Frauen in den Spiegel „durch die Augen tatsächlicher oder hypothetischer Männer und deren ästhetisches Normensystem"[14] geht und jede weibliche Körperoptimierung von männlichen Vorstellungen fremdbestimmt wird, wie Kathryn Pauly Morgan es vertritt, kann somit abgelehnt werden.[15] Morgan verurteilt Körperoptimierungen scharf, indem sie in ihnen nur Konformität, Unterdrückung und Unterwerfung sieht.[16] Diese Einflussnahme männlicher und gesellschaftlicher Vorstellungen auf den weiblichen Körper ist sehr ernstzunehmen. Allerdings spricht Morgan den Frauen die Möglichkeit zu einer autonomen Entscheidung ab und blendet die Motive und Positionierungen der betroffenen Frauen vollständig aus.[17] Frauen werden auf diese Weise in ihren Entscheidungen nicht ernst genommen und „als leichtsinnig, von Medienstars beeinflusst oder ideologisch verblendet"[18] angesehen. Außerdem steht hinter Morgans Stellungnahme ein problematisches Autonomieverständnis, das den Vollzug selbstbestimmter Handlungen als unabhängig von jeder sozialen Einflussnahme begreift.[19] Es „verkennt die konstitutive Wirkmächtigkeit des Sozialen" für jede Form der „individuelle[n] Selbst-Thematisierung[] und Selbst-Verhältnisse[s]"[20]. Wenn sich technologische Körperoptimierung in der Spannung zwischen Selbst- und Fremdbestimmung bewegt, dann meint dies kein Entweder-Oder, sondern vielmehr eine netzförmige, relationale Machtformation, die viel tiefergehender ansetzt. Hierfür können Michel Foucaults Theorien zur „Bio-Macht" und den „Technologien des Selbst" fruchtbar gemacht werden.[21]

---

[14] ACH, *Komplizen der Schönheit?* 197.
[15] Vgl. ebd., 196–202; Ach bezieht sich auf MORGAN, *Women and the Knife*. – In neueren Texten von Morgan ist eine differenziertere Position von Morgan zu beobachten: Vgl. MORGAN, *Foucault, Hässliche Entlein und Techno-Schwäne*.
[16] Vgl. ACH, *Komplizen der Schönheit?* 198. Ach bezieht sich auf: MORGAN, *Women and the Knife*.
[17] Vgl. ACH, *Komplizen der Schönheit?* 199, 201f.; DAVIS, *Reshaping the Female Body*, Kap. 7; DAVIS, *Surgical passing*, 42.
[18] DAVIS, *Surgical passing*, 42.
[19] Vgl. ACH, *Komplizen der Schönheit?* 202.
[20] VILLA, *Habe den Mut*, 267.
[21] Vgl. zum nächsten Kapitel: PUZIO, *Über-Menschen*, Kap. 5.3, 8.1, 8.2.

2.2 Optimierungstechnologien als „Technologien des Selbst"

Die Einflussnahme durch soziale Normen erfolgt nicht nur in der Körperoptimierung, sondern schon auf einer viel grundsätzlicheren Ebene. In der Medizin[22], im Body-Mass-Index (BMI) und Waist-to-Height-Ratio (WHtR)[23] – die das „normale Maß" angeben –, im Privat- und Berufsleben ist die Bio-Macht unscheinbar wirksam. Unter „Bio-Macht" fasst Foucault verschiedene „Machttechniken zur Regulierung der Lebensprozesse, um Gesundheit, Lebensqualität und Leistungsfähigkeit der Mitglieder einer Gesellschaft zu fördern".[24] Nachdem Foucault seine Machttheorie ausgearbeitet hat, welche die Fremdbestimmung betont, widmet er sich in seinen späteren Texten im Rahmen der „Ethik des Selbst" der Autonomie.[25] Denn „[d]ie Subjektkonzeptionen des Diskurses und der Macht stellen ein erzeugtes und den Machtdispositiven ausgeliefertes Subjekt vor. Dagegen sucht die Ethik des Selbst nach einem Gegengewicht, indem nun die Autonomie des Subjekts in den Vordergrund tritt."[26] In der Ethik des Selbst konstituiert sich das Subjekt selbst.[27] Mittels der „Technologien des Selbst" ist es der*dem Einzelnen möglich, „aus eigener Kraft oder mit Hilfe anderer eine Reihe von Operationen an seinem Körper oder seiner Seele, seinem Denken, seinem Verhalten und seiner Existenzweise vorzunehmen, mit dem Ziel, sich so zu verändern, daß er einen gewissen Zustand des Glücks, der Reinheit, der Weisheit, der Vollkommenheit oder der Unsterblichkeit erlangt."[28]

Der Körper wird auf diese Weise zum „Ort des Widerstandes gegen die Biomacht", weil er vom Subjekt autonom gestaltet wird. „Während die Biomacht eine fremdbestimmte Veränderung bewirkt, sie also eine Technologie der Beherrschung darstellt, handelt [sic!] sich im Falle der Selbsttechnologisierung um eine selbstbestimmte Veränderung,

---

[22] Vgl. RUNKEL, *Enhancement und Identität*, 173.
[23] Der Body-Mass-Index (BMI) gibt das Verhältnis von Körpergewicht und Körpergröße an, die Waist-to-Height-Ratio (WHtR) bestimmt das Verhältnis von Taillenumfang und Körpergröße.
[24] FENNER, *Selbstoptimierung*, 136f.; Vgl. z. B. FOUCAULT, *Über den Willen zum Wissen*.
[25] Vgl. RUOFF, Art. *Grundbegriffe: Ethik des Selbst*, 130.
[26] RUOFF, Art. *Überblick zu den Hauptwerken: Ethik des Selbst*, 62.
[27] Vgl. ebd., 63; RUOFF, Art. *Grundbegriffe: Technologien des Selbst/Selbsttechnologien*, 63, 224.
[28] FOUCAULT, *Technologien des Selbst*, 26.

d.h. um eine Technologie der Selbstherstellung zum Zwecke der Selbstverwirklichung."[29] Die verschiedenen Körperoptimierungen wie Fitnessprogramme und Meditationstechniken, Selbsttests und BMI-Rechner im Internet, Lebensmittelkennzeichen wie der „Nutri-Score" im Supermarkt, Fitnesstracker (z. B. als Uhr) und Apps, die im Sinne des „Quantified Self" das Selbst zu vermessen beanspruchen, können als solche Technologien des Selbst gedeutet werden.

Diese Überlegungen stellen einen engen Zusammenhang und eine Wechselwirkung von Körper und Gesellschaft heraus, ohne dass dabei die Möglichkeit einer autonomen Entscheidung des Individuums verloren geht. Durch Gesellschaft werden bestimmte Sichtweisen auf den Körper geprägt, denen das Individuum aber nicht machtlos ausgeliefert ist. Unweigerlich wird das Individuum in vorgeprägte Strukturen reingeboren, eignet sich diese jedoch an und verändert sie auf diese Weise weiter.[30] So stimmen Konsumenten auch mit jeder Konsumentscheidung über zukünftige Entwicklungen ab und sind Akteure der gesellschaftlichen Veränderung.[31] Außerdem kann mittels protestierender, kommunizierender und inszenierter Körper auf Gesellschaft reagiert werden. Bewegungen wie die Hippie- oder Punkbewegung, aber auch Trends wie Modetrends, das städtische Joggen oder Naturtrends machen deutlich, wie sich Individuen über Kleidung, Haare, Körpersprache und Umgang mit Kulturgütern gegen Schönheitsideale der Konsumgüterindustrie oder Technologisierung des Alltags auflehnen können.[32] Wie können die Körperoptimierungen vor dem Hintergrund dieses ambivalenten Verhältnisses von Selbst- und Fremdbestimmung, von Körper und Gesellschaft ethisch bewertet werden?

3. BEWERTUNG DER TECHNOLOGISCHEN KÖRPEROPTIMIERUNG

Dagmar Fenner plädiert zunächst für eine „Ambivalenztoleranz": eine „gelassene und sachlich-nüchterne Einstellung", um die vielfältigen Ambivalenzen in der Körperoptimierung erkennen und aushalten zu

---

[29] RUNKEL, *Enhancement und Identität*, 178 [Herv. getilgt: „*fremdbestimmte* Veränderung", „*selbstbestimmte* Veränderung"].
[30] Vgl. REDER u. a., *Umweltethik*, 131f.; Die Autoren beziehen sich auf: GIDDENS, *Die Konstitution der Gesellschaft*.
[31] Vgl. REDER u. a., *Umweltethik*, 133.
[32] Vgl. BETTE, *Körperspuren*, 73, 76–78, 122, 129f.

können.³³ Damit wendet sie sich gegen pauschale Beurteilungen und Polarisierungen in der Debatte, da diese den komplexen und multifaktoriellen Situationen nicht gerecht werden:

„Bei multifaktoriellen und vielschichtigen kulturellen Entwicklungsprozessen ist es nicht leicht auseinanderzuhalten, was „von innen" von den Menschen selbst oder „von außen" von der Gesellschaft kommt, deren Teil die Menschen sind. Individuelle Autonomie und gesellschaftliche Orientierungsmuster und Wertstandards schließen einander in demokratischen Gesellschaften keineswegs kategorisch aus."³⁴

Wie zuvor deutlich geworden ist, sind die Körperoptimierungen in ein hochkomplexes, „schwer [oder nicht, A. P.] entwirrbare[s] Gemenge an unterschiedlichsten Motiven und Normen"³⁵ eingebettet. Gerade in den Technikdebatten kommt es schnell zu Polarisierungen zwischen Technikeuphorie und Technikpessimismus. Statt pauschaler Beurteilungen müssen die konkreten Einzelfälle stärker in den Blick genommen werden.³⁶ Werden die Ambivalenzen der Körperoptimierung wahrgenommen, gilt es laut Fenner im zweiten Schritt zu untersuchen, „welche Aspekte des Selbstoptimierungstrends sich positiv oder negativ auf das individuelle oder gesellschaftliche Leben auswirken und mit welchen Regulierungsmaßnahmen sich seine Weiterentwicklung gezielt beeinflussen lässt".³⁷

Eine wichtige Voraussetzung für eine autonome Körperentscheidung ist, dass sich das Individuum dieser vielfältigen Ambivalenzen und Normierungen bewusst wird und weiß, worüber es überhaupt entscheidet. Durch eine solche Aufklärung in gesellschaftlichen Diskursen oder im Behandlungsgespräch wird das Individuum zu einer autonomen Entscheidung erst befähigt. Dazu gehören auch die Vermittlung von realistischen Einschätzungen über die Eingriffe und die Aufklärung über deren Grenzen.³⁸ Ferner sollte sich das Individuum über das eigene Selbst- und Körperverständnis bewusst werden und die Körperentscheidung in das eigene Selbst- und Körperbild zu integrieren lernen.³⁹

---

33 FENNER, *Selbstoptimierung*, 30f.; Vgl. zu diesem Kapitel auch PUZIO, *Über-Menschen*, Kap. 8.2.3, 8.2.4.
34 FENNER, *Selbstoptimierung*, 30.
35 ACH, *Komplizen der Schönheit?* 199.
36 Vgl. FENNER, *Selbstoptimierung*, 31.
37 Ebd.
38 Vgl. z. B. ACH, *Komplizen der Schönheit?* 203.
39 Vgl. BÖHME, *Leib*, 90.

Thomas Runkel vertritt, dass es trotz gesellschaftlicher Körperideale und kommerzieller Taktiken möglich ist, zu einer authentischen Körperentscheidung zu gelangen. „Voraussetzung dafür ist die reflexive Identifikation des Selbst mit den sozial bzw. kulturell vorherrschenden Wert- und Normvorstellungen, so dass sie aktiv in das normative Selbstbild der Person integriert und dadurch Bestandteil ihres dann authentischen Vorhabens werden."[40] Es ist notwendig, dass das Individuum sich mit den sozialen Normen und Körpervorstellungen kritisch auseinandersetzt. Verinnerlicht es die gesellschaftlichen Normen zu Schönheit, Jugend, Fitness und Leistung, ohne diese kritisch zu reflektieren, orientiert es sich so nicht an den eigenen „reflexiv authentischen Überzeugungen" und steht dann in einer „inauthentischen Beziehung" zum eigenen Körper.[41]

Problematisch sind überzogene, unerfüllbare Körperideale und unrealisierbare gesellschaftliche Ansprüche an das Individuum. Körperoptimierungen werden zum Problem, wenn sie zu Überforderung, Belastung oder Minderwertigkeitsgefühlen führen.[42] Zu starker sozialer Druck kann übertriebene, exzessive Optimierungsbemühungen hervorrufen. Dies wiederum wirkt sich negativ auf die Identität des Individuums und dessen Selbstwertgefühl, auf das Verhältnis zu sich selbst und dem eigenen Körper aus. Hier muss verstärkt auf den Zusammenhang zwischen Gesellschaft und dem Leid des Individuums aufmerksam gemacht werden: Menschen leiden unter ihrer Körperfigur, ihrem Aussehen, Alter, ihren abweichenden Körpermerkmalen oder Erkrankungen, weil sie dafür von anderen Menschen diskriminiert werden.[43] Außerdem können Normen und Schönheitsideale sexistisch, ableistisch oder rassistisch sein (z. B. Ausrichtung am „weißen Europäer", Verkleinerung der Nase von Afroamerikaner*innen).[44] Auffällig ist überdies, dass deutlich mehr Schönheitseingriffe von Frauen als von Männern unternommen werden. 2019 waren es 86, 4 % Eingriffe bei Frauen und nur 13, 6 % bei Männern.[45]

---

[40] RUNKEL, *Enhancement und Identität*, 177.
[41] Ebd., 172.
[42] Vgl. FENNER, *Selbstoptimierung*, 31.
[43] Vgl. VILLA, *Habe den Mut*, 266f.
[44] Vgl. RUNKEL, *Enhancement und Identität*, 180; Vgl. weiterführend DAVIS, *Surgical passing*.
[45] Vgl. VEREINIGUNG DER DEUTSCHEN ÄSTHETISCH-PLASTISCHEN CHIRURGEN, *Behandlungsstatistik 2020*, 6. – Dies lässt sich auch auf internationaler Ebene feststellen (Frauen: 86, 9 %, Männer: 13, 1 %): Vgl. INTERNATIONAL SOCIETY OF AESTHETIC PLASTIC SURGERY, *International Survey*, 48. – Das dritte Geschlecht bleibt in den Statistiken von 2019 unberücksichtigt.

Eine wichtige Voraussetzung für autonome Körperentscheidungen ist, dass solche Machteinwirkungen und Normierungen nicht unbemerkt bleiben, sondern auch öffentlich thematisiert und diskutiert werden.[46] Gerade bei den modernen Optimierungstechnologien sind allerdings viele versteckte Logiken und kommerzielle Strategien wirksam, die aufgedeckt werden müssen.[47] So geht Bio-Macht heute nicht mehr nur vom Staat aus, sondern ebenfalls von weltweit führenden Privatunternehmen und Datenmonopolen wie Facebook, Google oder Amazon. Fitnesstracker wie die Apple Watch stehen mit Geschäftsstrategien in Verbindung, reichern mit den Daten des Individuums den großen Datenkörper an und entwerfen unscheinbar das heutige Gesundheitsverständnis mit.[48]

In den obigen Überlegungen deutet sich bereits an, dass es bei technologischen Körperoptimierungen nicht einfach nur um Schönheit, Fitness und Stärke geht, sondern in grundlegender Weise auch um Identität.[49] Nach Kathy Davis ermöglicht die kosmetische Chirurgie, die eigene Identität und Beziehung zum Körper neu zu verhandeln: „[...] [C]osmetic surgery can open up the possibility to renegotiate her relationship to her body and construct a different sense of self".[50]

„Cosmetic surgery is not about beauty, but about identity. For a woman who feels trapped in a body which does not fit her sense of who she is, cosmetic surgery becomes a way to renegotiate identity through her body. [...] In a context of limited possibilities for action, cosmetic surgery can be a way for an individual woman to give shape to her life by reshaping her body."[51] Körpereingriffe können auch unternommen werden, um sich „mit sich selbst identisch" zu fühlen.[52] Dieses komplexe Verhältnis von Körperoptimierung und Identität soll im nächsten Schritt weiter ergründet werden, indem aufgezeigt wird, wie tiefgreifend sich Optimierungstechnologien auf das Selbst- und Körperverständnis auswirken. Die große Relevanz der heutigen Optimierungstechnologien vermag so auf besondere Weise zur Geltung zu kommen.

---

[46] Vgl. FENNER, *Selbstoptimierung*, 137.
[47] Vgl. dazu tiefergehend PUZIO, *Über-Menschen*, Kap. 8.2.3, 8.2.4.
[48] Vgl. NOSTHOFF/MASCHEWSKI, *Die Gesellschaft der Wearables*, Kap. 4; Vgl. weiterführend PUZIO, *Über-Menschen*, Kap. 8.2.4.
[49] Vgl. DAVIS, *Reshaping the Female Body*, z. B. Kap. Introduction, Kap. 4, Kap. 7; Auch aufgegriffen von: ACH, *Komplizen der Schönheit?* 195; DAVIS, *Surgical passing*, 42.
[50] DAVIS, *Reshaping the Female Body*, Kap. 4.
[51] Ebd., Kap. 7.
[52] ACH, *Komplizen der Schönheit?* 196f.

4. DAS VERHÄLTNIS VON KÖRPER UND TECHNIK: TECHNIK BRINGT EINEN NEUEN KÖRPER HERVOR

Die Optimierung des Körpers ist kein neues Phänomen. Durch Kosmetik, Mode, Tätowierungen und Piercings, Ernährung und Medizin wird der Körper jahrhundertelang verändert. Die vielen unscheinbaren Veränderungen des Körpers legen nahe, dass es den Körper nicht als natürlich gegebenen, sondern stets als gemachten gibt.[53] Was Körper ist, ist nicht vorgängig vorhanden, sondern das Wissen über ihn ist diskursiv erzeugt.[54] (Natur-)Wissenschaft, Kultur und Gesellschaft, kommerzielle Strategien, Metaphern und Narrationen – sie alle bringen gemeinsam den Körper hervor und bestimmen, was Körper ist.[55] Hier soll die These vertreten werden, dass ebenfalls die verschiedenen Technologien – und damit die Optimierungstechnologien und -techniken – den Körper miterzeugen und definieren, was unter Körper verstanden wird. Dies gilt also auch für die medizinischen Visualisierungstechnologien wie EEG, Röntgen, Ultraschall, Mikroskope oder für Messgeräte, die suggerieren, einen objektiven Einblick in einen vorgängigen Körper zu bieten, aber auf Mittelwerten, statischen Berechnungen, wissenschaftlichen Konstrukten und ganz bestimmten Perspektiven auf den Körper basieren[56] und so den Körper mitentwerfen. Die Optimierungstechnologien sind folglich hochrelevant und erfordern einen verantwortungsvollen Umgang.

Zugleich bedeutet dies aber auch, dass der Mensch den Technologien nicht ausgeliefert ist, sondern vielmehr ergeben sich daraus Möglichkeiten zur Aushandlung des Menschen- und Körperverständnisses: Wir sind diejenigen, die die Technologien konstruieren. Dies macht es notwendig, Verantwortung zu übernehmen und die Technologien autonom zu gestalten. Mittels der Technologien wird das Menschen- und Körperverständnis neu verhandelt. Wie wollen wir leben?

---

[53] Vgl. weiterführend zu Natur- und Natürlichkeitsdiskursen: PUZIO, *Über-Menschen*, Kap. 4.1.
[54] Vgl. HAMMER/STIEß, *Einleitung*, 19; Vgl. HARAWAY, *Biopolitik*, 170.
[55] HARAWAY, *Biopolitik*, 171.
[56] Vgl. z. B. FUCHS, *Gehirn*, 72f.; Vgl. FUCHS, *Verteidigung des Menschen*, 188–190; SALASCHEK, *Neuronale Maschine*? BÖHME, *Invasive Technisierung*; DUDEN, *Frauenleib.* – Zu medizinischen Informationstechnologien vgl. weiterführend PUZIO/FILIPOVIĆ, *Personen als Informationsbündel?*

Des Weiteren lässt sich im Kontext der zunehmenden Technologisierung eine Grenzverschwimmung zwischen Körper und Technik feststellen.[57] Immer mehr Technik wird in den menschlichen Körper integriert und die technologischen Eingriffe werden immer tiefgreifender und umfassender. Für Donna Haraway sind in der Medizin lauter Cyborgs, d. h. Verbindungen von Körper und Technik, zu finden.[58] Gleichzeitig nähern sich die Körper von Maschinen und humanoiden Robotern verstärkt dem menschlichen Körper an. Dies wirft die Frage auf, ob Technologien auch als Teil des menschlichen Körpers verstanden werden können. Disability Studies zeigen, dass Prothesen von den Nutzer*innen als Teil ihres Körpers empfunden werden.[59] Thweatt-Bates und Graham sprechen sich für eine weite Auffassung von Embodiment aus, die auch Rollstühle, Prothesen sowie physische Fähigkeiten und Empfindungen einschließt.[60] Somit können Technologien eine Chance sein, das gegenwärtige Körperverständnis hin zu einem breiteren, inklusiven Körperbegriff zu erweitern. Sie stellen eine Chance dar, das Körperverständnis so neu zu verhandeln, dass es Diversität und die Pluralität der Menschen- und Körperverständnisse berücksichtigt.[61]

5. THEOLOGIE ALS INFLUENCERIN

Welche Schlüsse ergeben sich aus diesen Ergebnissen für die Theologie? Wie kann die Theologie zu den Körperoptimierungen beitragen?

1. „Ambivalenztoleranz"

Auch für die Theologische Ethik gilt, den Optimierungsbestrebungen mit einer „Ambivalenztoleranz", einer offenen, „gelassene[n] und sachlich-nüchterne[n] Einstellung"[62] zu begegnen und keine pauschalen Bewertungen vorzunehmen. Dazu ist zunächst wichtig, dass sich Theologie mit den technologischen Körperoptimierungen wissenschaftlich auseinandersetzt.

---

[57] Zu den vielfältigen Grenzverschwimmungen seit Ende des 20. Jahrhunderts vgl. HARAWAY, *Manifest für Cyborgs*, 36–39.
[58] Vgl. ebd., 34.
[59] Vgl. THWEATT, *Cyborg-Christus*, 371.
[60] Vgl. GRAHAM, *Words Made Flesh*, 119; THWEATT-BATES, *Cyborg Selves*, 152.
[61] Zur Veränderung und Neuaushandlung des Körperverständnisses durch Technik in diesem Kap. vgl. PUZIO, *Über-Menschen*, Kap. 5, 8, 9.
[62] FENNER, *Selbstoptimierung*, 30f.

2. Christliche Menschenbilder: Offen und dynamisch

Mit christlichen Menschenbildern kann die Theologie dann für ein dynamisches, offenes Menschen- und Körperverständnis eintreten, das den Menschen nicht auf Funktionalität und Leistung reduziert, sondern offen konzipiert ist und für die Vielfalt und Pluralität der Menschen- und Körperverständnisse eintritt. Nur wenn Menschen- und Körperverständnisse als dynamische entworfen werden, bleiben sie offen für zukünftige technologische und nicht-technologische Entwicklungen des Menschen. Daraus, dass Optimierungstechnologien eng mit dem Menschen- und Körperverständnis verknüpft sind, ergibt sich die Verantwortung der Theologie, an den technologischen Prozessen mitzuwirken und das Menschen- und Körperverständnis mitzukonstruieren.

3. Leitbilder: Theologie als Influencerin

In gesellschaftlichen Diskursen und für soziale Normsetzungen spielen Leitbilder[63] und Narrationen eine wichtige Rolle. Eine Veränderung von diesen Leitbildern und Narrationen kann den Umgang mit Körperoptimierungen wandeln. Religionen müssen als „kulturelle Akteure" wahrgenommen werden, die „Wirklichkeitsdeutungen und Handlungsorientierungen" bieten, „Stimmungen und Motivationen erzeug[en]."[64] Religionen bringen eine Fülle an Narrationen[65] mit und können Leitbilder prägen, mit denen sie auf gesellschaftliche Diskurse und Körperoptimierungen Einfluss nehmen können. Theologie und Religionen sollten an gesellschaftlichen Diskursen wie den heutigen Technik- und Identitätsdiskursen stärker mitwirken. Die Theologie sollte Influencerin werden.

Eine nicht zu unterschätzende Bedeutung nehmen ebenfalls Neuerzählungen von Märchen und neue Wertvermittlungen über Kinderbücher, Filme[66] und Spielzeug wie Barbie-Puppen ein. In Märchen ist die Prinzessin meistens schön und in vielen Märchen wie Hans Christian Andersens „Das hässliche Entlein" oder Grimms „Schneewittchen" ge-

---

[63] Vgl. die Bedeutung von Leitbildern für die Umweltethik: REDER u. a., *Umweltethik*, Kap. 6.1.2.
[64] Ebd., 139; Die Autoren beziehen sich auf: Vgl. GEERTZ, *Dichte Beschreibung*, 46.
[65] Für diesen Hinweis danke ich Rudolf Hein.
[66] Zum engen Zusammenhang von Menschenverständnis und Science-Fiction vgl. weiterführend: PUZIO, *Helden und Monster in uns*.

hört die Schönheit sogar zu den Kernthemen, wodurch der Schönheitsdiskurs in der Gesellschaft wesentlich mitgeprägt wird. Es gibt seit einigen Jahren zunehmende Gegenbewegungen in Modekampagnen oder Popmusik[67] gegen bestimmte Körperideale, z. B. von Online-Modeshops, die statt nur schlanker Models ebenfalls sogenannte „Curvy Models" bzw. „Plus Size Models" zeigen. Esprit hat 2015 eine Kampagne unter dem Hashtag #ImPerfect gestartet (als Wortspiel aus „imperfect" und „I'm perfect") und der Internethändler „About You" wirbt mit Slogans wie „Wir lieben deine Ecken und Kanten, denn nur eine Null hat keine. Jeder von uns ist eben anders und genau das ist gut so! Hier geht's um Dich – It's About You!". Theologie und Religionen könnten zu Perspektiven ermuntern, die Schönheit im Mitmenschen auch jenseits der gesellschaftlichen Körperideale erkennen. Dadurch könnte beispielsweise der soziale Druck auf das Individuum gemindert werden. Gleichzeitig sollten sie aber aufgeschlossen für technologische Entwicklungen und autonome Entscheidungen zur Körperoptimierung bleiben.

4. Normative Implikationen

Wie in Kapitel 3 bereits aufgezeigt worden ist, verstecken sich in den Optimierungstechnologien normative Implikationen und Geschäftsstrategien, die für eine autonome Entscheidung des Individuums aufgedeckt werden sollten. Eine besondere Herausforderung stellen Algorithmic Bias dar: Z. B. durch Fehler, Einseitigkeiten und Bias im Datensatz, bei der Erhebung von Daten und deren Interpretation kann es zu Diskriminierungen bei den Entscheidungen kommen, die auf Basis algorithmischer Prozesse getroffen werden. Nach welchem oder wessen Bilde werden Technologien entworfen? Wer wird in technologischen Prozessen repräsentiert und welche Gruppen kommen nicht zu Wort?[68] Aufgabe der Theologie ist es, die normativen, z. B. rassistischen, sexistischen Implikationen von Technologien und Diskriminierungen aufzudecken, für die Repräsentation auch sozial benachteiligter Gruppen einzutreten und Diversity zu fördern. Wie kann Diversity in Technologieprozessen und in den gesellschaftlichen Vorstellungen von Mensch

---

[67] Exemplarisch genannt sei der Song „Scars To Your Beautiful" von Alessia Cara: „There's a hope that's waiting for you in the dark / You should know you're beautiful just the way you are / And you don't have to change a thing / The world could change its heart / No scars to your beautiful / We're stars and we're beautiful." CARA, *Scars*.
[68] Vgl. GRAHAM, *Representations of the Post/Human*, 61, 111, 123; PUZIO, *Digital and Technological Identities*.

und Körper gefördert werden? Diversity ist seit Neustem zum wichtigen Trendwort in verschiedenen gesellschaftlichen Bereichen geworden, z. B. bei der Einstellung von Mitarbeitenden in Unternehmen. Selbst die 17. Staffel von Germany's Next Topmodel 2022 steht unter diesem Schlagwort und lässt nun erstmals auch Kandidat*innen mit unterschiedlichen Körpergrößen und BMI, mit verschiedenen Altersstufen (18–68 Jahre) und mit körperlichen Verletzungen auftreten.[69] Ebenfalls zeigen historische Serien wie die Fernseh- und Netflixserie „Bridgerton" (2020) und die Fernsehserie „Dickinson" (2019–2021) auf Apple TV+ auch homoxuelle Beziehungen oder Menschen mit verschiedenen Hautfarben in hohen Positionen, obgleich dies zur damaligen Zeit nicht üblich war.

6. FAZIT UND AUSBLICK

Der vorliegende Beitrag hat eine ethische Einordnung der technologischen Körperoptimierungen angestrebt und dabei v. a. die Frage nach der Autonomie in den Mittelpunkt gerückt. Es wurde gegen pauschale Beurteilungen von Körperoptimierungen argumentiert und stattdessen die Einbettung der Körperoptimierung in ein hochkomplexes Netz von Normen und Machteinwirkungen deutlich gemacht. Optimierungsmaßnahmen wurden so in der Spannung zwischen individueller Selbstbestimmung und der Fremdbestimmung durch die Gesellschaft verortet. Trotz des gesellschaftlichen Einflusses auf Körperoptimierungen konnte anhand Foucaults Konzept der „Technologien des Selbst" aufgezeigt werden, dass das Individuum diesem Einfluss nicht einfach ausgeliefert ist, sondern es zu einem autonomen Umgang mit Optimierungstechnologien gelangen und sein Wohlbefinden technologisch steigern kann. Voraussetzung für eine autonome, authentische Entscheidung sind die Offenlegung versteckter Normen und Geschäftsstrategien, die kritische Auseinandersetzung mit den sozialen Normvorstellungen sowie die Einbindung der Optimierungsentscheidung in das eigene Selbst- und Körperverständnis. Als Probleme technologischer Körperoptimierung wurden z. B. zu starker sozialer Druck, Belastungen und überzogene Körperideale herausgestellt.

---

[69] Hier muss jedoch kritisch betrachtet werden, inwiefern die Fernsehsendungen und Kampagnen tatsächlich auf Diversity zielen oder vorrangig als Marketingstrategien dienen.

Darüber hinaus hat die Untersuchung ergeben, dass Optimierungsbestrebungen sehr grundlegend mit Fragen der Identität, des Selbst- und Körperverständnisses verbunden sind. Es konnte nachgewiesen werden, dass Technologien den Körper mithervorbringen und mitbestimmen, was Körper ist. Die vielfältigen Annäherungen von Körper und Technik werfen die Frage auf, ob Technologien nicht auch als Teil des menschlichen Körpers verstanden werden können. Auf diese Weise können die technologischen Entwicklungen eine Chance für ein weiteres, diverses und inklusives Körperverständnis sein.

Aus den Ergebnissen lassen sich Aufgaben für eine Auseinandersetzung der Theologie mit den Körperoptimierungen ableiten. Wichtige Anknüpfungspunkte sind z. B. religiöse Menschenbilder, Leitbilder und Narrationen. Religionen nehmen als kulturelle Akteurinnen Einfluss auf gesellschaftliche Diskurse und Normsetzungen. Theologie und Religion müssen Influencerinnen werden. Es wurde dargelegt, dass Theologie und Religion in der Verantwortung stehen, diese Technik- und Identitätsprozesse mitzugestalten.

Für die zukünftige ethische Forschung ergeben sich weitere Desiderata. So wurde im Beitrag besonders die Autonomie fokussiert, daneben gibt es jedoch noch viele weitere ethische Aspekte wie z. B. Nicht-Schaden und Gerechtigkeit, die berücksichtigt werden müssen. Zudem muss untersucht werden, wie sich die Optimierungsbestrebungen konkret auf das Selbst- und Körperverständnis auswirken. Unter welchen Bedingungen tragen sie zu einem guten Leben bei und steigern das Wohlbefinden? Wie kann Diversity gefördert werden? In diesem gesamtgesellschaftlichen Gestaltungsprozess werden neben ethischer Forschung auch Märchen, Geschichten, Songs und Filme neu erzählt werden müssen.

Literatur

ACH, Johann S., *Komplizen der Schönheit? Anmerkungen zur Debatte über die ästhetische Chirurgie*, in: ACH, Johann/POLLMANN, Arnd (Hg.), No body is perfect. Baumaßnahmen am menschlichen Körper. Bioethische und ästhetische Aufrisse (Edition Moderne Postmoderne), Bielefeld 2006, 187–206. DOI: 10.14361/9783839404270-008.

ACH, Johann S./POLLMANN, Arnd (Hg.), *No body is perfect. Baumaßnahmen am menschlichen Körper. Bioethische und ästhetische Aufrisse* (Edition

Moderne Postmoderne), Bielefeld 2006. DOI: 10.14361/978383 9404270.

BECKER, Josef/KISTLER, Sebastian/NIEHOFF, Max (Hg.), *Grenzgänge der Ethik* (Forum Sozialethik 22), Münster 2020. DOI: 10.17438/978-3-402-10655-6.

BETTE, Karl-Heinrich, *Körperspuren. Zur Semantik und Paradoxie moderner Körperlichkeit* (zugl.: Köln, Dt. Sporthochsch., Habil., 1988) (Körper-Kulturen), Bielefeld ²2005 (1989). DOI: 10.14361/9783839404232.

BÖHME, Gernot, *Invasive Technisierung. Technikphilosophie und Technikkritik* (Die graue Reihe 50), Kusterdingen 2008.

BÖHME, Gernot, *Leib. Die Natur, die wir selbst sind* (Suhrkamp Taschenbuch Wissenschaft 2270), Berlin 2019.

CARA, Alessia, *Scars To Your Beautiful*, in: Album Know-It-All (Deluxe), United States: Def Jam Recordings 2015/2016, online unter: https://music.apple.com/us/album/know-it-all-deluxe/1050275 063 (Stand: 14.03.2022).

DAVIS, Kathy, *Reshaping the Female Body. The Dilemma of Cosmetic Surgery*, New York/London 1995.

DAVIS, Kathy, *Surgical passing – Das Unbehagen an Michael Jacksons Nase*, in: VILLA, Paula-Irene (Hg.), Schön normal. Manipulationen am Körper als Technologien des Selbst (KörperKulturen), Bielefeld 2008, 41–65.

DUDEN, Barbara, *Der Frauenleib als öffentlicher Ort. Vom Mißbrauch des Begriffs Leben*, Frankfurt a. M. 2007.

FENNER, Dagmar, *Selbstoptimierung und Enhancement. Ein ethischer Grundriss* (utb 5127: Philosophie), Tübingen 2019.

FOUCAULT, Michel, *Technologien des Selbst*, in: MARTIN, Luther/GUTMAN, Huck/HUTTON, Patrick (Hg.), Technologien des Selbst, übers. v. Michael Bischoff, Frankfurt a. M. 1993, 24–62.

FOUCAULT, Michel, *Über den Willen zum Wissen. Vorlesungen am Collège de France 1970-71. Gefolgt von: Das Wissen des Ödipus*, übers. v. Michael Bischoff (Suhrkamp Taschenbuch Wissenschaft 2290), Berlin 2019.

FRITZ, Alexis u. a. (Hg.), *Digitalisierung im Gesundheitswesen. Anthropologische und ethische Herausforderungen der Mensch-Maschine-Interaktion* (Jahrbuch für Moraltheologie 5), Freiburg i. Br. 2021.

FUCHS, Thomas, *Das Gehirn – ein Beziehungsorgan. Eine phänomenologisch-ökologische Konzeption*, Stuttgart ⁵2017.

FUCHS, Thomas, *Verteidigung des Menschen. Grundfragen einer verkörperten Anthropologie*, Berlin 2020.

GEERTZ, Clifford, *Dichte Beschreibung. Beiträge zum Verstehen kultureller Systeme*, Frankfurt a. M. 1983.

GIDDENS, Anthony, *Die Konstitution der Gesellschaft*, Frankfurt a. M. 1988.

GÖCKE, Benedikt P./MEIER-HAMIDI, Frank (Hg.), *Designobjekt Mensch. Die Agenda des Transhumanismus auf dem Prüfstand*, Freiburg i. Br. 2018.

GRAHAM, Elaine, *Words Made Flesh: Women, Embodiment and Practical Theology*, in: Feminist Theology 7/21 (1999). DOI: 10.1177/096673 509900002108, 109–121.

GRAHAM, Elaine L., *Representations of the Post/Human. Monsters, Aliens, and Others in Popular Culture*. New Brunswick, NJ 2002.

HAMMER, Carmen/STIEß, Immanuel, *Einleitung*, in: HAMMER, Carmen/STIEß, Immanuel (Hg.), Haraway: Die Neuerfindung der Natur. Primaten, Cyborgs und Frauen. Frankfurt a. M./New York 1995, 9–31.

HAMMER, Carmen/STIEß, Immanuel (Hg.), *Haraway: Die Neuerfindung der Natur. Primaten, Cyborgs und Frauen*, Frankfurt a. M./New York 1995.

HARAWAY, Donna J., *Die Biopolitik postmoderner Körper. Konstitutionen des Selbst im Diskurs des Immunsystems* (1984), in: HAMMER, Carmen/STIEß, Immanuel (Hg.), Haraway: Die Neuerfindung der Natur. Primaten, Cyborgs und Frauen, Frankfurt a. M./New York 1995, 160–199.

HARAWAY, Donna J., *Ein Manifest für Cyborgs. Feminismus im Streit mit den Technowissenschaften*, übers. v. Fred Wolf, in: HAMMER, Carmen/STIEß, Immanuel (Hg.), Haraway: Die Neuerfindung der Natur. Primaten, Cyborgs und Frauen, Frankfurt a. M./New York 1995, 33–72.

INTERNATIONAL SOCIETY OF AESTHETIC PLASTIC SURGERY, *ISAPS International Survey on Aesthetic/Cosmetic Procedures. Performed in 2019*, online unter: https://www.isaps.org/wp-content/uploads/2020/12/Global-Survey-2019.pdf (Stand: 04.03.2021), 1–55.

MARTIN, Luther H./GUTMAN, Huck/HUTTON, Patrick H. (Hg.), *Technologien des Selbst*, übers. v. Michael Bischoff, Frankfurt a. M. 1993.

MAYER, Ralf/THOMPSON, Christiane/WIMMER, Michael (Hg.), *Inszenierung und Optimierung des Selbst. Zur Analyse gegenwärtiger Selbsttechnologien*, Wiesbaden 2013. DOI: 10.1007/978-3-658-00465-1.

MORGAN, Kathryn P., *Women and the Knife: Cosmetic Surgery and the Colonization of Women's Bodies*, in: Hypatia 6/3 (1991), 25–53.

MORGAN, Kathryn P., *Foucault, Hässliche Entlein und Techno-Schwäne – Fett-Hass, Schlankheitsoperationen und biomedikalisierte Schönheitsideale in Amerika*, in: VILLA, Paula-Irene (Hg.), Schön normal. Manipulationen am Körper als Technologien des Selbst (KörperKulturen), Bielefeld 2008, 143–172.

NOSTHOFF, Anna-Verena/MASCHEWSKI, Felix, *Die Gesellschaft der Wearables. Digitale Verführung und soziale Kontrolle*, Berlin 2019.

PUZIO, Anna, *Digital and Technological Identities – In Whose Image? A philosophical-theological approach to identity construction in social media and technology*, in: Cursor (2021), online unter: https://cursor.pubpub.org/pub/y2bcesx4 (Stand: 14.03.2022).

PUZIO, Anna, *Die Helden und Monster in uns. Ein technikphilosophischer Blick auf „Iron Man" und die „Avengers"*, online unter: https://zemdg.de/2019/04/23/die-helden-und-monster-in-uns/ (Stand: 20.04.21).

PUZIO, Anna, *Zwischen Ent- und Begrenzung*. Anthropologische und ethische Perspektiven auf die Grenzen des Menschen im Transhumanismus, in: BECKER, Josef/KISTLER, Sebastian/NIEHOFF, Max (Hg.), Grenzgänge der Ethik (Forum Sozialethik 22), Münster 2020, 149–180.

PUZIO, Anna, *Über-Menschen. Philosophische Auseinandersetzung mit der Anthropologie des Transhumanismus* (zugl.: München, Diss., 2021) (Edition Moderne Postmoderne), Bielefeld 2022. DOI: 10.14361/9783839463055

PUZIO, Anna/FILIPOVIĆ, Alexander, *Personen als Informationsbündel? Informationsethische Perspektiven auf den Gesundheitsbereich*, in: FRITZ, Alexis u. a. (Hg.), Digitalisierung im Gesundheitswesen. Anthropologische und ethische Herausforderungen der Mensch-Maschine-Interaktion (Jahrbuch für Moraltheologie 5), Freiburg i. Br. 2021, 89–113.

REDER, Michael u. a., *Umweltethik. Eine Einführung in globaler Perspektive* (Grundkurs Philosophie 21), Stuttgart 2019.

RUNKEL, Thomas, *Enhancement und Identität. Die Idee einer biomedizinischen Verbesserung des Menschen als normative Herausforderung* (zugl.: Bonn, Univ., Diss., 2010), Tübingen 2010.

RUOFF, Michael (Hg.), *Foucault-Lexikon. Entwicklung – Kernbegriffe – Zusammenhänge* (2896: Philosophie), ⁴2018 (2007).

RUOFF, Michael, *Art. Grundbegriffe: Ethik des Selbst*, in: Foucault-Lexikon (2896: Philosophie), ⁴2018 (2007), 130–132.

RUOFF, Michael, *Art. Grundbegriffe: Technologien des Selbst/Selbsttechnologien*, in: Foucault-Lexikon (2896: Philosophie), ⁴2018 (2007), 224–246.

RUOFF, Michael, *Art. Überblick zu den Hauptwerken: Ethik des Selbst*, in: Foucault-Lexikon (2896: Philosophie), ⁴2018 (2007), 61–77.

SALASCHEK, Ulrich, Der Mensch als neuronale Maschine? Hirnbilder, Menschenbilder, Bildungsperspektiven. Zum Einfluss bildgebender Verfahren der Hirnforschung auf erziehungswissenschaftliche Diskurse (Science Studies), Bielefeld 2014 (2012).

THWEATT, Jeanine, *Cyborg-Christus: Transhumanismus und die Heiligkeit des Körpers*, in: GÖCKE, Benedikt/MEIER-HAMIDI, Frank (Hg.), Designobjekt Mensch. Die Agenda des Transhumanismus auf dem Prüfstand, Freiburg i. Br. 2018, 363–376.

THWEATT-BATES, Jeanine, *Cyborg Selves. A Theological Anthropology of the Posthuman* (Ashgate Science and Religion Series), London 2016 (2012). DOI: 10.4324/9781315575728.

VEREINIGUNG DER DEUTSCHEN ÄSTHETISCH-PLASTISCHEN CHIRURGEN, *Behandlungsstatistik 2020. Mitgliederbefragung*, online unter: https://www.vdaepc.de/wp-content/uploads/2020/03/vdaepc-statistik-2020.pdf (Stand: 04.03.2021), 1–20.

VILLA, Paula-Irene, *Habe den Mut, Dich Deines Körpers zu bedienen! Thesen zur Körperarbeit in der Gegenwart zwischen Selbstermächtigung und Selbstunterwerfung*, in: VILLA, Paula-Irene (Hg.), Schön normal. Manipulationen am Körper als Technologien des Selbst (KörperKulturen), Bielefeld 2008, 245–272. DOI: 10.14361/9783839408896-011.

VILLA, Paula-Irene (Hg.), *Schön normal. Manipulationen am Körper als Technologien des Selbst* (KörperKulturen), Bielefeld 2008. DOI: 10.14361/9783839408896.

VILLA, Paula-Irene, *Prekäre Körper in prekären Zeiten – Ambivalenzen gegenwärtiger somatischer Technologien des Selbst*, in: MAYER, Ralf/THOMPSON, Christiane/WIMMER, Michael (Hg.), Inszenierung und Optimierung des Selbst. Zur Analyse gegenwärtiger Selbsttechnologien, Wiesbaden 2013, 57–73. DOI: 10.1007/978-3-658-00465-1_3.

Im Angesicht von Technik – der Mensch als Produkt und Produzent

Caroline Helmus

Dass der Körper längst nicht mehr als ahistorisches Objekt wahrgenommen wird, sondern vielmehr als Ort der Sichtbarmachung gesellschaftlicher, sozialer und politischer Diskurse, kann in Teilen bereits als Allgemeingut bezeichnet werden.[1] Die Materialität des Körpers wird so zum Zeichen der Zeit. Umgekehrt weist der Körper aber auch über sich hinaus. Als Projektionsfläche spiegelt er gesellschaftliche Prozesse sowie das Verhältnis zur Welt und der sich darin befindenden Subjekte und Objekte. Nicht zuletzt die Corona-Pandemie zeigt dabei, wie sehr ‚smart-machines' zur Verlängerung und Ausweitung des Körpers werden. Die Notwendigkeit von Video-Konferenzen verdeutlicht eine Globalisierung des Daseins, die derart nicht mehr wegzudenken ist, ja sogar in Teilen erwünscht wird (Stichwort: Home-Office). So zeigt sich am und im Körper, dass die Gegenwart als „Präsenz artifizieller Wirklichkeit[...]"[2] zu verstehen ist. Der Körper wird technologisch durchdrungen und ausgeweitet.[3] Die Grenzen eines Daseins beziehen sich nicht mehr ausschließlich auf seine materielle Verortung. Vielmehr wird durch das Relationsgefüge von Technik und Mensch die tradierte materielle Körpergrenze angefragt. Die Grenzen von Subjekt und Objekt verschieben sich und die Frage nach den Körpergrenzen und Körpermodellen wird neu aufgeworfen.[4] Technophile Bewegungen wie der Transhumanismus nutzen die Selbstverständlichkeit der artifiziellen Gegenwart und propagieren, dass eine Zunahme von Technik im und am Menschen zu einer wünschenswerten Erweiterung oder Steigerung

---

[1] Vgl. Bublitz, *Sehen*, 343.
[2] Vgl. Makropoulos, *Massenkultur*, 8.
[3] Vgl. Bublitz, *Archiv*, 130.
[4] Vgl. Harrasser, *Körper 2.0*, 92f.; Bublitz, *Archiv*, 160f.; Helmus, *Transhumanismus*, 369-379.

menschlicher Fähigkeiten führe.⁵ Angestrebt wird hierbei eine technologische Transformation des Menschen über das Menschsein hinaus. Der Wille und das Begehren, Technik in den Körper zu integrieren, zeigen sich aber nicht nur in solch fantastisch anmutenden Bewegungen wie dem Transhumanismus, sondern auch in Strategien des Enhancement und damit in Strategien, die zu einer Vervollkommnung des Körpers, respektive des Subjekts, beitragen.⁶

Technologische Entwicklungen für leistungssteigernde Zwecke einzusetzen, ist nahezu ein gesellschaftlicher common sense. Das dahinterliegende Menschenbild, der Mensch als formbares Objekt, wird dabei zumeist unhinterfragt übernommen. Aber was bringt Menschen dazu, das Paradigma der Leistungsmaximierung zu akzeptieren und den Körper technisch enhancen zu wollen? Warum entsteht der Wille, Technik in den Körper zu integrieren und zum Teil des eigenen Selbst werden zu lassen?

Die folgenden Auseinandersetzungen sollen erste Antwortversuche darstellen. (1) Die Bewegung des Transhumanismus dient hierbei gewissermaßen als Brennglas, da die Motivik und das dahinterliegende Menschenbild in extrapolierter Art und Weise das Begehren von technischen Körpermodifikationen zum Ausdruck bringen. (2) Inwiefern Technik aus transhumanistischer Perspektive als Emanzipationsmittel verstanden wird, zeigt sich hierbei am Beispiel der Vision einer postgender-posthumanen Gesellschaft, die ihrerseits zu kritisieren ist. (3) Anschließend werden in einer soziologischen Spurensuche die Ursachen für das Begehren nach technologischen Körpermodifikationen herausgearbeitet und untersucht, wie dieses Phänomen mit der Subjektbildung einhergehen kann. (4) Schließlich werden in einem letzten Schritt Momente eines kritisch anerkennenden Dialogs zwischen pluralen Selbst- und Weltdeutungen benannt, die Grundlage einer rationalen Glaubensverantwortung sind und derart dazu beitragen, einen Chancen benennenden und Grenzen setzenden Dialog zwischen einem technologischen und einem christlichen Menschenbild zu führen.

---

5   Vgl. exemplarisch folgende transhumanistischen Positionen Bostrom, *FAQ.*; More, *Transhumanism*; Sorgner, *Transhumanismus*; Hughes, *Citizen Cyborg*.
6   Hier sei an das Phänomen der Smart-Watch erinnert, die den Körper ‚ausliest' und zu seinem optimalen Zustand führen will.

Im Angesicht von Technik – der Mensch als Produkt und Produzent 97

1. EINE KLEINE EINFÜHRUNG IN DEN TRANSHUMANISMUS

Abseits der heterogenen transhumanistischen Positionen[7] eint transhumanistische Vertreter der Wille nach einer technologischen Aufwertung des Menschen. Dem zugrunde liegt ein mechanistisch, naturalistisches Menschenbild, nach dem der Mensch als reines Produkt der Natur betrachtet wird, deshalb aber auch verbessert werden kann. Zudem ist diese Aufwertung notwendig, da die Natur und entsprechend der Mensch sich unzureichend entwickeln. Die natürliche Evolution ist als solche nicht nur beschränkt und an ihr Ende gelangt, sie entzieht sich auch der menschlichen Kontrolle. Die Formung der Natur durch Technik wird hierbei zum beherrschenden und antreibenden Moment.

Aufgrund seiner biologischen Verfasstheit ist der Mensch ebenfalls degenerativ und begrenzt, da er Alterungs- und Verfallsprozessen unterliegt, die zu einem Missstand führen zwischen biologisch begrenzender Natur und dem technologischen ‚Mehr' an Möglichem.[8] Transhumanisten streben nach diesem ‚Mehr' des bisher Möglichen. Ein ‚Mehr' an Technik hebt nicht nur die Evolution auf die nächst höhere Entwicklungsstufe, auch der Mensch kann derart seine begrenzende Natur ablegen und sich technologisch aufwerten. Die transhumanistischen Fantasien reichen dabei so weit, dass sich der Mensch zu einem *Transhuman*, einem Zwischenwesen auf dem Weg hin zum *Posthuman*, entwickeln kann.[9]

„Becoming posthuman means exceeding the limitations that define the less desirable aspects of the 'human condition.' Posthuman beings would no longer suffer from disease, aging, and inevitable death (but they are likely to face other challenges). They would have vastly greater physical capability and freedom of form – often referred to as 'morphological freedom'. Posthumans would also have much greater cognitive capabilities, and more refined emotions (more joy, less anger, or whatever changes each individual prefers)."[10]

---

[7] Vgl. hierzu und im Folgenden sowie insgesamt zur Einführung in den Transhumanismus und seine unterschiedlichen Positionen Krüger, *Virtualität und Unsterblichkeit*; Thweatt-Bates, *Cyborg selves*; Loh, *Trans- und Posthumanismus*; Helmus, *Transhumanismus*.
[8] Vgl. Helmus, *Transhumanismus*, 19-126.
[9] Siehe als Beispiele für die heterogenen Konzepte Moravec, *Mind children*, 125; More, *Philosophy*, 4; Bostrom, *Posthuman*, 11.
[10] More, *Philosophy*, 4.

Die technologisch induzierte Erweiterung des Intellekts oder die immerwährende körperliche Gesundheit, das Aufheben von Alterungsprozessen usw. führen also zu einer derart radikalen Veränderung des Menschen, dass hierbei von einer völlig neuen Art zu sprechen sei. Insbesondere Diskussionen um Symbiosen von Mensch und Technik sowie die Idee des mind-uploading, also das Hochladen des menschlichen Bewusstseins auf einen Computer, erregen hierbei Aufmerksamkeit.[11] Das posthumane Dasein ist aber nicht nur über ein rein digitales Dasein zu erlangen. Ebenso besteht die Möglichkeit „of making many smaller but cumulatively profound augmentations to a biological human."[12] Weiterhin handelt es sich um Methoden, die direkt im und am menschlichen Körper durchgeführt werden. Das zentrale und neuartige Anliegen des Transhumanismus ist also die technische Selbstkreierung des Menschen über das Menschsein hinaus.

Die Wahrnehmung der Natur als degenerativ und in Folge dessen auch des Menschen aufgrund seiner biologischen Bedingtheit führt aber zu einem normativ aufgeladenen Menschen- und Körperbild. Nur in Abgrenzung zum Menschen und seinem Daseinszustand, wie ihn ein Transhumanist sieht, kann der Posthuman erträumt werden.[13] Über den Umweg des erdachten zukünftigen Posthuman beanspruchen Transhumanisten aber Geltung für ihre Deutung des gegenwärtigen Menschenbildes. Der Transhumanismus verfolgt hier eine „Umweg-Argumentation"[14] nach der „[a]usgehend von ‚gegenwärtigen' Problemlagen [...] auf dem Umweg über Zukunftsdebatten unter Einschluss von Folgenüberlegungen Orientierung ‚für heute' gesucht"[15] wird. Es stellt sich damit nicht nur die Frage, ob die degenerative Sicht absolut zu verstehen ist, sondern auch, welche Folgen dies für das Menschenbild hat. Dies wird nachfolgend unter der Perspektive des Begehrens von Technikintegration in den Körper thematisiert.

---

[11] Bostrom, *FAQ*, 5
[12] Ebd., 5.
[13] Vgl. Helmus, *Transhumanismus*, 86-90.
[14] Grunwald, *Umstrittene Zukünfte*, 56.
[15] Ebd., 56.

2. DAS MENSCHENBILD DES TRANSHUMANISMUS – EMANZIPATION DURCH TECHNIK

Die thematische Einführung in die Bewegung des Transhumanismus und seine denkerische Verortung zeigte bereits auf, dass die Anthropologie unter einem negativen Vorzeichen steht. Die schlichte Annahme des Menschen als biologisches Wesen führt zu einer normativen Abwertung des derzeitigen Daseins mit einer gleichzeitigen imperativischen Handlungsaufforderung, technisches Enhancement zu betreiben. „As a matter of fact, transhumanists often value certain forms of life over others and even have a position account of human perfection."[16] Dies lässt sich mit einem Blick auf die transhumanistische Genderperspektive und ihre Lösungsvorschläge gegen Genderungerechtigkeiten, wie sie insbesondere durch James Hughes, Mitbegründer des Institutes for Ethics & Emerging Technologies (IEET), vertreten wird, veranschaulichen:

Hughes bietet Visionen einer postgender-posthumanen Gesellschaft an.[17] Zentrales Moment ist hierbei das von Transhumanisten propagierte Recht auf morphologische Freiheit, also der Freiheit, seine Körperform frei wählen zu können. Dieses Recht impliziert nach Hughes auch das Recht auf eine freie Genderwahl und auf die technologische Erweiterung von Sex und Gender. Erst technologische Eingriffe im Körper und seine technologische Erweiterung lösen die biologisch verursachte Genderdiskriminierung auf. Hughes und sein Kollege Dvorsky gehen davon aus, dass „efforts to ameliorate patriarchy and the disabilities of binary gender through social, educational, political and economic reform can only achieve so much as long as the material basis, biological gendering of the body, brain, and reproduction, remain fixed."[18]

Hughes und Dvorskys Argumentation sieht wie folgt aus: Der Körper verursacht geschlechtliche Unterschiede. Das biologische Geschlecht verursacht Genderungerechtigkeiten. Technik kann den Körper verändern und die geschlechtliche Unterschiedenheit aufheben. Ist die geschlechtliche Unterschiedenheit aufgegeben, lösen sich auch die Genderungerechtigkeiten auf. Das Ziel ist damit „blurring and erosion of biological sex"[19].

---

[16] Ranisch, *Morality*, 158.
[17] Hughes, *Citizen Cyborg*, 21, 87.
[18] Dvorsky/Hughes, *Postgenderism*, 2.
[19] Ebd., 3.

Die Projektion von Gender in den Körper hinein bietet die Chance einer technisch induzierten Gender-Wahl für die posthumane Gesellschaft. Die Gender-Wahl wird damit Ausdruck des „psychological androgyny"[20] Posthuman. Die posthumane Gesellschaft ist also gar nicht genderfrei, aber Gender sei frei gewählt. Problematisch ist nun, dass die vermeintlich genderfreien Vorstellungen des posthumanen Daseins gar nicht so genderfrei sind, wie die amerikanische Theologin Jaennine Thweatt-Bates zu Recht herausgestellt hat.[21]

Hughes und Dvorsky nehmen eine Favorisierung des Männlichen gegenüber dem Weiblichen vor. Sie verorten gerade im weiblichen Körper die Unterschiedenheit, der es zu begegnen gelte.[22] Zentral sei ist hierbei die weiblich bedingte körperliche Schwäche, die sich u. a. insbesondere in der Gebärfähigkeit äußere. Über z. B. extrauterine Schwangerschaften soll der weibliche Körper technologisch aufgewertet werden, um seinen Missstand gegenüber dem männlichen Körper ausgleichen zu können. Die Technologie wird hier zum Emanzipationsmittel.[23] Als Surplus bieten künstliche Gebärmütter eine größere Kontrolle der Gesundheit des Kindes an.[24] Durch die vermeintliche Befreiung des weiblichen Körpers von seinen weiblichen Attributen sind die posthumanen Körper aber alles andere als androgyn. Sie sind geradezu männlich besetzt. Die technologische Aufwertung des weiblichen Körpers wird damit als Mittel eingesetzt, den weiblichen Körper dem männlichen Körper anzugleichen. Das Männliche wird hier als Normalfall des Körpers, oder zumindest als wünschenswerter Normalfall, charakterisiert.

„But more significant is the way in which the transhumanist goal of 'control of the body' leads directly into a characterization of women's bodies as out-of-control, impure, and sub-optimal. Further [...] that a primary benefit of artificial wombs is that they will allow women's bodies to function more like men's bodies, by eliminating the socially problematic, physically dangerous, and altogether unpleasant embodied state of pregnancy and childbirth – an *andro*gynous postgender future indeed."[25]

---

[20] Ebd., 2.
[21] Thweatt-Bates, *Cyborg selves*, 87f.
[22] Vgl. Hughes, *Citizen Cyborg*, 21; Dvorsky/Hughes, *Postgenderism*.
[23] Vgl. Dickel, *Steuerung oder Evolution?*, 2319.
[24] Vgl. Olson/Pellisier, *Artificial Wombs*; Hughes, *Citizen Cyborg*, 87.
[25] Thweatt-Bates, *Cyborg selves*, 88.

Im Angesicht von Technik – der Mensch als Produkt und Produzent 101

Neben der diskriminierenden sexualisierten Hierarchisierung von weiblichen und männlichen Körpern ist auch die Negierung des sozialen Moments der Verantwortlichkeit bei Genderdiskriminierungen nicht haltbar. Außerdem liegt hier eine essentialistische Sicht auf den Körper vor, bei der Gender als von der Biologie verursacht und ontologisch gegeben verstanden wird. Letztendlich liegt hier eine Verwechslung der Kategorien Sex und Gender vor.

Bezogen auf das Menschen- und Körperbild zeigt sich bereits an diesem Beispiel, dass Menschsein unter einem Funktions- und Nutzenaspekt betrachtet wird. Schwangerschaften stellen exemplarisch eine Abweichung vom Standard dar und liegen außerhalb eines störungsfreien Fortlaufens des ‚Normalzustandes'. Dieser ist nicht nur mit einem männlichen Körper gleichzusetzen, sondern mit einem gesunden Körper. Das transhumanistische „Bild des Normalkörpers"[26] weist entsprechend normative und diskriminierende Züge auf, sobald man diesem Bild nicht entspricht. Körperliche Alterität, z. B. ein weiblicher Körper, ist hier eine Störung der gewünschten Gleichschaltung.[27] Ein gesunder (männlicher) Körper zu sein, ist aber nicht ausreichend, weil die transhumanistische Vision gerade danach strebt, über das Menschsein hinauszugehen. Sie votiert für ein „Bessermachenwollen des Menschen, besser als gesund."[28] Der Transhumanismus unterliegt einer „Ideologie der permanenten Selbstoptimierung"[29], die sich in einer Wettbewerbslogik als „Ethos der unternehmerischen Selbstverbesserung und der Fitness"[30] ausdrückt. Körper werden hier nicht nur als zu funktionierende Maschinen betrachtet,[31] sondern auch als reparable und beliebige Maschinen. Letztendlich hat der Körper einen Produktcharakter und wird als gefügiges und zu kontrollierendes Besitzobjekt wahrgenommen.[32] Er wird „zu einem passiven Objekt der Gestaltung degradiert."[33]

Durch die technische Kontrolle und Aufwertung des Körpers werden Körper gleichgeschaltet und veobjektiviert. Selbst das Subjekt

---

[26] Rehmann-Sutter, *Können*, 66.
[27] Vgl. Harrasser, *Körper 2.0*, 55.
[28] Rehmann-Sutter, *Können*, 68.
[29] Harrasser, *Körper 2.0*, 48. Vgl. zur Thematik der Steigerungs- und Optimierungslogik auch Bublitz, *Maß*, 27.
[30] Harrasser, *Körper 2.0*, 103.
[31] Vgl. Helmus, *Transhumanismus*, 111-115.
[32] Vgl. ebd., 115-117; Loh, *Trans- und Posthumanismus*, 87; Thweatt-Bates, *Cyborg selves*, 77-80, Harrasser, *Körper 2.0*, 21-23.
[33] Loh, *Trans- und Posthumanismus*, 85.

wird hier durch die imperativische Handlungsaufforderung zum Enhancement verobjektiviert, da es sich der transhumanistischen Deutung des Daseins ja gerade unterordnen soll. Das Moment der Gleichschaltung verdeutlicht zusätzlich, dass singuläre Individuation und Differenzerfahrungen nicht erwünscht sind.

Insgesamt zeigt sich, inwiefern die transhumanistische Motivik und ihr technophiles Programm das Begehren nach Technik zum Ausdruck bringt. Der Transhumanismus propagiert positiv, dass ein ‚Mehr' an Technik zur Befreiung des Menschen beiträgt. Diese Freiheit ist aber negativ bestimmt. Es ist eine ‚Freiheit von' dem vorab negativ bestimmten Körperbild, als begrenzendes und limitierendes Moment am Menschen. Technik wird derart nicht nur als Emanzipationsmittel verstanden, sondern wird auch zum ermöglichenden Moment der „Selbst(er)findung"[34] und Selbstbefreiung. *Es entsteht ein (Körper-)Markt der Möglichkeiten*, da qua Körperabwertung und technologischer Aufwertung die Gestaltbarkeit des Körpers keine Limitierung erfährt. Wie aber bereits aufgezeigt, sind dieses Begehren von Technik und der Wille zur Technikintegration nicht beliebig, sondern an- und eingepasst in soziale, historische, politische und kulturelle Normierungen. So ist der Transhumanismus ein deutliches Beispiel dafür, wie Normierungen auf den Körper einwirken und die scheinbare technische Befreiung und Selbstkreierung zu einer spannungsgeladenen Wechselbeziehung zwischen Widersetzung und Unterwerfung führt, wie nachfolgend aufgezeigt wird.

3. DAS BEGEHREN VON TECHNIK IM KÖRPER – DER MENSCH ALS PRODUKT UND PRODUZENT

Setzen wir uns mit dem Willen zur Körpermodifikation und dessen Ursachen auseinander, stellen wir Fragen zum Selbstverhältnis und damit zur Bildung der eigenen Identität. Die seit der Neuzeit veränderten gesellschaftlichen Möglichkeiten zur Emanzipation und der Durchsetzung der menschlichen Autonomie erzeugen zugleich, bezogen auf die je eigene Identitätsbildung, Unsicherheiten. Die schiere Zunahme an Handlungsoptionen und die sprichwörtliche Qual der Wahl, zu entscheiden, wer man sein will, bei einem gleichzeitigen Wegbrechen der gegebenen Strukturen, zeigen die Flexibilität und Strittigkeit des Seins

---

[34] Bublitz, *Sehen*, 353.

auf.³⁵ Die Subjektwerdung ist mit einer Unsicherheit konfrontiert, die durch das Potenzial der Möglichkeiten selbst erzeugt wird.

Es wäre weit verfehlt, davon auszugehen, dass die Subjektbildung seit der Neuzeit eine absolut autonome Subjektbildung im strengen Sinn sei. Denn trotz der Möglichkeit zur Emanzipation von gesellschaftlichen Strukturen ist das Subjekt (zum Teil anonymen) gesellschaftlichen, politischen und ökonomischen Anforderungen oder Diskursen ausgesetzt, die die vermeintlich gewonnene Autonomie wieder aufheben. Gesellschaftlich geprägte Ideale, wie z.B. das eines fitten, vollkommenen, digital präsenten Körpers, untergraben das scheinbar autonome Subjekt, wenn es sich diesen propagierten Körperbildern unreflektiert aussetzt und sich derart selbst verobjektiviert.

Die Auseinandersetzung rund um die gesellschaftliche Beeinflussung weist hierbei zu Recht auf die Verobjektivierung von Körpern hin. Körper werden gesellschaftlich geformt und sind entsprechend Produkte von Normierungen. Diese Machtdiskurse gilt es aufzudecken und die dahinterliegen Körperbilder zu reflektieren, wie im Fall des Transhumanismus. Zugleich darf nicht außer Acht gelassen werden, dass die eigene Körpermodifikation ebenso eine Möglichkeit des Individuationsprozesses sein kann. Der Blick ist damit auf Körperinszenierungen als Ausdrucksmittel des Selbst zu richten.³⁶

Denn die Einsicht in die Konstruktivität, Fallibilität und Kontingenz des Daseins erschließt dem Subjekt neue Gestaltungs- und Handlungsspielräume, gerade auch in Bezug auf die Körpergestaltung. Die Annahme und Umsetzung gesellschaftlicher Diskurse, wie z.B. eine vermehrte Integration von Technik in den Körper, ist nicht per se gleichzusetzen mit einer Unterwerfung in Form einer Unterdrückung des Subjekts unter gesellschaftliche Imperative. Denn der Wille zur Annahme ist zum einen ein subjektiver Akt, zum anderen ist er Ausdruck der freiheitlich, kreativ-explorativen Seite des Subjekts.³⁷

In diesem Zusammenhang schreibt Hannelore Bublitz:

„Die kulturkritische Sicht, die den Körperboom als Verfallserscheinung eines bewussten, autonom und willentlich handelnden Subjkts deklariert, greift […] zu kurz. Sie übersieht, dass der Körper zur zentralen Quelle und Schaltstelle eines Subjekts geworden ist, das sich der

---

³⁵ Vgl. hierzu und im Folgenden Helmus, *Transhumanismus*, 309-315; Goertz, *Körper*, 69f.; Striet, *Natur*, 98; Bublitz, *Beichtstuhl*, 8.
³⁶ Vgl. Goertz, *Körper*, 75; Striet, *Natur*, 97-99; Bublitz, *Sehen*, 343f.; Hitzler, *Gestaltung*, 71-73.
³⁷ Vgl. Bublitz, *Archiv*, 176.

Lenkung durch ein normierendes Geflecht sozialer Regeln gerade dadurch entzieht, dass es sich selbst als gestaltbares Objekt begreift und sich dem Projekt einer Ästhetisierung der eigenen Existenz verschreibt."[38]

Die Frage nach der eigenen Identität, die Frage nach dem Selbst ist dabei untrennbar mit der Frage nach der eigenen Verkörperung und mit der Frage nach der eigenen Autonomie verbunden, gerade weil der Körper aufgrund seiner Materialität das sichtbare Zeichen ist, zu sein. Der Körper wird damit zum Austragungsort der „Selbst(er)findung"[39], weil er der Schauplatz der eigenen Diversität und Singularität ist.[40] In der grundsätzlichen Offenheit der eigenen Identität ist der Körper der „unhintergehbare Bezugspunkt einer Subjektbildung, die sich als unabschließbares Projekt begreift."[41]

Als materiales Moment der Subjektbildung sind der Körper und seine Möglichkeit zur Modifikation ein untrennbarer Teil einer kreativen und vor allem freiheitlichen Individuation. Und dies schließt Technik als Modifikationsmöglichkeit mit ein. In dieser Selbstgestaltung verwirklichen sich „Pflichten gegenüber sich selbst"[42], deren Ziel „sich auf Selbstaufklärung und Selbstbefreiung als eigentätigen, lebenspraktischen Prozeß"[43] richtet. Der Körper ist demnach nicht nur ein Produkt gesellschaftlicher Wirklichkeit, sondern gleichzeitig Produzent gesellschaftlicher Wirklichkeit.[44]

Hinzu kommt, dass das Verständnis des Menschen als autonomes Subjekt selbst einer historisch bedingten Konstruktion entstammt. Karin Harrasser warnt entsprechend ebenso richtig davor, dass nicht retrospektiv das autonome Subjekt verklärt und um „seinen Untergang [...] [gezittert werden soll]. Vielmehr geht es darum, im Horizont biotechnologischer Anthropotechniken Subjektivität als zwar gemacht und von Technologien besiedelt zu begreifen, sie aber nicht einem Determinismus auszuliefern. Denn die humanistischen Anthropotechniken haben die historisch spezifische Selbstwahrnehmung des Einzelmenschen als souverän, individuell, autonom erst hervorgebracht."[45]

---

[38] Dies., *Sehen*, 356f.
[39] Ebd., 353.
[40] Vgl. Goertz, *Körper*, 71f.; Bublitz, *Sehen*, 356f.
[41] Bublitz, *Sehen*, 351. Vgl. hierzu auch dies., *Archiv*, 175; Makropoulos, *Massenkultur*, 14.
[42] Beck, *Jenseits*, 56. Vgl. hierzu auch Bublitz, *Beichtstuhl*, 8; dies., *Maß*, 20.
[43] Beck, *Jenseits*, 56. Vgl. hierzu auch Bublitz, *Beichtstuhl*, 8.
[44] Vgl. Bublitz, *Sehen*, 343, 353f.; Hitzler, *Gestaltung*, 80; Goertz, *Körper*, 74.
[45] Harrasser, *Körper 2.0*, 101.

Im Angesicht von Technik – der Mensch als Produkt und Produzent 105

Wer zudem die Möglichkeit zur technischen Körpermodifikation ausschließlich als Verobjektivierung des Subjekts versteht, negiert die Freiheit des Subjekts selbst. „Die fortgesetzte Vermischung von Körpern und Maschinen ist kein Schicksal im Sinne einer evolutionären Logik, die auf eine restlose Tilgung des Biologischen hinausläuft."[46] Ferner zeigt sich in einer ablehnenden Haltung gegenüber technologischen Körpermodifikationen häufig die zugrundeliegende Annahme, dass der Körper etwas Natürliches sei, was es zu bewahren gilt. Hierbei wird übersehen, dass ‚die Natürlichkeit' des Körpers nicht existiert, Körpermodifikationen schon immer Teil von Selbsttechniken waren und derart Technik auch Zugang zur Welt ermöglicht.[47] „Es gibt keine Unmittelbarkeit des Körpers. Weder bildet er die ahistorische Basis von Kultur und Gesellschaft noch ist er in sich kohärent, also stimmig und eindeutig strukturiert. Vielmehr ist der Körper Ort und Produkt der Geschichte und ihrer körperlichen ‚Eindrücke'."[48] Hannelore Bublitz spricht in diesem Kontext davon, dass der Körper ein „natürlichkünstlicher"[49] ist.

Individuation ist damit ein historisch bedingtes relationales Geschehen im Austausch von Selbst- und Fremdbestimmung, welche im Körper vergegenwärtigt wird.[50] Das Begehren nach Technik zur Körpermodifikation stellt damit ein Mittel neben anderen Techniken dar, im Prozess der Individuation.

4. ZUM ABSCHLUSS – EIN AUSBLICK FÜR DEN THEOLOGISCHEN DISKURS

Aber welche Konsequenzen soll die Theologie aus dem bisher Gesagten ziehen? Was ist zu tun im Hinblick auf den Emanzipations- und Autonomiedrang des Subjekts und der daran anknüpfenden Frage nach einer möglichen technischen Veränderung des Körpers? Welche Rolle soll sie einnehmen und wie sich gegenüber Bewegungen wie dem Transhumanismus positionieren? Welche Bedeutung kommt einem technologischen Menschenbild auch mit Bezug zum christlichen Menschenbild zu?

---

[46] Ebd. Vgl. hierzu auch Bublitz, *Archiv*, 177.
[47] Vgl. Helmus, *Transhumanismus*, 314f.; Harrasser, *Körper 2.0*, 75-83.
[48] Bublitz, *Maß*, 23. Vgl. dazu auch dies., *Archiv*, 53.
[49] Dies., *Maß*, 33. Vgl. ebenso dies., *Archiv*, 129-151.
[50] Vgl. Harrasser, *Körper 2.0*, 12.

Festzuhalten ist, dass die voranschreitende Technologisierung der Gesellschaft das Menschenbild beeinflusst. Die Theologie wird dadurch herausgefordert, sich nicht nur gegenüber technologischen Menschenbildern, wie sie der Transhumanismus repräsentiert, verhalten zu können und kritisch Position zu beziehen. Sie ist auch dazu aufgefordert, sich der voranschreitenden Technologisierung und Digitalisierung der Anthropologie zu stellen und selbstreflexiv zu überdenken, ob dadurch Leerstellen innerhalb ihres eigenen Diskurses aufgedeckt werden. Zum Aufweis der gesellschaftlichen Relevanz der Theologie und insbesondere zu einer rationalen Glaubensverantwortung gehört es, sich den pluralen Selbst- und Weltdeutungen zuzuwenden, in denen sich der Mensch wiederfinden kann und u. a. derart auch die Kompatibilität mit der Moderne aufzuweisen.[51] Ein Chancen benennender und Grenzen setzender Dialog zwischen Selbst- und Weltdeutungen sollte hierbei die anthropologisch grundgelegte epistemische Bedingtheit sowie die Freiheit der Menschen berücksichtigen. Denn die Entscheidung, einer Selbst- und Weltdeutung zu folgen, ist ein Akt der Freiheit. Konfligieren zwei Deutungshorizonte miteinander, können sie zwar nicht harmonisiert werden, sie können aber, in dem Wissen um die eigene bedingte Verortung, als Standpunkt eines anderen wertgeschätzt und anerkannt werden.[52] So kann der Transhumanismus als kulturelle Hervorbringung einer technologisch zentrierten Selbst- und Weltdeutung verstanden werden, die Antworten auf die Frage ‚Was soll ich tun?' bzw. ‚Was darf ich hoffen?' gibt. Aber was bedeutet das konkret im Hinblick auf die dargestellten und diskutierten Momente?

Zunächst ein Resümee: Aufgrund der transhumanistischen Körperkritik, bisweilen sogar Körperfeindlichkeit, scheint der Körper eine eher marginale Rolle zu spielen. Allerdings täuscht dieser Eindruck. Die Kritik ist vielmehr eine Vergegenwärtigung und Auseinandersetzung, die den Körper als zentrales Moment in den Mittelpunkt rückt. Der Körper wird nicht aufgegeben, sondern ist der Austragungsort der eigenen Identität. Integriert in diese Suche ist ein Begehren nach Technik als Möglichkeit, den gegebenen Körper zu modifizieren und derart mit der (ersehnten) Selbstwahrnehmung in Einklang zu bringen. Technik wird damit zum Widersetzungsmittel gegen einen vermeintlich alternativlosen Körper. Mitnichten darf deshalb nur eine negative Kritik über das transhumanistische Menschen- und Körperbild thematisiert

---

[51] Vgl. Helmus, *Transhumanismus*, 13f; Breul, *Diskurstheoretische Glaubensverantwortung*, 12.
[52] Vgl. Bongardt, *Pluralität ohne Beliebigkeit*, 27; Helmus, *Transhumanismus*, 264.

werden. Die Kritik der Funktionalisierung, Objektivierung und Diskriminierung wird völlig zu Recht geäußert. Und dies ist auch kein Loblied auf den Transhumanismus oder auf jegliche beliebige Form von Enhancement. Es ist der Verweis darauf, dass der Transhumanismus völlig zugespitzt Themen eröffnet, die gesellschaftlich bereits Praxis sind und denen sich die Theologie stellen muss. Abseits medizinisch technologischer Veränderungen des Körpers ist zunehmend beobachtbar, wie das Begehren nach Technik steigt und derart die Subjektwerdung beeinflusst. Die Bildung der eigenen Identität ist ein relationales Geschehen, eingebettet in soziale, kulturelle und politische Strukturen, in denen sich die Subjektwerdung vollzieht. Das Emanzipations- und Autonomiestreben kann derart Machtdiskursen unterliegen, die aufgedeckt und kritisiert werden müssen.[53]

„Es wäre aber falsch, von einer solchen Kritik auf eine sich flächendeckend ausbreitende Unmündigkeit zu schließen. Das würde Subjekte zu handlungsunfähigen Opfern gesellschaftlicher Entwicklungen machen. Es ist angeraten, sich konkreten Weisen des Umgangs mit dem eigenen Körper vor Augen zu führen. Denn dann zeigt sich, dass dieser Umgang sowohl Momente von Selbstermächtigung als auch von Selbstunterwerfung kennt [...]. Reflexive Körperlichkeit stärkt die Autonomie des Subjekts."[54]

Und dies schließt das Begehren nach Technik mit ein. Die Bezogenheit auf Technik ist für das menschliche Selbstverständnis nichts Nachrangiges, sie ist vielmehr für dieses konstitutiv und kann neue Möglichkeiten auch im Hinblick auf das Körperbild erschließen.[55]

Eine Anerkennung von Seiten der Theologie öffnet auch nicht Tür und Tor für Beliebigkeit. Denn „[e]in Ja zu Technologien, [...] die Akzeptanz ihrer Präsenz innerhalb unserer Beziehungen muss nicht zwingend ein Ja zur Hypothese der Unvermeidbarkeit von *enhancement* und Selbststeigerung sein."[56]

Für einen Chancen benennenden und Grenzen setzenden Dialog besteht daher für die Theologie zunächst die Notwendigkeit, einen grundlegenden Diskurs darüber zu führen, welche christlichen Momente unaufgebbar sind, aber auch, welchen Topoi sie sich zuwenden kann, um zu einer kritisch anerkennenden Haltung zu gelangen. Fragen, die sie dabei beantworten muss, sind: Wie gelingt es, Subjekte in

---

53 Vgl. Helmus, *Transhumanismus*, 309-315.
54 Goertz, *Körper*, 86.
55 Vgl. Helmus, *Transhumanismus*, 284-292, 369-379.
56 Harrasser, *Körper 2.0*, 104.

ihrer Reflexivität und Verantwortlichkeit zu stärken, ohne dabei bevormundend selbst zu instrumentalisieren? Wie soll das zunehmende Begehren von technisch induzierten Körpermodifikationen mit z. B. einem „Engagement für die Rechte von Anderskörperlichen"[57] einhergehen? Theologie muss an einem funktionalisierten und verobjektivierten Menschenbild Kritik üben, darf dabei aber nicht stehen bleiben. Sie muss kritische Anfragen stellen und sich gleichfalls damit auseinandersetzen, ob ein technologisches Selbst- und Weltbild eines dieser *loci alieni* darstellt, die sie noch nicht berücksichtigt hat und derart die Möglichkeit bietet, sich den Menschen und der Welt in dieser Zeit zuzuwenden und zu einem tieferen (Selbst-)Verständnis zu gelangen.

Literatur

Beck, Ulrich, *Jenseits von Stand und Klasse?*, in: ders./Elisabeth Beck-Gernsheim (Hg.), In Riskante Freiheiten. Individualisierungen in modernen Gesellschaften, Frankfurt a. M. ⁹2015.

Bongardt, Michael, *Pluralität ohne Beliebigkeit. Ernst Cassirers Beitrag zum Dialog der Religionen*, in: Religionen unterwegs 20 (2014) 23-3222.

Bostrom, Nick, *The Transhumanist FAQ. A General Introduction*, unter: http://www.nickbostrom.com/views/transhumanist.pdf (abgerufen am 25.01.2022).

Ders., *Why I Want to be a Posthuman When I Grow Up*, unter: http://www.nickbostrom.com/posthuman.pdf (abgerufen am 25.01.2022).

Breul, Martin, *Diskurstheoretische Glaubensverantwortung. Konturen einer religiösen Epistemologie in Auseinandersetzung mit Jürgen Habermas* (Ratio fidei; 68); Regensburg 2019.

Bublitz, Hannelore, *Das Archiv des Körpers. Konstruktionsapparate, Materialitäten und Phantasmen*, Bielefeld 2018.

Dies., *Das Maß aller Dinge. Die Hinfälligkeit des (Geschlechts-)Körpers*, in: Birgit Riegraf/Dierk Spreen/Mehlmann Sabine (Hg.), Medien – Körper – Geschlecht. Diskursivierungen von Materialität, Bielefeld 2014, 19-36.

Dies., *Im Beichtstuhl der Medien – Konstitution des Subjekts im öffentlichen Bekenntnis*, in: ÖZS 39 (2014) 7-21.

Dies., *Sehen und Gesehenwerden – Auf dem Laufsteg der Gesellschaft. Sozial- und Selbsttechnologien des Körpers*, in: Gugutzer, Robert (Hg.), body

---

[57] Ebd., 53. Vgl. zur Ambivalenz gesellschaftlicher Bewertungen von Körpermodifikationen ebd.

turn. Perspektiven der Soziologie des Körpers und des Sports (Materialitäten; 2), Bielefeld 2006, 341–361.

Dickel, Sascha, *Steuerung oder Evolution? Enhancement als biopolitischer Konflikt*, in: Karl-Siegbert Rehberg (Hg.), Die Natur der Gesellschaft. Verhandlungen des 33. Kongresses der Deutschen Gesellschaft für Soziologie in Kassel 2006, Frankfurt/New York 2008, 2314-2325.

Dvorsky, George/Hughes, James, *Postgenderism. Beyond the Gender Binary*, unter: https://ieet.org/wp-content/uploads/2021/05/IEET-03-PostGender.pdf (abgerufen am 25.01.2022).

Goertz, Stephan, *Der Körper als praktische Wirklichkeit. Zur Soziologie des Körpers und ihrer theologischen Anschlussfähigkeit*, in: Freiburger Zeitschrift für Geschlechterstudien 21 (2015), 63-96.

Grunwald, Armin, *Umstrittene Zukünfte und rationale Abwägung. Prospektives Folgenwissen in der Technikfolgenabschätzung*, in: Theorie und Praxis 16 (2007), 54-63.

Harrasser, Karin, *Körper 2.0. Über die technische Erweiterbarkeit des Menschen*, Bielefeld 2013.

Helmus, Caroline, *Transhumanismus – der neue (Unter-)Gang des Menschen? Das Menschenbild des Transhumanismus und seine Herausforderung für die Theologische Anthropologie* (ratio fidei 72), Regensburg 2020.

Hitzler, Ronald, *Der Körper als Gegenstand der Gestaltung*, in: Kornelia Hahn/Michael Meuser (Hg.), Körperrepräsentationen. Die Ordnung des Sozialen und der Körper, Konstanz 2002, 71–85.

Hughes, James, *Citizen Cyborg. Why democratic societies must respond to the redesigned human of the future*, Cambridge, Mass. 2004.

Krüger, Oliver, *Virtualität und Unsterblichkeit. Gott, Evolution und die Singularität im Post- und Transhumanismus* (Litterae 123), 2. vollständig überarbeitete und erweiterte Auflage, Freiburg im Breisgau/Berlin/Wien 2004.

Loh, Janina, *Trans- und Posthumanismus zur Einführung*. 2., überarbeitete Aufl., Hamburg 2019.

Makropoulos, Michael, *Theorie der Massenkultur*, München/Paderborn, 2008.

Moravec, Hans P., *Mind children. The future of robot and human intelligence*, Cambridge ^{4}1988.

More, Max, *The Philosophy of Transhumanism*, in: ders./Natasha Vita-More (Hg.), The Transhumanist Reader. Classical and Contemporary Essays on the Science, Technology, and Philosophy of the Human Future, New York 2013, 3-17.

Ders., *Transhumanism. Towards a Futurist Philosophy*, in: Extropy 6 (1990), 6-12.

Olson, Nikki/Pellisier, Hank, *Artificial Wombs Will Spawn New Freedoms*, unter: https://archive.ieet.org/articles/olson20110526.html (abgerufen am 09.10.2017).

Ranisch, Robert, *Morality*, in: ders./Stefan Lorenz Sorgner (Hg.), Post- and transhumanism. An introduction (Beyond humanism; 1), Frankfurt am Main u. a. 2014, 149-172.

Rehmann-Sutter, Christoph, *Können und wünschen können*, in: Miriam Eilers/Katrin Grüber/Christoph Rehmann-Sutter (Hg.): Verbesserte Körper – gutes Leben? Bioethik, Enhancement und die Disability Studies (Praktische Philosophie kontrovers; 5). Frankfurt am Main 2012, 63-86.

Sorgner, Stefan Lorenz, *Transhumanismus – „die gefährlichste Idee der Welt"!?*, Freiburg/Basel/Wien 2016.

Striet, Magnus, *Von Natur aus Diskurs. Theologisches zur Kulturalität des Körperdiskurses*, in: Freiburger Zeitschrift für Geschlechterstudien 21 (2015), 97-109.

Thweatt-Bates, Jeanine, *Cyborg selves. A theological anthropology of the posthuman*, Farnham 2012.

Digitalisierung und Demokratie

Demokratie eingebettet in die digitale Welt
Eine sozialethische Suche nach Orientierung und das Konzept der *embedded democracy*

Alexandra Palkowitsch

1. EINLEITUNG: DER MEHRDIMENSIONALE ZUSAMMENHANG VON DEMOKRATIE UND DIGITALISIERUNG

Online abgehaltene Parteitage,[1] Debatten um die Verbannung bestimmter politischer Inhalte oder gar mancher Politiker*innen aus den sozialen Medien,[2] Hacker*innenangriffe auf demokratische Funktionsträger*innen,[3] die Verbreitung von Desinformationen über das Internet[4] oder Überlegungen zur Zerschlagung großer Technologie-Konzerne:[5] All das sind Phänomene der Gegenwart und sie alle verweisen auf die komplexe Relation von Digitalisierung und Demokratie – ein Zusammenhang, dessen sozialethische Untersuchungsbedingungen im Mittelpunkt dieses Beitrags stehen.

Dabei ist die zum Einstieg zusammengestellte Liste keineswegs eine vollständige oder systematische Aufzählung, die alle Dimensionen von Digitalisierung und Demokratie umfasst. Im Gegenteil: Viele weitere Beispiele sind bereits heute im Alltag erlebbar, manche davon werden schon in wenigen Jahren keine Rolle mehr spielen, andere wiederum völlig selbstverständlich sein und ganz neue Entwicklungen in Zukunft auftreten. Zu diesem Aspekt des schnellen Wandels kommt die Kom-

---

[1] Siehe hierzu z. B. Schuler/Otto, *Digitale Parteitage: Digital muss ja nicht schlechter sein.*
[2] Z. B. Pichler, *US-Präsident Trump endgültig von Twitter gesperrt.*
[3] Z. B. Leithäuser, *Berlin rügt Moskau für Cyberangriffe.*
[4] Z. B. Mackinger, *Wie Impfgegner in sozialen Medien mobilmachen.*
[5] Z. B. Hulverscheidt, *US-Techkonzerne: Abgeordnete wollen Monopole brechen.*

plexität der Demokratie selbst. Das Verhältnis von Demokratie und Digitalisierung ist damit als mehrdimensionaler Zusammenhang[6] zu verstehen, was es schwierig macht, die Orientierung zu behalten.

Nicht nur anhand der genannten Phänomene, sondern auch im wissenschaftlichen Diskurs wird deutlich, dass mit den rasanten Veränderungen im Bereich der Digitalisierung auch Veränderungen der Demokratie einhergehen.[7] Demokratie vollzieht sich in zum Teil ganz neuen Voraussetzungen. Dies verlangt nach einer Bedeutungseinschätzung und einer ethischen Einordnung: „Inwiefern spielen präsente Zusammentreffen eine wichtige Rolle für demokratische Prozesse?", „Welche strukturellen Maßnahmen sollen im Umgang mit online verbreiteten Falschmeldungen ergriffen werden?" oder „Wie können demokratische Institutionen ihre digitalen Angebote gelingend gestalten?" sind nur einige der sozialethischen Fragestellungen, die sich hier stellen.

Der vorliegende Beitrag möchte mit dem Rekurs auf das demokratietheoretische Konzept der *embedded democracy* einen möglichen Weg der sozialethischen Herangehensweise an solche Anfragen diskutieren. Dabei sollen nachfolgend zunächst einige Eckpunkte der Digitalisierung der Demokratie als sozialethisches Thema festgehalten werden (2). Anschließend soll die Frage geklärt werden, inwieweit hierbei vor allem ein Fokus auf das Paradigma der Öffentlichkeit gelegt wird (3), um danach das Konzept der *embedded democracy* vorzustellen (4) und für die sozialethische Auseinandersetzung mit Digitalisierung und Demokratie fruchtbar zu machen (5).

2. DEMOKRATIE IM DIGITALEN ZEITALTER ALS THEMA DER CHRISTLICHEN SOZIALETHIK

2.1 Verortung

Die Beschäftigung der Sozialethik mit Digitalisierung und Demokratie entspricht ihrem Anspruch, „sich konkreten Feldern gesellschaftlicher

---

[6] Die Komplexität der Demokratie wird nachfolgend unter Abschnitt 4 anhand des Konzeptes der *embedded democracy* analysiert. Der Begriff der Mehrdimensionalität ist diesem Entwurf entnommen und wird nun auf das Verhältnis von Demokratie und Digitalisierung erweitert, vgl. Merkel/Puhle/Croissant/Eicher/Thiery, *Defekte Demokratie. Band 1*, 14.

[7] Nicht vergessen werden sollte, dass umgekehrt demokratische Prozesse auch auf die Digitalisierung einwirken, vgl. die Überlegungen zur Ohnmacht unter 2.

Realität [zu]zuwenden und für diese relevant [zu] sein",[8] wie Ursula Nothelle-Wildfeuer in einem Aufsatz zu „Demokratie und Digitalisierung" schreibt. In Bezug auf die Zuwendung zur Realität der Demokratie kann die Sozialethik mittlerweile auf eine jahrzehntelange Tradition im Rahmen der Politischen Ethik blicken.[9] Auf Basis ihrer gegenwärtig breit vertretenen Grundüberzeugung, „dass es neben der Demokratie aktuell keine andere Herrschafts- oder Gesellschaftsform gibt, die die gleiche Würde aller Menschen und ihre Entfaltung in den Menschenrechten politisch-strukturell auf den Begriff bringen kann",[10] ist die Sozialethik an einer möglichst gerechten Ausgestaltung der Demokratie interessiert. Dabei ist sie zur Einschätzung der Demokratiequalität auf politikwissenschaftliche, demokratietheoretische Erkenntnisse angewiesen. Für eine politisch-ethische Zugangsweise[11] zu Digitalisierung und Demokratie bietet sich dementsprechend die Arbeit auf Grundlage eines demokratietheoretischen Konzeptes an.[12]

2.2 Sozialethische Leitgedanken

Für die soeben eingeordnete sozialethische Auseinandersetzung mit Demokratie und Digitalisierung im Rahmen der Politischen Ethik stellt

---

[8] Nothelle-Wildfeuer, *Demokratie und Digitalisierung*, 114 f.
[9] Für einen Überblick dazu, siehe: Riedl/Filipović, *Demokratie und Christliche Sozialethik*, wenngleich, wie Riedl und Filipović hier auf S. 219 anmerken, diese Hinwendung der Sozialethik zu demokratieethischen Themenstellungen dürftig ist.
[10] Zink/Fischer, *Zwischen Anspruch und Wirklichkeit*, 18.
[11] Alternativ dazu ebenfalls innerhalb der Sozialethik denkbar wären beispielsweise ein stärker technikethischer oder digitalisierungstheoretischer Zugang. Angemerkt sei, dass auch eine politisch-ethische Herangehensweise nicht ohne Verständigung über den Begriff der Digitalisierung auskommt, diese ist aber nicht der ordnende Ausgangspunkt, von dem aus das Feld betrachtet wird. Für den vorliegenden Beitrag wird auf eine intensive Auseinandersetzung mit Digitalisierungstheorien verzichtet, stattdessen wird ein eher pragmatischer Zugang gewählt: Begriffe wie Digitalisierung, digitale Transformation usw. werden synonym gebraucht. Sie bezeichnen die alle Gesellschaftsbereiche umwandelnden Veränderungsprozesse auf Basis digitaler Technologien bzw. ihre Durchdringung durch eben diese, vgl. Wilhelms/Wulsdorf, *Digitale Transformation*, 173, die für dieses weite Verständnis allerdings den Begriff der digitalen Transformation favorisieren. Als wichtige Stichdaten in der Demokratie-Digitalisierungs-Debatte werden u. a. die Obama-Kampagnen bei den US-Präsidentschaftswahlen (2008 und 2012), die Ereignisse des Arabischen Frühlings 2011 oder die Wahl von Donald Trump und das Brexit-Votum 2016 gesehen, siehe Moore, *Democracy Hacked*, x–xii. 58. 113f.
[12] Das entspricht der Vorgehensweise in diesem Beitrag, siehe Abschnitt 4 und 5.

sich überdies die Frage, ob es Leitgedanken gibt, die den Rückgriff auf demokratietheoretische Entwürfe und weitere wissenschaftliche Untersuchungen aus anderen Disziplinen prägen und begleiten können. Wie an der nachfolgenden Ausarbeitung deutlich werden soll, können als drei solcher Leitgedanken die folgenden angeführt werden: Verwobenheit von Demokratie und Menschenrechten (a), Anti-Ohnmacht (b), umfassender Blick (c).

(a) Das Verhältnis von Demokratie und Menschenrechten wird sozialethisch als das einer untrennbaren Verbundenheit aufgefasst.[13] Jede Demokratietheorie hat sich somit aus sozialethischer Perspektive immer (zumindest zum Teil) daran zu messen, inwiefern sie die Ermöglichung von Menschenrechten im Blick hat und sie menschenrechtliche Grundbestimmungen als der Demokratie gleichursprüngliche[14] Grundrechte versteht. Dazu gehört auch der Aspekt der Gewährleistung von Minderheitenschutz.[15]

(b) Zudem wehrt sich ein sozialethischer Zugang gegen eine aussichtslose Ohnmachtsperspektive. In Bezug auf die Digitalisierung wird also davon ausgegangen, dass es sich dabei „nicht einfachhin um eine Entwicklung oder ein Schicksal handelt, das über den Menschen kommt und dessen er sich nicht erwehren kann, das er auch in Bezug auf den Einfluss auf die Demokratie einfach hinzunehmen hätte."[16] Es geht darum, dass der digitale Raum nicht als gegeben hingenommen, sondern auf seine Form- und Regulierbarkeit gepocht wird. Wie Digitalisierung im Allgemeinen und im Besonderen in Bezug auf die Demokratie aussehen und wirken soll, kann und muss selbst wiederum in demokratischen Prozessen ausverhandelt werden. In ähnlicher Weise drücken dies auch Borucki et al.[17] aus, die meinen, dass die gegenwärtige Debatte insofern weitere Vertiefung bräuchte, als es nicht nur gilt,

---

[13] Vgl. Gabriel, *Ethik des Politischen*, 83.
[14] Merkel, *Eingebettete und defekte Demokratien*, 459.
[15] Vgl. Nothelle-Wildfeuer, *Demokratie und Digitalisierung*, 116.
[16] Nothelle-Wildfeuer, *Demokratie und Digitalisierung*, 116. Auch die Journalistin und Autorin Ingrid Brodnig wendet sich in ihrem beeindruckend breit zugänglichen und trotzdem tiefgründigen Buch eindringlich gegen das Ohnmachts-Motiv und bekräftigt dies durch die beiden abschließenden Kapitel, in welchen sie mit Gestaltungsmöglichkeiten sowohl für Einzelpersonen als auch die Gesellschaft aufwartet, siehe Brodnig, *Übermacht im Netz*.
[17] Vgl. Borucki/Michels/Marschall, *Die Zukunft digitalisierter Demokratie – Perspektiven für die Forschung*, 361 f.; Borucki/Michels/Marschall, *Die digitalisierte Demokratie. Ein Überblick*, 164 f.

die Wirkungen der Digitalisierung zu untersuchen, sondern sich auch der Frage nach ihrer Gestaltung zu stellen.[18]

(c) Wie zu Beginn dieses zweiten Abschnittes dargestellt, beschäftigt die Sozialethik eine gerechte Ausgestaltung der Demokratie unter digitalen Vorzeichen. In Bezug auf dieses Anliegen möchte sie zu einem möglichst umfassenden Bild der Lage gelangen und in der erwähnten Mehrdimensionalität keine wesentlichen ethischen Problemstellungen außer Acht lassen. Dazu ist sie zum einen auf inhaltlich tiefgehende Untersuchungen des Sachverhalts angewiesen, zum anderen aber auch auf einen systematisierenden Überblick. In den folgenden Absätzen soll deutlich werden, dass ein Hauptfokus der bisherigen Abhandlungen von Demokratie und Digitalisierung auf dem Stichwort „Öffentlichkeit" liegt. Im Sinne des Interesses an einer umfassenden Einordnung soll geklärt werden, inwieweit diese Perspektive durch andere Betrachtungsweisen Ergänzung finden könnte.

3. ÖFFENTLICHKEIT ALS WESENTLICHER *TEIL*ASPEKT

„Politische Öffentlichkeit ist wichtig für die Demokratie und sie wandelt sich"[19] – so fassen Martin Seeliger und Sebastian Sevignani die Kernaussage von Jürgen Habermas' 1962 publizierter These vom Strukturwandel der Öffentlichkeit zusammen, die den demokratietheoretischen Diskurs seither wesentlich mitbestimmte. Vor dem Hintergrund der Prägekraft dieser Überlegungen von Habermas ist es nicht verwunderlich, dass auch gegenwärtige Veränderungen der Demokratie, einschließlich solcher, die mit der Digitalisierung zusammenhängen, vor allem unter dem Stichwort „Öffentlichkeit" diskutiert werden.

Als ein (sehr prominentes) Beispiel dafür kann der der von Seeliger und Sevignani 2021 herausgegebene Sonderband der Zeitschrift „Leviathan" zum Thema „Ein neuer Strukturwandel der Öffentlichkeit"[20] gelten, an dessen Beginn der soeben zitierte Satz steht. Die Herausgeber

---

[18] Angemerkt sei noch, dass sowohl Nothelle-Wildfeuer als auch Brodnig betonen, dass nicht die Technik/das Internet/die Digitalisierung an sich bzw. aus sich heraus das Problem bzw. gut oder schlecht sind, sondern dass es auf den menschlichen Umgang damit ankommt, vgl. Brodnig, *Übermacht im Netz*, 19; Nothelle-Wildfeuer, *Demokratie und Digitalisierung*, 116. Bei Aussagen wie diesen ist Vorsicht angebracht, scheinen sie doch moralische Neutralität von Technik anzudeuten, hierzu: Grunwald/Hillerbrand, *Überblick über die Technikethik*, 3.
[19] Seeliger/Sevignani, *Zum Verhältnis von Öffentlichkeit und Demokratie*, 9.
[20] Seeliger/Sevignani, *Ein neuer Strukturwandel der Öffentlichkeit*.

stellen darin fest, dass zeitgenössische Untersuchungen zur konstatierten Krise der Demokratie diese übereinstimmend (zumindest implizit) im Rahmen einer nicht funktionsfähigen Öffentlichkeit diskutieren. Ihr Ausgangspunkt ist also, dass sich die „unterschiedlichen Krisendiagnosen real existierender (westlich liberaler) Demokratien [...] als Verweis auf einen Strukturwandel politischer Öffentlichkeit interpretieren"[21] lassen. Sie gehen davon aus, dass nach dem ersten Strukturwandel, in welchem sich die bürgerliche Öffentlichkeit herausbildete (18. Jahrhundert), und dem zweiten Strukturwandel, wo eben diese wieder zerfiel (beginnt im Laufe des 19. Jahrhunderts), über Habermas' Analyse hinaus gegenwärtig ein dritter Strukturwandel zu beobachten ist. Diesem wollen sie in ihrem Band genauer nachgehen, wobei sie der Auffassung sind, dass er sich anhand von drei Dimensionen analysieren lässt: Durch die *Globalisierung* wandelt sich der *sozialräumliche Referenzrahmen*. Die Veränderungen der *ökonomischen Rahmenbedingungen* sind durch eine anwachsenden *Kommodifizierung des Sozialen* gekennzeichnet und durch die *Digitalisierung* werden die die *technischen Verbreitungsmedien* modifiziert. Wie ambivalent der neue Strukturwandel der Öffentlichkeit ist, zeigt sich nach Seeliger und Sevignani besonders in der letzten Dimension. So sei mit den stark erweiterten Publikationsmöglichkeiten für Einzelpersonen durch die Digitalisierung einerseits das Potential verknüpft, zu einem repräsentativeren Abbild politischer Anliegen zu gelangen, andererseits wird öffentliche Kommunikation dadurch auch deutlich komplexer und (möglicherweise außerdem) fragmentierter.[22]

Mit seinem Fokus auf den Begriff der Öffentlichkeit bei der Untersuchung von Wandlungserscheinungen der Demokratie kann der vielbeachtete Sammelband auf Linie mit den meisten Analysen von Demokratie und Digitalisierung gesehen werden. Daniel Jacob und Thorsten

---

[21] Seeliger/Sevignani, *Zum Verhältnis von Öffentlichkeit und Demokratie*, 17.
[22] Vgl. Seeliger/Sevignani, *Zum Verhältnis von Öffentlichkeit und Demokratie*, 17–21. 33. Dass Seeliger und Sevignani in Bezug auf das Verhältnis von Demokratie und Digitalisierung auf Öffentlichkeit fokussieren, ist aufgrund ihres Ausgangspunkts keineswegs verwunderlich und soll ihrem Sammelband hier auch nicht vorgeworfen werden. Die Veränderungen der Demokratie sind in ihrer Perspektive primär durch einen Strukturwandel der Öffentlichkeit bestimmt und die Digitalisierung ist „nur" eines von drei Phänomenen, anhand derer sich dieser nachvollziehen lässt. Steht allerdings die Frage von Demokratie und Digitalisierung im Mittelpunkt und soll diese mithilfe der Demokratietheorie der *embedded democracy* untersucht werden, erweitert sich der Blick, wie in den folgenden Absätzen erläutert wird.

Thiel bestätigen diese Annahme in ihrem Überblick über die im deutschen Sprachraum entstandene bzw. intensiv rezipierte politiktheoretische Forschung zur Digitalisierung. Sie zeigen auf, dass bisher eben genau die mit der Digitalisierung verbundenen Veränderungen der *Öffentlichkeit* besonders intensiv demokratietheoretisch erforscht wurden. Sie stellen aber auch fest, dass es darüber hinaus weitere Themen gibt, mit welchen sich die politiktheoretische Forschung in Bezug auf Demokratie und Digitalisierung auseinandersetzt. Dazu nennen sie die Debatten um neue Formen der Partizipation und des zivilen Ungehorsams. Hier stellt sich die Frage, inwiefern diese bloß altbekannte Strategien verbessern oder vielmehr einen grundlegenderen Wandel der Organisation von kollektiven politischen Aktionen bedeuten. Andere Diskussionen handeln von Privatheit als grundlegender Voraussetzung von politischem Handeln. Ihre Bedeutung ist durch die umfangreichen Instrumente digitaler Überwachung neu zu bedenken. Jacob und Thiel nehmen außerdem ein Forschungsfeld wahr, dass sich mit den ökonomischen Veränderungen und ihren Rückwirkungen auf die Demokratie beschäftigt. Sie sind beispielsweise von Monopolen großer Digitalunternehmen und dem neuen ökonomischen Interesse an Daten gekennzeichnet. Schließlich sehen die beiden Forscher einen eher kleineren Diskurs um Staatlichkeit und Souveränität, der u. a. Fragestellungen zur staatlichen Ordnungsansprüchen angesichts des globalen Cyberspace behandelt.[23]

Anhand der Aufsätze von Seeliger/Sevignani und Jacob/Thiel wurde deutlich, dass der Wandel der Öffentlichkeit ein wesentlicher Aspekt der digitalisierungsinduzierten Veränderung von Demokratie ist. Es wurde aber auch sichtbar, dass sich die Forschung um Demokratie und Digitalisierung thematisch nicht darin erschöpfen kann. Bereits in bisherigen Untersuchungen standen auch andere Gesichtspunkte zur Diskussion. In Abwandlung des am Beginn dieses dritten Abschnittes zitierten Satzes von Seeliger und Sevignani, kann also festgehalten werden, dass nicht *nur* politische Öffentlichkeit für die Demokratie wichtig ist und sich mit der Digitalisierung *auch* andere notwendige Bedingungen der Demokratie wandeln. Öffentlichkeit ist insofern „nur" ein *Teil*aspekt der Debatte, wenn auch ein wesentlicher.

Wenn es im Interesse der Sozialethik ist, sich einen umfassenden Überblick zu verschaffen (vgl. Abschnitt 2), dann kann es spannend

---

[23] Vgl. Jacob/Thiel, *Einleitung: Digitalisierung als politisches Phänomen*, 11–17.

sein, auch ihre Perspektive zu weiten und möglichst viele Wechselwirkungen zwischen Demokratie und Digitalisierung zu berücksichtigen. Es ist wichtig, dabei systematisch vorzugehen. Wie noch zu zeigen sein wird, könnte der Entwurf der *embedded democracy* dazu einen Beitrag leisten (siehe Abschnitt 4 und 5). Wichtig festzuhalten ist, dass dabei keineswegs die enge Verklammerung von Demokratie und Öffentlichkeit angezweifelt wird, sondern nach darüber hinausgehenden Aspekten Ausschau gehalten werden soll. Es handelt sich also um ein inklusives Vorgehen, bei dem die „Digitalisierung und Öffentlichkeit"-Debatte als Teildebatte verstanden wird.[24]

4. EMBEDDED DEMOCRACY

4.1 Hintergründe der Entwicklung des Konzeptes und Rezeption

Das Konzept der *embedded democracy* ist im Rahmen eines Forschungsprojektes zur Analyse defekter Demokratien entstanden und im Jahr 2003 publiziert worden.[25] An der Veröffentlichung beteiligt waren Wolfgang Merkel und Hans-Jürgen Puhle als Leiter der Forschungsgruppe sowie Aurel Croissant, Claudia Eicher und Peter Thiery. In Bezug auf die über die Urheber*innen hinausgehende Rezeption der *embedded democracy* lohnt sich ein Blick in demokratietheoretische Überblickswerke. In einem 2016 erschienen Sammelband zu zeitgenössischen Demokratietheorien wird das Konzept unter der Überschrift „Eingebettete und defekte Demokratien" als einer von 17 empirischen

---

[24] Dieses Vorgehen ergibt sich auf Basis der Demokratietheorie der *embedded democracy*, in welcher Öffentlichkeit einem von fünf Teilregimen zugeordnet wird. Eine solche Herangehensweise ist nicht zwingend und man würde bei Bezugnahme auf beispielsweise ein deliberatives Demokratieverständnis anders verfahren. Das wird u. a. daran deutlich, dass im Sammelband von Seeliger/Sevignani auch einige der von Jacob/Thiel besprochenen zusätzlichen Forschungsfelder diskutiert werden, dies allerdings stets mit Bezug zur Öffentlichkeit.

[25] Merkel/Puhle/Croissant/Eicher/Thiery, *Defekte Demokratie. Band 1*. Es wurde von den Autor*innen auch in späteren Veröffentlichungen aufgegriffen, z. B. in Croissant, *Analyse defekter Demokratien*; Merkel, *Embedded and defective democracies*; Merkel, *Eingebettete und defekte Demokratien*; Merkel, *Demokratiekrisen*; Puhle, ›*Embedded Democracy*‹ *und* ›*Defekte Demokratien*‹.

Entwürfen der Gegenwart besprochen.[26] In einer Festschrift für Wolfgang Merkel wird auf die prägende Kraft der Begriffe *embedded democracy* und defekte Demokratie sowie auf die starke Rezeption und kritische Würdigung dieser miteinander entstandenen Konzepte hingewiesen.[27] Ihre Relevanz dürfte auch auf ihre Bedeutung als Grundlage bzw. Kontextbereitstellung für die empirische Demokratiemessung im Rahmen des Bertelsmann Transformation Index sowie des Demokratiebarometers zurückzuführen sein.[28] Besonders spannend für den vorliegenden Kontext ist, dass in Bezug auf die Frage der Demokratie unter digitalen Vorzeichen ebenfalls bereits auf das Konzept zurückgegriffen wurde: Gary S. Schaal et al. verwenden es als Basis für ihre Überlegungen zu Demokratiemessung im Zeitalter der Digitalisierung.[29]

4.2 Verortung

Wie Wolfgang Merkel ausführt, versteht sich *embedded democracy* als Konzept und damit zwar als theoretisches Konstrukt, aber nicht im strengen Sinn als Theorie. Stattdessen möchte es eine Brückenfunktion zwischen Theorie und empirischer Forschung einnehmen, indem es die Abstraktion und normative Komplexität ersterer reduziert und so für empirische Untersuchungen nutzbar macht. Es baut also auf gewissen Demokratietheorien auf und arbeitet zugleich Erkenntnisse aus der empirischen Untersuchung von Demokratien ein. In Bezug auf die Theorieebene verortet es sich als mittleres Modell, das im Gegensatz zu minimalistischen Demokratie-Entwürfen nicht primär auf den Aspekt der Wahlen fokussiert, sondern Rechtsstaatlichkeit als Kernelement von Demokratie inkludiert. Im Unterschied zu maximalistischen Modellen

---

[26] Vgl. Lembcke/Ritzi/Schaal, *Zeitgenössische Demokratietheorie*. Die Autor*innen merken an, dass sie mit der Unterteilung in normative und empirische demokratietheoretische Ansätze an eine lange Tradition in den Politikwissenschaften anknüpfen, diese Trennung aber nur selten eindeutig ist und sie deshalb nach dem Schwerpunkt der einzelnen Entwürfe unterscheiden, Lembcke/Ritzi/Schaal, *Zeitgenössische empirische Demokratietheorie: Eine Einführung*, 7. In Manfred G. Schmidts Gesamtdarstellung findet die *embedded democracy* nur knappe Erwähnung, vgl. Schmidt, *Demokratietheorien*, 379.
[27] Vgl. Croissant/Kneip/Petring, *Einleitung*, 13.
[28] Vgl. Lauth, *Möglichkeiten und Grenzen der Demokratiemessung*, 516. An beiden Projekten war Merkel beteiligt, siehe Croissant/Kneip/Petring, *Einleitung*, 7 f.
[29] Schaal/Helbig/Fleuß, *Measuring Democracy in the Age of Digitalization*.

schließt es die Entscheidungen von Demokratien und deren Folgen, also die Output-Dimension, nicht in die Demokratiedefinition ein.[30]

Aus der Entstehungsgeschichte des Konzeptes wird deutlich, dass im Hintergrund das Ziel stand, real existierende defekte Demokratien besser verstehen zu können. Die *embedded democracy* „generalisiert und systematisiert all jene zentralen Verfahren und Funktionen der Demokratie, die notwendig sind, um von einer voll entwickelten Demokratie sprechen zu können."[31] Von einer defekten Demokratie ist dann die Rede, wenn diese wesentlichen Teile von Demokratie fehlen, wobei durch die im Entwurf der *embedded democracy* vorgenommene Systematisierung der konstitutiven Bestände – sie werden Teilregime genannt – unterschiedliche Formen der defekten Demokratie klassifiziert werden können. Somit wird die *embedded democracy* als Basiskonzept (oder *root concept*) der Demokratie verstanden.[32]

4.3 Die fünf Teilregime der embedded democracy sowie ihre externe Einbettung

Im Konzept der *embedded democracy* wird Demokratie als mehrdimensionale politische Ordnung verstanden und in fünf Teilregime untergliedert: das Wahlregime, die politischen Teilhaberechte (öffentliche Arena), die bürgerlichen Freiheitsrechte, die horizontale Gewaltenkontrolle sowie die effektive Regierungsgewalt.[33] Ihre wesentlichen Kennzeichen sollen nachfolgend skizziert werden:[34]

(1) Das Wahlregime hat die Funktion, den Zugang zu den zentralen Positionen der staatlichen Herrschaft nur über periodische, freie, allgemeine, gleiche und faire Wahlen zu ermöglichen.

(2) Das Teilregime der politischen Teilhaberechte (die öffentliche Arena) wird institutionell u. a. durch die Rechte auf Meinungs- und Redefreiheit sowie das Demonstrations- und Petitionsrecht abgesichert und zielt darauf ab, dass Bürger*innen ihre Präferenzen formulieren und präsentieren können und kollektive Prozesse der Meinungs- und Willensbildung stattfinden.

---

[30] Vgl. Merkel, *Eingebettete und defekte Demokratien*, 456–459.
[31] Merkel, *Eingebettete und defekte Demokratien*, 456.
[32] Vgl. Merkel, *Eingebettete und defekte Demokratien*, 456. 459.
[33] Vgl. Merkel/Puhle/Croissant/Eicher/Thiery, *Defekte Demokratie. Band 1*, 14. 50.
[34] Vgl. Merkel/Puhle/Croissant/Eicher/Thiery, *Defekte Demokratie. Band 1*, 50–56.

(3) Die bürgerlichen Freiheitsrechte dienen dem Schutz der Bürger*innen gegenüber dem Staat, aber auch gegenüber privaten Kräften. Sie limitieren freiheitsgefährdende Eingriffe von gewählten Gesetzgeber*innen und unterliegen als Grundrechte nicht der uneingeschränkten Verfügbarkeit von Mehrheitsentscheidungen.

(4) Bei der horizontalen Gewaltenkontrolle geht es um die Unterscheidung von Legislative, Exekutive und Judikative, die unabhängig voneinander agieren und sich gegenseitig kontrollieren. Zentral für eine funktionierende Demokratie ist besonders, dass die Judikative legislative und exekutive Entscheidungen rechtlich kontrolliert.

(5) Das Teilregime der effektiven Regierungsgewalt zielt schließlich darauf ab, dass Kräfte, die keiner demokratischen Verantwortlichkeit unterliegen, nicht über bestimmte Politikbereiche verfügen dürfen. Gewählte Amtsträger*innen müssen in diesen Bereichen die tatsächliche Macht haben, sie darf nicht beispielsweise beim Militär liegen.

Diese Aufteilung in die einzelnen Regime bzw. deren Interdependenz und Independenz wird von Merkel et al. als „interne Einbettung" bezeichnet: Die einzelnen Regime sind teilweise voneinander unabhängig und müssen auch vor Eingriffen durch die anderen geschützt werden, also darf z. B. das Folterverbot (Teilregime 3) nicht abgewählt (Teilregime 1) werden. Andererseits sind sie miteinander verflochten und beispielsweise ohne politische Partizipationsrechte (Teilregime 2) verkommen „freie" Wahlen (Teilregime 1) zu einer Farce."[35]

Zusätzlich dazu gehen Merkel et al. von einer externen Einbettung der Demokratie aus. Sie ermöglicht oder verunmöglicht ein demokratisches „Gesamtregime" bzw. verbessert oder verschlechtert die Demokratiequalität, ist aber selbst nicht definierender Teil der Demokratie. Als wichtigste Faktoren der externen Einbettung werden der sozioökonomische Kontext (prosperierende, Ungleichheit vermeidende Wirtschaft), eine gereifte Zivilgesellschaft sowie die internationale und regionale Integration genannt. Letztere wird dann als besonders demokratieförderlich verstanden, wenn sie nicht nur aus ökonomischen oder sicherheitspolitischen Interessen erfolgt und an demokratische und rechtsstaatliche Grundsätze gebunden ist.[36]

---

[35] Merkel, *Eingebettete und defekte Demokratien*, 464.
[36] Merkel, *Eingebettete und defekte Demokratien*, 465–468.

5. DAS KONZEPT DER *EMBEDDED DEMOCRACY* ALS GRUNDLAGE FÜR EINE SOZIALETHISCHE AUSEINANDERSETZUNG MIT DIGITALISIERUNG UND DEMOKRATIE

Soll nun das Konzept der *embedded democracy* als Grundlage für eine politisch-ethische Untersuchung der Sozialethik zum Verhältnis von Digitalisierung und Demokratie dienen, so lässt sich anhand der unter Abschnitt 2 genannten Leitlinien überlegen, welche Chancen mit einem solchen Vorgehen verbunden wären.

Unter dem Stichwort der Verwobenheit von Demokratie und Menschenrechten wurde herausgestellt, dass aus sozialethischer Perspektive stets die untrennbare Zusammengehörigkeit von Demokratie und Menschenrechten mitzubedenken ist. Das Konzept der *embedded democracy* macht diese Auffassung ebenfalls stark, indem es mithilfe der verschiedenen Teilregime menschenrechtliche Grundbedingungen in die Demokratiedefinition einbaut. Es braucht „die Einbettung freier Wahlen in garantierte Menschen-, Grund- und Bürgerrechte, die demokratisch legitimierte Genese gesamtgesellschaftlich verbindlicher Normen und die wechselseitige Verschränkung und Kontrolle von Exekutive, Legislative und Judikative"[37], um von einer liberalen, rechtsstaatlichen Demokratie sprechen zu können. Die Arbeit mit dem Konzept in der Auseinandersetzung mit der Digitalisierung ermöglicht es, Menschenrechtsbedrohungen durch die digitale Transformation systemimmanent in ihren Auswirkungen auf die Demokratie zu beurteilen.

Die Abwehr einer alles bestimmenden Ohnmachtsperspektive ist nicht zwingend mit dem Konzept der *embedded democracy* verbunden. Auch hier gibt es allerdings Anknüpfungspunkte. Es dient ja als Basis für die Analyse und Klassifikation von defekten Demokratien und verortet sich damit in der Transformationsforschung. Als solches ist es Ausgangspunkt für die Betrachtung von Entwicklungen defekter Demokratien hin zu liberalen, rechtsstaatlichen Demokratien (oder zur autoritären Herrschaft). Es liegt hier also Expertise dazu vor, welche Adaptionen vorzunehmen sind, um zu einer demokratischeren Ordnung zu gelangen. Auf diese kann auch bei der Frage nach der demokratischen Gestaltung von Digitalisierung zurückgegriffen werden.[38]

Zu guter Letzt eignet sich das Konzept hervorragend dazu, einen umfassenden Blick auf das Verhältnis von Demokratie und Digitalisierung

---

[37] Merkel, *Eingebettete und defekte Demokratien*, 459.
[38] Merkel/Puhle/Croissant/Eicher/Thiery, *Defekte Demokratie. Band 1*, 13. 293.

zu werfen. Es möchte ursprünglich „ein Raster bereitstellen, das es erlaubt, sowohl den Status quo wie auch den Entwicklungsverlauf konkreter demokratischer Systeme empirisch systematisch zu diagnostizieren."[39] Dieses Raster kann auch im digitalen Zeitalter verwendet werden, um so den primären Fokus auf Öffentlichkeit zu erweitern, bisher übersehene ethische Herausforderungen zu detektieren sowie die unterschiedlichen politisch-ethischen Debatten zum Thema zu systematisieren und ordnen.

Insgesamt erweist sich das Konzept also für die sozialethische Analyse von Demokratie und Digitalisierung als tragfähig und kann mithilfe seinem die Perspektive erweiternden Ansatz auch wichtige Impulse für andere Herangehensweisen an das Thema geben. Es bietet ein Grundgerüst und lädt ein, davon ausgehend die sozialethische Orientierungssuche angesichts der in eine digitale Welt eingebetteten Demokratie zu vertiefen.

Literatur

Borucki, Isabelle/Michels, Dennis/Marschall, Stefan, *Die digitalisierte Demokratie. Ein Überblick*, in: ZPol (Zeitschrift für Politikwissenschaft) 30 (2020), 163–169.

Borucki, Isabelle/Michels, Dennis/Marschall, Stefan, *Die Zukunft digitalisierter Demokratie – Perspektiven für die Forschung*, in: ZPol (Zeitschrift für Politikwissenschaft) 30 (2020), 359–378.

Brodnig, Ingrid, *Übermacht im Netz. Warum wir für ein gerechtes Internet kämpfen müssen*, Wien 2019.

Croissant, Aurel, *Analyse defekter Demokratien*, in: Schrenk, Klemens H./Soldner, Markus (Hg.), Analyse demokratischer Regierungssysteme, Wiesbaden 2010, 93–114.

Croissant, Aurel/Kneip, Sascha/Petring, Alexander, *Einleitung*, in: Croissant, Aurel/Kneip, Sascha/Petring, Alexander (Hg.), Demokratie, Diktatur, Gerechtigkeit, Wiesbaden 2017, 1–33.

Gabriel, Ingeborg, *Ethik des Politischen. Grundlagen - Prinzipien - Konkretionen*, Würzburg 2020.

Grunwald, Armin/Hillerbrand, Rafaela, *Überblick über die Technikethik*, in: Grunwald, Armin/Hillerbrand, Rafaela (Hg.), Handbuch Technikethik, Berlin 22021, 3–12.

---

[39] Merkel, *Eingebettete und defekte Demokratien*, 456.

Hulverscheidt, Claus, *US-Techkonzerne: Abgeordnete wollen Monopole brechen*, unter: https://www.sueddeutsche.de/wirtschaft/usa-tech-monopole-apple-google-amazon-facebook-1.5320845 (abgerufen am 20.01.2022).

Jacob, Daniel/Thiel, Thorsten, *Einleitung: Digitalisierung als politisches Phänomen*, in: Jacob, Daniel/Thiel, Thorsten (Hg.), Politische Theorie und Digitalisierung, Baden-Baden 2017.

Lauth, Hans-Joachim, *Möglichkeiten und Grenzen der Demokratiemessung*, in: Zeitschrift für Staats- und Europawissenschaften 8 (2010), 498–529.

Leithäuser, Johannes, *Berlin rügt Moskau für Cyberangriffe. Attacken auf Abgeordnete*, unter: https://www.faz.net/aktuell/politik/bundestagswahl/deutschland-beschwert-sich-bei-russland-ueber-cyberangriffe-17523627.html (abgerufen am 20.01.2022).

Lembcke, Oliver W./Ritzi, Claudia/Schaal, Gary S. (Hg.), *Zeitgenössische Demokratietheorie*, Wiesbaden 2016.

Lembcke, Oliver W./Ritzi, Claudia/Schaal, Gary S., *Zeitgenössische empirische Demokratietheorie: Eine Einführung*, in: Lembcke, Oliver W./Ritzi, Claudia/Schaal, Gary S. (Hg.), Zeitgenössische Demokratietheorie, Wiesbaden 2016, 7–20.

Mackinger, Christof, *Wie Impfgegner in sozialen Medien mobilmachen*, unter: https://www.derstandard.at/story/2000123312527/wie-impfgegner-in-sozialen-medien-mobil-machen (abgerufen am 20.01.2022).

Merkel, Wolfgang, *Embedded and defective democracies*, in: Democratization 11 (2004), 33–58.

Merkel, Wolfgang, *Eingebettete und defekte Demokratien*, in: Lembcke, Oliver W./Ritzi, Claudia/Schaal, Gary S. (Hg.), Zeitgenössische Demokratietheorie, Wiesbaden 2016, 455–484.

Merkel, Wolfgang, *Demokratiekrisen*, in: Bösch, Frank/Deitelhoff, Nicole/Kroll, Stefan (Hg.), Handbuch Krisenforschung, Wiesbaden 2020, 111–133.

Merkel, Wolfgang/Puhle, Hans-Jürgen/Croissant, Aurel/Eicher, Claudia/Thiery, Peter, *Defekte Demokratie. Band 1: Theorie*, Wiesbaden 2003.

Moore, Martin, *Democracy Hacked. Political Turmoil and Information Warfare in the Digital Age*, London 2018.

Nothelle-Wildfeuer, Ursula, *Demokratie und Digitalisierung – christliche Ethik als herausfordernde Einmischung*, in: Knillmann, Roland/Reitemeyer, Michael (Hg.), Menschliche Gesellschaft 4.0. (Christliche)

Beiträge zum Digitalen Wandel, Freiburg im Breisgau 2020, 114–124.

Pichler, Georg, *US-Präsident Trump endgültig von Twitter gesperrt*, unter: https://www.derstandard.at/story/2000123160323/us-praesident-trump-endgueltig-von-twitter-gesperrt (abgerufen am 20.01.2022).

Puhle, Hans-Jürgen, ›*Embedded Democracy*‹ *und* ›*Defekte Demokratien*‹: *Probleme demokratischer Konsolidierung und ihrer Teilregime*, in: Beisheim, Marianne/Schuppert, Gunnar Folke (Hg.), Staatszerfall und Governance, Baden-Baden 2007, 122–143.

Riedl, Anna Maria/Filipović, Alexander, *Demokratie und Christliche Sozialethik. Demokratie als Thema der deutschsprachigen katholischen Sozialethik nach 1945 - ein Literaturüberblick*, in: Jahrbuch für Christliche Sozialwissenschaften 54 (2013), 199–225.

Schaal, Gary S./Helbig, Karoline/Fleuß, Dannica, *Measuring Democracy in the Age of Digitalization. Theoretical Issues, Methodological Concerns, and Exemplary Solutions*, unter: https://ecpr.eu/Filestore/paperproposal/a626c9f8-3964-4f33-a917-8ff66e208101.pdf (abgerufen am 21.10.2020).

Schmidt, Manfred G., *Demokratietheorien. Eine Einführung*, Wiesbaden 62019.

Schuler, Katharina/Otto, Ferdinand, *Digitale Parteitage: Digital muss ja nicht schlechter sein*, unter: https://www.zeit.de/politik/deutschland/2020-11/digitale-parteitage-corona-digitalisierung-csu-die-gruenen/seite-2 (abgerufen am 20.01.2022).

Seeliger, Martin/Sevignani, Sebastian (Hg.), *Ein neuer Strukturwandel der Öffentlichkeit?* (= Sonderband Leviathan 37), Baden-Baden 2021.

Seeliger, Martin/Sevignani, Sebastian, *Zum Verhältnis von Öffentlichkeit und Demokratie. Ein neuer Strukturwandel?*, in: Seeliger, Martin/Sevignani, Sebastian (Hg.), Ein neuer Strukturwandel der Öffentlichkeit? (= Sonderband Leviathan 37), Baden-Baden 2021, 9–39.

Wilhelms, Günter/Wulsdorf, Helge, *Digitale Transformation. Sozialethische Überlegungen zu einem „Zeichen der Zeit"*, in: Ethica 25 (2017), 167–188.

Zink, Sebastian/Fischer, Luisa, *Zwischen Anspruch und Wirklichkeit. Sozialethische Perspektiven auf das Verhältnis von Demokratie und Partizipation*, in: Fischer, Luisa/Zink, Sebastian/Wahl, Stefanie A./Henkel, Christian (Hg.), Demokratie und Partizipation im 21. Jahrhundert (= Forum Sozialethik 17), Münster 2016, 17–41.

Das digitale Subjekt
Das Zusammenleben im digitalen Raum und eine neue Konstruktion des Selbst

Sebastian Dietz

Es gibt wohl kaum eine gesellschaftliche Handlungssphäre, die von Digitalisierung unberührt bleibt. Der Begriff bezeichnet nicht nur die Entwicklung und fortschreitende Implementierung neuer technischer und technologischer Verfahren, sondern auch die gesellschaftlichen Veränderungen, die sich entweder als Konsequenz aus diesen Verfahren bzw. ihrer (potenziellen) Einführung ergeben oder die Voraussetzung und das Modell der technischen Entwicklung bilden. Prozesse der Digitalisierung verändern die Bedingungen und Vollzugsweisen unseres Zusammenlebens und fordern daher die normative Praxis ebenso wie die ethische Theoriebildung heraus.

Dieser Beitrag argumentiert dafür, dass eine dieser Herausforderungen darin besteht, dass grundlegende Begriffe unter den Voraussetzungen der Digitalität anders verstanden werden oder um neue Begriffe ergänzt werden müssen, um ihre heuristische Kraft behalten zu können. Konkret steht hier der Begriff des Subjekts im Fokus. Ich vertrete die These, dass im digitalen Raum eine neue, eigenständig zu denkende Form der Subjektivität entstanden ist, die sich ausgehend von Foucault beschreiben lässt. Der digitale Raum wird gewissermaßen „bevölkert" von digitalen Subjekten, die zwar in Wechselbeziehungen mit natürlichen Personen stehen, aber von ihnen zu unterscheiden sind. Ethische Reflexion muss diese Unterscheidung wahr- und ernstnehmen, um die sozialen Beziehungen unter Einbezug des digitalen Raums angemessen verstehen zu können.

In einem ersten Schritt werde ich darlegen, wie das digitale Subjekt rekonstruiert werden kann und inwiefern die Rede von einem Subjekt in diesem Kontext angemessen ist (1.). Im Anschluss daran soll das Verhältnis zwischen dem digitalen Subjekt und der natürlichen Person beleuchtet werden (2.). Die Überlegungen hierzu bauen auf einem im europäischen Recht bereits vorhandenen Konzeption von „digitalen Personen" auf, welche hierfür knapp dargestellt wird (2.1). Ausgehend davon sollen die Fragen geklärt werden, inwiefern sich digitale Subjekte von der Subjektivität natürlicher Personen unterscheidet (2.2), als auch die, welcher Zusammenhang dennoch zwischen beiden besteht (2.3). Abschließend möchte ich auf einige Konsequenzen für die ethische Reflexion hinweisen, die sich daraus ergeben, digitale Subjekte als in gewisser Weise eigenständige Formen von Subjektivität aufzufassen (3.).

Wenn ich in diesem Beitrag vom „digitalen Raum" spreche, so ist das als Sammelbegriff für die Gesamtheit der interaktiven Dienste, Foren und Plattformen des Internets zu verstehen. Das beinhaltet insbesondere Social-Media-Plattformen, aber auch andere Dienste und Bereiche, in denen Nutzer:innen mit anderen Akteur:innen in Kommunikations- und Interaktionsbeziehungen treten.

1. DAS DIGITALE SUBJEKT ALS EIGENE FORM VON SUBJEKTIVITÄT

Wenn wir als Individuen im Alltag einen gegebenen Raum betreten, in dem sich bereits andere Individuen aufhalten, beginnen wir unmittelbar eine Kommunikation, noch bevor wir uns sprachlich artikulieren. Unser körperliches Erscheinungsbild, insbesondere unsere Körperhaltung und Mimik sowie unser Kleidungsstil sind nur wenige Beispiele sinnlich wahrnehmbarer Reize, die zu solcher nonverbalen Kommunikation beitragen können. Vor dem Hintergrund diverser formaler und struktureller Bedingungen wie etwa der architektonischen Gestaltung des Raums, dem konkreten Anlass, sozialer Konventionen und Erwartungen sind solche Reize nicht neutral, sondern tragen und übermitteln Bedeutung. Sie sind Zeichen, die für die weitere Kommunikation, die in diesem Raum stattfinden wird, bedeutsam sind oder wenigstens sein können, indem sie die Reaktion anderer Anwesender, deren Erwartungen oder Einstellungen informieren.

Wenn wir allerdings den digitalen Raum betreten, dann geschieht das nicht auf materiell-körperliche Weise. Dennoch gibt es auch dort formale Bedingungen, die in Verbindung mit individuellen Merkmalen unser Erleben und Kommunizieren darin strukturieren können. Am deutlichsten wird das bei einem Benutzer:innenprofil. Auf vielen

Plattformen stellen wir im Zuge unseres Zugangs eine Sammlung von biographischen, körperlichen und gesellschaftlichen Merkmalen und Daten zusammen. Mithilfe dieses sichtbaren Profils können wir identifiziert und somit adressiert werden.

Zusätzlich zu diesen vordergründigen Informationen werden in den meisten Fällen jedoch weitere Daten erzeugt, gespeichert und mit unserem Profil verknüpft. Beispiele dafür sind die IP-Adressen der jeweiligen Verbindung, eindeutige Kennungen der verwendeten Geräte (UUIDs) und Informationen zu deren Nutzung, Standortdaten oder Aufzeichnungen der Aktivitäten und Interaktionen im Zusammenhang mit den jeweiligen Diensten. Solche hintergründigen Informationen werden bei der Nutzung entsprechender Dienste auch ohne ein eigenes Profil, für dessen Einrichtung man sich bewusst und aktiv entschieden hat, erhoben und gespeichert.[1]

Da die meisten Umgebungen im digitalen Raum durch algorithmische Systeme personalisiert dargestellt werden, erfüllt dieses Konglomerat an Daten eine ähnliche Funktion, wie es die zuvor skizzierten Zeichen von Kleidung oder Körperhaltung in einem physischen Raum tun: Sie bestimmen mit, welche Inhalte in welcher Reihenfolge angezeigt werden und eröffnen so eine individualisierte Perspektive und einen individualisierten Möglichkeitsraum an Interaktionen auf der jeweiligen Plattform im digitalen Raum. Dabei können die jeweiligen Vorlieben, Interessen oder wahrscheinlichen Verhaltensweisen von dem:der jeweiligen Nutzer:in erfasst oder von diesem:dieser selbst aktiv im Profil angegeben worden sein und auf diesem Weg Eingang in die zugrundeliegenden Daten gefunden haben. Sie können aber auch hintergründig gesammelt oder auf Grundlage von anderen, weniger detaillierten Informationen mithilfe prädiktiver Analytik als wahrscheinlich errechnet worden sein. Diese Unterscheidung ist für die praktische Regulierung und ethische Orientierung der Funktionsweise der Plattformen relevant.[2] Im Status quo spielt sie für das hier behandelte Thema allerdings keine Rolle: Im Ergebnis liegen die Informationen aus allen Quellen vor und fließen in die Algorithmen ein.

---

[1] Die genannten Beispiele sind lediglich eine arbiträre Auswahl von Datengruppen, die von mehreren Anbieter:innen erfasst werden. Vgl. z. B. die Auflistung der erhobenen Daten und die Hinweise zur Nutzung ohne eigenes Konto bei Google, *Datenschutzerklärung*; Meta, *Datenrichtlinie*.
[2] Für eine detailliertere Auseinandersetzung mit Prädiktiver Analytik vgl. Mühlhoff, *Predictive privacy*.

Meine These lautet nun, dass dieses Konglomerat an angegebenen, gesammelten und errechneten Daten in ihrer Summe und durch ihre Verknüpfung ein digitales Subjekt konstituieren. Der Begriff des „digitalen Subjekts" greift dabei insbesondere auf den Subjektbegriff Michel Foucaults zurück.[3] Grundsätzlich schreibt er dem Wort zwei Bedeutungen zu: „Es bezeichnet das Subjekt, das der Herrschaft eines anderen unterworfen ist und in seiner Abhängigkeit steht; und es bezeichnet das Subjekt, das durch Bewusstsein und Selbsterkenntnis an seine eigene Identität gebunden ist. In beiden Fällen suggeriert das Wort eine Form von Macht, die unterjocht und unterwirft."[4] Wenn er vom Subjekt spricht, geht es also nicht um das autonome, radikal freie und handlungsfähige Subjekt in dichotomischer Unterscheidung vom passiven oder determinierten Objekt, sondern um das immer schon in Machtbeziehungen eingefasste und von ihnen unterworfene Subjekt, das durch die Macht geformt und überhaupt erst hervorgebracht wird. Subjektivität und Macht hängen eng zusammen.[5] Folgerichtig sind Subjekte nicht für sich allein stehend zu erfassen, sondern müssen eingebunden in ihre jeweiligen historischen und kontextuellen Bezüge untersucht werden. Subjektivierung geschieht eigentümlicherweise immer dort, wo Menschen zum Objekt gemacht werden, indem sie und ihre Vollzüge etwa zu Gegenständen von Wissen und damit auch der Steuerung werden. Die Unterscheidung der Subjekte in distinkte Gruppen – Foucault selbst untersucht das detailliert etwa anhand der Gefangenen, den Kranken oder Wahnsinnigen – ist dabei ein wesentliches Instrument.[6]

Ein so verstandener Subjektbegriff eignet sich meines Erachtens, um das digitale Subjekt als eine eigene Form von Subjektivität zu beschreiben. Die Gesamtheit der Daten, die eine Person im digitalen Raum von sich preisgibt, wird von den Plattformen bzw. ihren Betreiber:innen aufgenommen und verarbeitet. Indem sie die Nutzer:innen und ihr

---

[3] Wie für Foucault üblich finden sich seine Studien zum Thema der Subjektivität in zahlreichen Texten. Für ein zusammenfassendes Verständnis vgl. Foucault, *Subjekt und Macht*, 240-263; für die subjekttheoretische Bedeutung der Macht vgl. Foucault, *Der Wille zum Wissen*.

[4] Foucault, *Subjekt und Macht*, 245.

[5] Aus diesem Grund, so kann man eine zentrale Aussage seines Aufsatzes zusammenfassen, ist das Subjekt „das umfassende Thema" seiner Arbeit, wenngleich sich weite Teile seiner Arbeit insgesamt und auch des Aufsatzes selbst mit verschiedenen Formen, Techniken und Kämpfen um Macht auseinandersetzen. Vgl. Foucault, *Subjekt und Macht*, 240.

[6] Vgl. Foucault, *Subjekt und Macht*, 240.

Das digitale Subjekt 133

Verhalten auf diese Weise objektivieren, generieren sie Wissen über die individuellen Personen. Darüber hinaus können sie – in Verbindung mit großen Mengen weiterer Daten – statistische Modelle verfeinern, mit deren Hilfe sie wiederum im Modus von Wahrscheinlichkeitsvorhersagen weiteres Wissen über Nutzer:innen erzeugen. So können die Plattformen die Inhalte, die sie dem:der einzelnen Nutzer:in darstellen, noch passgenauer auswählen. Damit wird eine spezifische Perspektive gezeigt, als Folie für weitere Reaktionen angeboten und somit Macht ausgeübt.

Machttheoretisch neu ist dabei nicht der grundlegende Mechanismus des Zusammenhangs von Wissen, Macht und Einteilung in bestimmte Kategorien.[7] Mit der digitalen Technologie ist allerdings eine weitaus größere Vielzahl und eine fortwährende Entwicklung neuer, voneinander unterschiedener Einteilungen mitsamt ihren je zugehörigen Handlungsoptionen möglich geworden. Darin lässt sich die Entwicklung einer Machttechnologie erkennen, die ohne klare Unterscheidungen zwischen definierten Gruppen auskommt. Hervorgebracht werden keine Gefangenen oder Kranke, wie das Foucault anhand bestimmter Institutionen untersucht hatte, sondern vereinzelte digitale Subjekte.

2. DAS VERHÄLTNIS ZWISCHEN DIGITALEM SUBJEKT UND NATÜRLICHER PERSON

2.1 Die „digitale Person" im Recht auf Vergessenwerden

Es ist also möglich, in dieser Weise von Subjekten zu sprechen. Es bleibt allerdings noch zu zeigen, in welchem Sinne diese digitalen Subjekte von den natürlichen Personen zu unterscheiden sind, auf die sie sich beziehen. Dazu sollen nun die jeweiligen Eigenschaften herausgearbeitet werden, die die beiden Entitäten kennzeichnen und die eine Unterscheidung zwischen beiden nahelegen.

Ein gewisses Verständnis digitaler Subjektivität zeigt sich bereits im geltenden Recht. In einer systemtheoretischen Perspektive untersucht die Soziologin Doris Schweitzer das sogenannte „Recht auf Vergessen-

---

[7] In vielen seiner Arbeiten untersucht Foucault konkrete Konstellationen und Techniken dieses Zusammenhangs. Beispielhaft seien hier die Untersuchungen zum Gefängnis in *Überwachen und Strafen* oder die Gouvernementalitätsstudien genannt.

werden" im als „Google-Urteil" bekannt gewordenen Entscheid des Europäischen Gerichtshofs (EuGH) von 2014.[8] Verhandelt wurde der Fall eines Spaniers, dessen Haus 1998 zwangsversteigert worden war, nachdem er Sozialversicherungsbeiträge nicht beglichen hatte. Eine lokal verbreitete Tageszeitung hatte – sowohl den Tatsachen als auch dem spanischen Recht entsprechend – Anzeigen zu dieser Versteigerung geschaltet. Auch viele Jahre später waren diese beiden Anzeigen unter den ersten Suchergebnissen, wenn man mithilfe der Suchmaschine von Google nach dem Namen des Betroffenen suchte.[9] Der EuGH stufte das als unzulässige Einschränkung seiner Persönlichkeitsrechte ein und verpflichtete Google, die entsprechenden Einträge im Suchindex zu löschen, unabhängig davon, dass die Anzeigen der Tageszeitung selbst nach wie vor online zugänglich waren.[10]

In der Analyse der Urteilsbegründung stellt Schweitzer mehrere Unterschiede zwischen der natürlichen Person, die in diesem Kontext die Trägerin des subjektiven „Rechts auf Vergessenwerden" ist, und der „digitalen Person" fest, die auch für die hier behandelte Frage relevant sind. Die „digitale Person" entsteht durch die Verknüpfung einzelner Daten in der Ergebnisliste, wodurch es möglich ist, ein „mehr oder weniger detailliertes Profil der Person"[11] zu erstellen. Das Fremdbild, das auf diesem Weg entsteht, bezeichnet sie als „digitale Person".[12] Was es konstituiert, sind also nicht die einzelnen Daten, sondern deren strukturierende Verknüpfung. Da es im verhandelten Fall um die Ergebnisliste einer Suchmaschine geht, entsteht diese strukturierende Verknüpfung erst im Moment der Suchanfrage. Davor kommt der „digitalen Person" „keine digitale Existenz und damit keinerlei Existenz"[13] zu, ihre Existenz ist rein performativ.

Damit eng einher geht die besondere Konfiguration von Privatheit und Öffentlichkeit. Im digitalen Raum befindet man sich definitionsgemäß immer schon in der Öffentlichkeit, insofern man sich in einem Netz aus sozialen Bezügen wiederfindet, deren Rahmenbedingungen jenseits der eigenen Kontrolle liegen. Privatsphäre kann im digitalen

---

8   Über den dort verhandelten Fall hinaus fand das „Recht auf Vergessenwerden" einschließlich dieser Bezeichnung aber auch Eingang in die Europäische Datenschutzgrundverordnung (Artikel 17 EU-DSGVO). Für eine prägnante Übersicht der rechtlichen Entwicklungen siehe Schweitzer, *Die digitale Person*, 238–240.
9   EuGH, *Urteil vom 13.05.2014*, Rn. 14–15, 17.
10 Vgl. EuGH, *Urteil vom 13.05.2014*, Rn. 99 iVm. Rn. 88.
11 EuGH, *Urteil vom 13.05.2014*, Rn. 37; zitiert nach Schweitzer, *Die digitale Person*, 248.
12 Vgl. Schweitzer, *Die digitale Person*, 247; siehe insbesondere Fußnote 18.
13 Schweitzer, *Die digitale Person*, 248.

Raum also nicht als räumlich abgrenzbarer Rückzugs- und Verfügungsraum gedacht werden. Soll das Recht auf Privatheit der betroffenen Person dennoch geachtet werden, muss diese Privatheit sich in der Zusammenstellung der Suchergebnisse konstituieren, zum Beispiel indem bestimmte Ergebnisse darin keinen Eingang finden. In diesem Sinne ist die Entscheidung des Gerichts und der in der Europäischen Datenschutzgrundverordnung (EU-DSGVO) verankerte Anspruch auf Löschung zu verstehen. Die Privatheit wird also – logisch wie chronologisch – gleichzeitig mit der Öffentlichkeit generiert, nämlich im Moment der Zusammenstellung und Darstellung der Suchergebnisse. Die Frage nach dem Umfang der Privatsphäre wird im streitgegenständlichen Fall einerseits am Inhalt der einzelnen Information, andererseits am zeitlichen Abstand festgemacht. Das Recht auf Privatheit überwiegt ein mögliches öffentliches Interesse, wenn die betreffende Information so weit in der Vergangenheit liegt, dass ein daraus sich ergebendes negative Fremdbild nicht mehr toleriert werden muss.[14]

2.2 Von der „digitalen Person" zum digitalen Subjekt

Diese drei beobachteten Differenzen, also die bloß performative Existenz im Moment der Verknüpfung, die Konfiguration von Privatheit und Öffentlichkeit sowie die zeitliche Bestimmung der Privatheit, lassen darauf schließen, dass die „digitale Person" nicht deckungsgleich mit der natürlichen Person sei, so Schweitzer.[15] Die skizzierte „digitale Person" ist nicht mit dem hier vorgestellten Konzept des digitalen Subjekts identisch. Indem sie sich sich auf das durch Suchmaschinen generierte Fremdbild einer Person beschränkt, beschreibt sie nur eine bestimmte Form digitaler Subjektivität neben anderen. Dennoch lassen sich einige Gemeinsamkeiten zwischen den Konzepten identifizieren, die dabei helfen, das digitale Subjekt im Allgemeinen besser zu verstehen. Im Folgenden seien solche Parallelen ebenso wie einige Unterschiede kurz benannt, um anschließend begründen zu können, inwiefern auch das digitale Subjekt als von der natürlichen Person verschieden zu betrachten ist.

Grundsätzlich handelt es sich sowohl bei der „digitalen Person" als auch beim digitalen Subjekt um ein Konglomerat einer Vielzahl von Daten, die auf bestimmte Weise miteinander verknüpft werden. Im von

---

[14] Schweitzer, *Die digitale Person*, 249–251.
[15] Vgl. Schweitzer, *Die digitale Person*, 247, 251.

Schweitzer untersuchten Gerichtsurteil geht es um den konkreten Fall der Erstellung einer Trefferliste durch eine Suchmaschine. Weil diese erst auf eine Suchanfrage hin generiert wird, ist die Existenz der „digitalen Person" eine rein performative. Zwar kann dem digitalen Subjekt eine Existenz auch zugesprochen werden, wenn es sich nicht in Interaktion befindet – denn sowohl die zugrundeliegenden Daten als auch deren strukturierte Verknüpfung bleiben grundsätzlich weiterhin bestehen, solange sie gespeichert sind. In Erscheinung tritt es allerdings nur dann, wenn es in Kommunikationsbeziehungen mit anderen (digitalen) Subjekten tritt oder es Handlungsimpulse für Nutzer:innen informiert. Nur in einem derart aktiven und also performativen Zustand tritt es in seiner Subjekthaftigkeit auf.

Die einzelnen Daten, die miteinander verknüpft und in eine bestimmte Reihenfolge gebracht werden, um eine „digitale Person" zu bilden, sind Informationen, die an anderer Stelle öffentlich zugänglich sind. Das Profil der „digitalen Person" ist immer ein öffentliches, weil es erst durch die Abfrage anderer Nutzer:innen entsteht, die damit die Öffentlichkeit bilden, vor der es steht. Auch das digitale Subjekt hat in vielen Fällen ein Profil, das von Dritten wahrgenommen werden kann und im selben Sinn als öffentlich gelten kann. Das Verhältnis von Öffentlichkeit und Privatheit in seiner Konstitution geht über diesen offensichtlichen Aspekt allerdings hinaus, da auch die nicht unmittelbar sichtbaren Teile des digitalen Subjekts relevante Bedingungen für dessen soziale Interaktion bestimmen. Das digitale Subjekt setzt nicht voraus, dass die einzelnen Daten, aus denen es zusammengesetzt ist, öffentlich zugänglich sein müssen. Das bedeutet jedoch nicht, dass sie damit als privat gelten können, denn Teile seiner Datengrundlagen sind sogar dem direkten Zugriff der betroffenen natürlichen Person selbst entzogen. Das gilt zum Beispiel für protokollierte Interaktionen oder mittels prädiktiver Analysen errechnete Vorhersagen von wahrscheinlichen Präferenzen des:der Nutzer:in. De facto stehen diese Teile der Datengrundlage des digitalen Subjekts dem Zugriff der jeweiligen Betreiber zur Verfügung. Auch wenn sie damit nicht notwendig als öffentlich gelten können, sind sie darum auch nicht privat, insofern sie weder der rein individuellen Verfügung durch die betroffene Person vorbehalten sind noch von einem Schutz vor dem Zugriff Dritter die Rede sein kann. Eine strikte Privatsphäre im herkömmlichen Sinn kann für das digitale Subjekt ebenso wie für die digitale Person nur in der Form hergestellt werden, dass bestimmte Daten gar nicht erst Eingang finden oder nachträglich ihrer konstituierenden Datengrundlage ausgeschlossen werden.

2.3 Digitales Subjekt und natürliche Person

Ausgehend von diesen beiden Eigenschaften digitaler Subjekte (seine performative Subjektivität und die Konfiguration von Privatheit und Öffentlichkeit), die von den Beobachtungen Schweitzers zur digitalen Person abgeleitet werden können, lassen sich drei wesentliche Unterschiede zum Subjektstatus natürlicher Personen benennen, die deutlich machen, dass es sinnvoll ist, ihn vom digitalen Subjekt zu unterscheiden. Konkret sind das die Körperlichkeit natürlicher Personen, ihre Fähigkeit zur Reflexivität und die Autonomie.

Am deutlichsten sichtbar ist die Differenz wohl bei der Körperlichkeit. Im Unterschied zu verknüpften Datenmengen kann natürlichen Personen als körperlich verfassten Wesen keine rein performative Existenz zugesprochen werden. Auch ohne eigene Aktivität ist eine natürliche Person immer in einer stetigen Wechselbeziehung zu ihrer Umwelt – auch eine schlafende Person etwa bewegt sich, atmet und bewerkstelligt diverse biologische und psychologische Vorgänge, die in einer konkreten Umgebung verortet bleiben. Der Subjektstatus einer natürlichen Person ist immer (auch) körperlich vermittelt und lässt sich davon nicht trennen. Dasselbe kann nicht von einem digitalen Subjekt ausgesagt werden. Sein Fortbestehen ist zwar an physikalische Zustände geknüpft (z.B. an die elektrischen Ladungen in Speicherzellen, die die Daten codieren), bedeutungsvoll wird diese Existenz aber nur beim aktiven Abruf und räumlich praktisch unabhängig vom originären Speicher. Falls von ihm eine Körperlichkeit ausgesagt werden kann, dann nur in einem analogen Sinn.

Ebenso wenig sind digitale Subjekte dazu in der Lage, in ein Verhältnis zu sich selbst einzutreten oder dieses zu gestalten. Zwar werden laufend weitere Daten akkumuliert, die auf die eine oder andere Weise in seine Konstitution und Performanz einfließen (können), das geschieht jedoch ausschließlich durch die strukturellen Bedingungen der jeweiligen Plattformen. Es sind die Algorithmen, die das digitale Subjekt auf sich selbst zurückführen, dem digitalen Subjekt selbst fehlt diese Fähigkeit der Reflexivität. Damit eng verbunden ist das Vermögen von natürlichen Personen, autonome Entscheidungen zu treffen. Damit soll nicht gesagt sein, dass natürlichen Personen nur dann Subjektivität zukommt, wenn sie als radikal autonom gedacht werden können – dem würde alleine der oben eingeführte Foucault'sche Subjektbegriff widersprechen, der in Form von Unterwerfung die heteronome Bedingtheit des einzelnen Subjekts stets beinhaltet. Allerdings beinhaltet auch Foucaults auf Unterwerfung und Objektivierung aufbauender Subjektbegriff notwendig ein Element der Freiheit, sei es auch nur graduell oder partikular verwirklicht.[16] Die Fähigkeit, nicht determinierte Entscheidungen zu treffen und nach diesen zu handeln, fehlt dem digitalen Subjekt. Zu welchem Resultat für die Formation des digitalen Subjekts der Input einer bestimmten Information führt, kann von einem: einer Beobachter:in zwar möglicherweise nicht vorhergesagt werden, aber das ist nicht auf eine neuartige Initiative zurückführbar, wie es bei einem als (teilweise) autonom gedachten Subjekt der Fall wäre. Als mathematische Konstrukte folgen die Algorithmen der Plattformen zwar hoch komplexen, aber doch streng logisch und damit determiniert ablaufenden Berechnungen. Damit ist nicht ausgeschlossen, dass die Algorithmen selbst intentional angelegt sind oder systematische Fehler in den statistischen Vorhersagen nicht willentlich in Kauf genommen werden können.[17] Allerdings ist das kein Argument für eine mögliche Autonomie des digitalen Subjekts, sondern allenfalls der Entwickler:innen der strukturellen Rahmenbedingungen, in denen es zustande kommt.

Unbeschadet der Unterscheidung zwischen der natürlichen Person und dem digitalen Subjekt, besteht eine enge Verbindung zwischen beiden. Wie bereits eingangs geschildert, ist unser interaktiver Zugang zum digitalen Raum abhängig von einer Vermittlung, weil wir ihn nicht körperlich betreten können. Digitale Subjekte sind eine spezifische und sehr bedeutsame Form dieser Vermittlung. Nach außen hin fungiert das digitale Subjekt als unsere Repräsentation im digitalen Raum, durch welche wir mit anderen Subjekten kommunizieren. Sein Profil ist die sichtbare Oberfläche, die von anderen wahrgenommen werden kann, um in Interaktion zu treten.

Gleichzeitig bestimmt das digitale Subjekt grundlegend, welche Perspektive wir im digitalen Raum einnehmen oder sogar nur einnehmen können. In vielen Fällen sehen wir die Inhalte nicht in einer wahllosen

---

[16] Vgl. Foucault, *Subjekt und Macht*, 255. Es ließe sich außerdem argumentieren, dass jede ethische Theorie ein gewisses Maß an Freiheit voraussetzen muss, da ansonsten eine normative Reflexion von Praxis gegenstandslos würde.
[17] Vgl. Mahnke, *Personalisierungsprozesse*, 179–181.

Gleichzeitigkeit, sondern in einer bestimmten Reihenfolge. Insbesondere auf Social-Media-Plattformen und bei der Nutzung vieler Onlinedienste der Betreiber:innen solcher Plattformen wird uns eine personalisierte Liste an Inhalten dargestellt. Die konkrete Reihenfolge und Auswahl hängen dabei von dem jeweiligen digitalen Subjekt ab. Diejenigen Inhalte, die für uns am relevantesten sind, werden zuerst angezeigt. Andere entweder deutlich später oder gar nicht. „Relevanz" ist dabei als Chiffre für die Wahrscheinlichkeit zu verstehen, mit der wir mit den entsprechenden Inhalten interagieren werden.[18] Das digitale Subjekt organisiert im Rahmen der jeweiligen Algorithmen die für den:die Einzelne unüberschaubare Gesamtmenge an Inhalten in eine bestimmte, personalisiert ausgewählte und arrangierte Perspektive, die uns im digitalen Raum gezeigt wird. Dieses Binnenverhältnis ist allerdings nicht einseitig, sondern lässt sich als Kommunikationsbeziehung auffassen. Schließlich ist eine wesentliche Grundlage für die Berechnung der so verstandenen Relevanz das Verhalten des:der Nutzer:in selbst. Indem wir auf die eine oder andere Weise mit den Inhalten interagieren, erhält der Algorithmus implizites Feedback. Das konkrete Verhalten wird berücksichtigt und in Beziehung entweder zu vergangenem Verhalten oder zu den großen Datenmengen prädiktiver Analytik gesetzt, um zukünftig noch genauere oder passendere Vorhersagen zu treffen. Es ist also nicht nur das digitale Subjekt, das unsere Perspektive als Nutzer:innen prägt, sondern unser Verhalten wirkt umgekehrt auch performativ auf das digitale Subjekt ein und es formt es.[19]

In den allermeisten Fällen (insbesondere in denjenigen, mit denen wir in unserem Alltag am häufigsten konfrontiert sind) gibt es also eine enge Verbindung zwischen dem digitalen Subjekt und der natürlichen Person. Trotzdem lohnt es sich, sie analytisch zu unterscheiden. Denn bei einer gegebenen Interaktion im digitalen Raum, bei dem das Gegenüber nicht persönlich bekannt ist, geschieht dies zunächst nur mit dem digitalen Subjekt – ohne, dass ich daraus notwendig Rückschlüsse auf natürliche Personen ziehen kann. In einigen Fällen lässt sich sogar gar keine natürliche Person eindeutig zurechnen, etwa bei parasozialen Beziehungen mit Unternehmen oder anderen Kollektiven, bei Fakeprofilen oder Bots. Dennoch treten sie als digitale Subjekte auf.

---

[18] Vgl. Mahnke, *Personalisierungsprozesse*, 180.
[19] Vgl. Mahnke, *Algorithmus*, 34; ebd. 40–43; vgl. ebenso Mahnke, *Personalisierungsprozesse*, 177 f.

3. ZUR ETHISCHEN RELEVANZ DES DIGITALEN SUBJEKTS

Bislang habe ich dafür argumentiert, dass sinnvoll von einem digitalen Subjekt gesprochen werden kann, das sich aus einer Verknüpfung von Daten zu einer natürlichen Person konstituiert, das aber gleichwohl von dieser unterschieden werden kann. Zum Abschluss möchte ich auf zwei Aspekte hinweisen, die verdeutlichen, weshalb das Konzept digitaler Subjekte für die ethische Reflexion bedeutsam und hilfreich ist. Die umfassenden Herausforderungen können an dieser Stelle nicht umfänglich diskutiert werden, sodass sich ihre Darstellung im Folgenden auf eine Skizze beschränkt.

Erstens bietet das digitale Subjekt einen heuristischen Mehrwert, wenn es darum geht, die Mikrophysik der Macht im digitalen Raum zu analysieren. Oben habe ich bereits darauf hingewiesen, dass die Formation digitaler Subjekte eine machttheoretische Implikation beinhaltet. Mit dem, was nun über die Kommunikationsbeziehung des digitalen Subjekts mit der natürlichen Person gesagt wurde, lässt sich zeigen, dass die Machtwirkung der jeweiligen Plattform nicht auf das digitale Subjekt beschränkt bleibt. In der gebotenen Kürze kann dies am Beispiel von Facebook illustriert werden. Wie bereits der Name verrät, ist das soziale Netzwerk grundlegend nach der Vorlage von Jahrbüchern gestaltet, die die Namen und Gesichter von Student:innen der jeweiligen US-amerikanischen Colleges enthielten. Vorwiegender Inhalt der Plattform sollen also die Nutzer:innen selbst sein. Selbstthematisierung ist die wesentliche Praxis des sozialen Netzwerks. Bereits darin liegt eine deutliche Parallele zu Geständnispraktiken, in denen Foucault eine wichtige Subjektivierungstechnik erkannt hat.[20] Um in den algorithmisierten Darstellungen anderer Nutzer:innen häufig und mit hoher Priorität dargestellt zu werden, hat sich das dargestellte Selbst nach den Regeln der entsprechenden Algorithmen zu beweisen. Es steht im Wettbewerb mit anderen Inhalten; das auf Facebook dargestellte Selbst ist ein unternehmerisches.[21] Weil der:die Nutzer:in auf wesentliche Teile der Datengrundlage des digitalen Subjekts aber nicht unmittelbar zugreifen kann, sondern sie nur performativ verändern kann, greifen die Darstellungs- und Inszenierungslogiken der jeweiligen Plattform auf die natürlichen Personen über. Das digitale Subjekt wird „zur Aufgabe"[22] der natürlichen Person. Dieser Zusammenhang kann gefährlich

---

[20] Vgl. Spengler, *Selbst*, 267 f.; vgl. auch Foucault, *Der Wille zum Wissen*, 62.
[21] Vgl. Schweitzer, *Die digitale Person*, 252 f.; ebenso Spengler, *Selbst*, 430 f., 437–438.
[22] Schweitzer, *Die digitale Person*, 251.

werden, wenn er zu psychischen Belastungen und Abhängigkeiten führt. Für die zukünftige Forschung ergibt sich deshalb die Frage, wie genau eine digitale Regierungstechnik zu charakterisieren ist, um sie jenseits von Einzelfällen auf einer strukturellen Ebene angemessen kritisch reflektieren zu können.

Zweitens bietet das digitale Subjekt ein begriffliches Werkzeug, um den digitalen Raum angemessen als politischen Raum zu rekonstruieren. Die Kommunikation im digitalen Raum ist nicht rein privater Natur, sondern steht in Wechselwirkung mit politischen und gesellschaftlichen Prozessen.[23] Die angemessene Regulierung der Kommunikationsströme ist allerdings nach wie vor eine Herausforderung für die Politik. Ein Grundproblem liegt darin, dass regulative Maßnahmen sich entweder rein auf die strittigen Inhalte beziehen können oder auf die dahinterstehenden natürlichen Personen.[24] Betrachtet man den digitalen Raum als bevölkert von digitalen Subjekten, wird damit aber möglich, digitale Subjekte mit einem gewissen normativen Status auszustatten, der es erlaubt, ihnen Handlungen zuzurechnen. So können sie direkt (und ggf. unabhängig von oder zusätzlich zu natürlichen Personen) durch Normen und Sanktionen adressiert werden. Wenngleich ich in diesem Beitrag weitgehend vom „Idealfall" eines digitalen Subjekts als Gegenstück einer natürlichen Person ausgehe, erlaubt das Konzept jedoch wie bereits geschildert auch die Beschreibung weiterer Szenarien, in denen so eine Verbindung nicht gegeben ist. Auch Phänomene wie Fake-Profile oder automatisierte Bots können als digitale Subjekte verstanden werden und könnten so besser Ziele regulativer Maßnahmen sein. Damit könnten sich weitere Möglichkeiten eröffnen, die die Besonderheit des digitalen Raums in seiner praktischen Regulierung angemessen berücksichtigen. Dazu gibt es immer wieder einzelne Überlegungen, eine systematische und ethische Untersuchung steht allerdings auch hier noch aus.

Die gesellschaftlichen Veränderungen, die die Digitalisierung mit sich bringt – sei es als Folge oder als Voraussetzung – sind längst noch

---

[23] Für eine grundlegende Analyse des digitalen Raums als politischem Raum siehe Forestal, *Site*.
[24] Für ersteres kann das bundesdeutsche Netzwerkdurchdringungsgesetz (NetzDG) als Beispiel genannt werden. Eine empirische Evaluation des Gesetzes bescheinigt dem NetzDG allerdings nur beschränkte Wirkung und weist auf Kollateralschäden hin. Vgl. hierzu Liesching u. a., *NetzDG*, 368 f.; ebd. 374 f. Zweiteres scheitert in der Praxis häufig daran, dass einem digitalen Subjekt nicht notwendig eine natürliche Person zugeordnet werden kann oder dies nur mit großem Aufwand möglich ist.

nicht abgeschlossen. Um sie gut zu bewältigen, genügt eine rein technologisch und pragmatisch orientierte Perspektive nicht. An vielen Stellen berührt die Digitalität Fragen der Gerechtigkeit und verändert Bedingungen für ein gutes Leben. Es ist darum notwendig, die Entwicklungen in ihrer ganzen Bandbreite zu untersuchen und zu verstehen, um Kritik angemessen und zielgenau formulieren zu können. Dazu möchte das Konzept der digitalen Subjekte einen Beitrag leisten, auch wenn dessen normative Reflexion bislang nur anfanghaft berührt werden konnte.

Literatur

EuGH, *Urteil vom 13.05.2014. C-131/12, ECLI:EU:C:2014:317*, unter: https://eur-lex.europa.eu/legal-content/DE/TXT/?uri=CELEX:62012CJ0131 (abgerufen am 25.02.2022).

Forestal, Jenifer, *Bringing the Site Back In. Social Media and the Politics of Space*, Ann Arbor 2015.

Foucault, Michel, *Sexualität und Wahrheit I. Der Wille zum Wissen*, Frankfurt am Main [20]2014, (franz. *Histoire de la sexualité, I. La volonté de savoir*, Paris 1976).

Foucault, Michel, *Subjekt und Macht*, in: Foucault, Michel/Defert, Daniel (Hg.), Analytik der Macht, Frankfurt am Main, [6]2015, 240–263.

Google, *Datenschutzerklärung*, unter: https://www.gstatic.com/policies/privacy/pdf/20220210/8e0kln2a/google_privacy_policy_de_eu.pdf (abgerufen am 25.02.2022).

Liesching, Marc u. a., *Das NetzDG in der praktischen Anwendung. Eine Teilevaluation des Netzwerkdurchsetzungsgesetzes*, Berlin 2021.

Mahnke, Martina, *Der Algorithmus, bei dem man mit muss? Ein Perspektivwechsel*, in: Communicatio Socialis 48 (2015), 34–45.

Mahnke, Martina, *Was algorithmische Personalisierungsprozesse prägt. Hin zu einer partizipativen Nutzung von algorithmisch personalisierten Systemen*, in: Communicatio Socialis 52 (2019), 175–186.

Meta, *Datenrichtlinie*, unter: https://www.facebook.com/policy.php/ (abgerufen am 25.02.2022).

Mühlhoff, Rainer, *Predictive privacy. towards an applied ethics of data analytics*, in: Ethics and Information Technology 23 (2021), 675–690.

Schweitzer, Doris, *Die digitale Person. Die Anrufung des Subjekts im „Recht auf Vergessenwerden"*, in: Österreichische Zeitschrift für Soziologie 42 (2017), 237-257.

Spengler, Andreas, *Das Selbst im Netz. Zum Zusammenhang von Sozialisation, Subjekt, Medien und ihren Technologien*, Baden-Baden 2018.

Anwendungsbezogene Konkretionen

Digitalisierung der Pflegearbeit als soziale Innovation? Mobile Endgeräte als strukturierendes Element der Organisation und Interaktion in der Altenpflege[1]

Eva Hänselmann

1. EINLEITUNG

Die Digitalisierung in der Pflegearbeit wird stark vorangetrieben und momentan auch staatlich massiv unterstützt. Technische Anschaffungen für ein digitales Qualitätsmanagement, für eine Verbesserung der interprofessionellen Zusammenarbeit durch digitale Anwendungen sowie für digitales Lernen in der Altenpflege werden von 2019 bis 2023 nach § 8 Abschnitt 8 SGB XI staatlich gefördert.[2] Darüber hinaus werden die Entwicklung und der wissenschaftlich begleitete Projekteinsatz innovativer Techniken in der Pflege in zahlreichen Projektlinien über verschiedenste Programme staatlich finanziert.[3] Zwar gibt es noch ein

---

[1] Dieser Beitrag sowie der zugrundeliegende Vortrag sind im Kontext des DFG-Projekts „Zukunftsfähige Altenpflege. Sozialethische Reflexionen zu Bedeutung und Organisation personenbezogener Dienstleistungen" entstanden. Die Endredaktion des Beitrags wurde im Mai 2022 abgeschlossen, sodass technologische und politische Entwicklungen nach diesem Zeitpunkt nicht berücksichtigt werden konnten.

[2] Ursprünglich war geplant, die Förderung Ende 2021 auslaufen zu lassen. Es ist angesichts der Dynamik der Entwicklung und der Forderungen der Betroffenenverbände (Bündnis Digitalisierung in der Pflege, *Digitalisierung in der Pflege: Eckpunkte einer nationalen Strategie*) denkbar, dass diese Förderung erweitert (z. B. auf die Refinanzierung von Softwarelizenzen und Personalkosten im IT-Bereich) und weiter verlängert oder sogar verstetigt wird.

[3] Die Forschungsagenda der Bundesregierung für den demographischen Wandel „Das Alter hat Zukunft" 2012–2016 hat ein Volumen von 189 Mio. €. Die geförderten Forschungsfelder 5 und 6 sind für den Bereich der Altenpflege einschlägig und umfassen 6 Forschungslinien, in denen insgesamt 120 Projekte im Bereich der Pflegeinnovation gefördert wurden (Bundesregierung, *Das Alter hat Zukunft: Forschungsagenda der Bundesregierung für den demografischen Wandel*). Die Demografiestrategie der Bundesregierung 2015 „Für mehr Wohlstand und Lebensqualität aller Generationen" umfasst u. a. einen Innovationsfonds für die medizinische Versorgung Älterer (Laufzeit 2016–

Unbehagen gegenüber dem Neuen, dennoch nutzen zahlreiche Pflegekräfte bereits täglich digitale und technische Tools in ihrer Arbeit. Hierbei handelt es sich um eines von vielen Beispielen einer klaren Neubestimmung des Sozialen durch die digitale Transformation. Als offizielles politisches Ziel wird die Entlastung und Arbeitserleichterung für die Pflegekräfte angegeben (vgl. § 8 Abschnitt 8 SGB XI). Ob die Digitalisierung der Pflegearbeit in der (derzeitigen) Praxis hilfreich ist, bleibt umstritten. Fest steht, dass die Digitalisierung formend auf die Organisation und Durchführung von Altenpflege wirkt.[4] Hier ist ein kritischer Blick aus der Sozialethik von Nöten, denn die Kritik der Bedingungen, unter denen Arbeit geleistet wird, ist von Beginn an ein Kernanliegen des Fachs.[5]

Konkret stellt dieser Beitrag die Frage, ob es sich bei der derzeit beobachtbaren Digitalisierung in der Altenpflege um eine soziale Innovation handelt. Zunächst wird die Analyseperspektive der sozialen Innovation vorgestellt und als normativ aufgeladenes Kriterium für die Thematik plausibilisiert (Kap. 1.1). Dann wird der Betrachtungsgegenstand „Digitalisierung in der Altenpflege" konkretisiert und eingegrenzt (Kap. 1.2). Darauf aufbauend erfolgt die ausführliche Analyse der mobilen digitalen Pflegeplanung und -dokumentation nach den erarbeiteten Kriterien einer sozialen Innovation (Kap. 2). Der Beitrag schließt mit einem Fazit und einer Darstellung der Bedingungen, die

---

2019, Fördervolumen 300 Mio. €/a, u. a. für die Stärkung der Telemedizin in ländlichen Gebieten) (Bundesregierung, *Jedes Alter zählt – Für mehr Wohlstand und Lebensqualität aller Generationen*). Auch im Forschungsprogramm der Bundesregierung „Technik zum Menschen bringen" spielt der Bereich der Pflegetechnik mit dem BMBF Cluster „Zukunft der Pflege" (Fördervolumen 20 Mio. €) eine große Rolle (Bundesministerium für Bildung und Forschung, *Technik zum Menschen bringen*). Zusätzlich werden im Rahmen der Hightech-Strategie der Bundesregierung als Teil der Maßnahme „Initiative Pflegeinnovationen 2020" (2015–2019) weitere 28 Projekte staatlich gefördert (Bundesministerium für Bildung und Forschung, *Die neue Hightech-Strategie*). Die „Hightech-Strategie 2025" umfasst auch wieder ein eigenes Handlungsfeld „Gesundheit und Pflege" und adressiert Grundsatzfragen des Technikeinsatzes in der Pflege u. a. in den Forschungsschwerpunkten „ELSI-Netzwerk Mensch-Technik-Interaktion", „Innovations- und Technikanalyse (ITA)" sowie in der ab 2018 bestehenden Datenethikkommission. (Bundesministerium für Bildung und Forschung, *Forschung und Innovation für die Menschen*). In den Ausbau der technischen Unterstützung der Altenpflege wird also massiv investiert.

4   Vgl. Becka/Evans/Hilbert, *Digitalisierung in der sozialen Dienstleistungsarbeit*.
5   Allgemein zu den Auswirkungen der Digitalisierung auf die Arbeitswelt vgl. Kaiser-Duliba, *Arbeit 4.0: sozialethische Zugänge zum Arbeitsbegriff im Kontext digitaler Transformationsprozesse*.

erfüllt werden müss(t)en, um die Digitalisierung der Pflege im positiven Sinne als soziale Innovation zu gestalten (Kap. 3).

1.1 Analyseperspektive soziale Innovation

Wie lässt sich ein dynamisches Geschehen wie es die Digitalisierung der Pflegearbeit darstellt, ethisch betrachten? In der Forschung zu sozialen und gesundheitsbezogenen Dienstleistungen wird derzeit in der Beurteilung gesellschaftlicher Veränderungssituationen eine neue Perspektive eingenommen, um die spezifischen Chancen und Herausforderungen, aber auch Gestaltungserfordernisse konzeptionell zu fassen: die der *sozialen Innovationen*. Eine soziale Innovation ist eine „*absichtsvolle* Entwicklung neuer und die Veränderung schon vorhandener sozialer Praktiken […] [z. B. der Organisation von Pflege], welche die *Fähigkeit der Beteiligten erhöhen*, mit *Herausforderungen besser als zuvor umgehen* zu können [Hervorhebungen EH]."[6] Der Vorteil dieses Konzepts ist, dass es sich gut auf dynamische soziale Prozesse anwenden lässt, da es die Intentionen der Akteure und Betroffenen mit Blick auf eine Veränderung sozialer Praxis, sowie relevante Auswirkungen der Veränderung sichtbar macht. Da dieses Konzept an die Grundwerte der Ermächtigung, Befähigung und Autonomie anknüpft, die z. B. auch vom Deutschen Ethikrat bei der Beurteilung technischer Innovationen in der Pflegearbeit herangezogen werden[7], eignet es sich als normativ aufgeladenes Analyseinstrument für diesen Beitrag.[8] Die These ist folglich, dass ein Digitalisierungsprozess in Form einer sozialen Innovation ethisch wünschenswert ist. Der Beitrag wendet die Kriterien des Konzepts einer sozialen Innovation kritisch auf den beobachtbaren Prozess der Digitalisierung der Pflegearbeit an und zeigt auf, welche Problemlagen noch angegangen werden müssen.

---

[6] Becke/Bleses/Goldmann, *Soziale Innovationen – eine neue Perspektive für die Arbeitsforschung im Feld sozialer und gesundheitsbezogener Dienstleistungen*, 10.
[7] Vgl. Deutscher Ethikrat, *Robotik für gute Pflege*.
[8] André Habisch nutzt als sozialethische Kriterien für die Beurteilung des Einsatzes von Technik in der Pflege das Person-Verständnis und das Solidaritätsprinzip. Allerdings liegt sein Fokus weniger auf der Pflegearbeit und den Pflegenden. Er betrachtet vor allem die Situation und die ethischen Erfordernisse gegenüber den Pflegebedürftigen (Habisch, *Traditionsverwurzelte Zukunftsoffenheit. Technologische Innovation in der Perspektive jüdisch-christlicher Sozialethik*).

1.2 Betrachtungsgegenstand Pflegesoftware auf mobilen Geräten

Unter „Digitalisierung der Pflege" können eine Vielzahl pflegebezogener technischer Hilfsmittel subsumiert werden – das Spektrum reicht von Robotik über Pflege-Apps bis zu Sensorik, vor allem im Bereich des sogenannten „Ambient Assisted Living"[9]. Im vorliegenden Beitrag lege ich den Fokus auf digitale Hilfsmittel, die (a) direkt auf den Pflegeprozess und dessen Organisation einwirken und (b) nicht mehr im Entwicklungsstatus, also nur in Projekten eingesetzt sind, sondern die auch schon in der Breite angewendet werden.[10] Ich beziehe mich konkret auf Software zur digitalen Planung und Steuerung des Pflegeprozesses, zur digitalen Leistungserfassung und Pflegedokumentation, die auch auf mobilen Endgeräten genutzt werden kann. Diese löst verstärkt, sowohl in der stationären, aber auch in der ambulanten Pflege, die papiergestützte Dokumentation auf vorgedruckten Bögen ab. Eine häufig anzutreffende Zwischenstufe ist die Dokumentation auf Notizzetteln und anschließende Übertragung in einen stationären PC, der sich im Dienstzimmer bzw. in der Zentrale des ambulanten Dienstes befindet. Dieses Arrangement wird hier nicht berücksichtigt. Wenn Vergleiche angestellt werden, beziehen diese sich auf die ausschließlich papiergebundene Dokumentation als Ausgangspunkt und die mobile digitale Dokumentation als Endpunkt der Entwicklung.

2. KRITIK DER DIGITAL GESTÜTZTEN PFLEGESTEUERUNG ANHAND DES KONZEPTS DER SOZIALEN INNOVATION

In Orientierung an der oben zitierten Definition einer sozialen Innovation von Becke et al. ist die Analyse durch folgende Leitfragen gegliedert:

---

[9] Unter Ambient Assisted Living – oder auch altengerechten Assistenzsystemen – werden sensorbasierte Technologien verstanden, die das eigenständige Leben im eigenen Zuhause bei Pflegebedürftigkeit unterstützen. Beispiele dafür sind mit Sensoren ausgestattete Betten, Böden und Toiletten, per App steuerbare Fenster und Heizungen, aber auch der weit verbreitete Hausnotruf (vgl. Hänselmann 2022, 7–9).

[10] Assistenzroboter wären sicherlich auch ein lohnendes Betrachtungsobjekt, jedoch kann man hier über die Auswirkungen in der Pflegepraxis bislang zu wenig sagen, da sich deren Einsatz in Deutschland noch im Projektstatus befindet. Wirklich eingesetzt werden autonome robotische Systeme bislang nur in sehr strukturierten Umgebungen, z. B. in der Industrie (vgl. Albu-Schäffer/Dietrich/Suchenwirth/Vogel, *Die anwendungsbezogene Entwicklung von Pflegeassistenzsystemen*, 50).

(1) Vollzieht sich die Digitalisierung der Pflegearbeit *absichtsvoll* bzw. wessen Absicht kommt zum Tragen?
(2) Ergibt sich durch die Einführung der digitalen Tools zur Pflegedokumentation und -planung eine stärkere *Befähigung* der Pflegenden?
(3) Führen die digitalen Tools zu einer *Arbeitserleichterung* bzw. zu einer Entschärfung bis dahin bestehender Problemlagen?

2.1 Passiert die Veränderung absichtsvoll bzw. wessen Absicht kommt zum Tragen?

Die Digitalisierung der Pflegearbeit wird politisch im Kontext der „Konzertierten Aktion Pflege", des Sofortprogramms Pflege und mit dem Pflegepersonalstärkungsgesetz sowie dem Digitale-Versorgung-und-Pflege-Modernisierungs-Gesetz bewusst vorangetrieben. Der Einsatz digitaler Technik im Pflegealltag wird über Zuschüsse für die technische Ausstattung von Pflegeeinrichtungen nach § 8 (8) SGB XI gefördert. Die Entwicklung weiterer digitaler Tools und technischer pflegebezogener Anwendungen ist Ziel einer Vielzahl von staatlichen Förderprogrammen (vgl. FN 3). In die Entwicklung und Verbreitung der technischen Unterstützung der Altenpflege wird also von Seiten der Politik massiv investiert.

Die Position der Pflegenden zur Digitalisierung der Pflegearbeit kann basierend auf einem Positionspapier des Bündnisses Digitalisierung in der Pflege herausgearbeitet werden, in dem u. a. die großen Trägerverbände organisiert sind, wie der Deutsche Evangelische Verband für Altenarbeit und Pflege e.V., der Verband katholischer Altenhilfe in Deutschland e.V., aber auch der Deutsche Pflegerat e.V. (der Dachverband der Berufsverbände des Pflegewesens in Deutschland, der letztlich die professionell Pflegenden vertritt).[11] Das Bündnis begrüßt die Digitalisierung in der Pflege als Chance. Auch hier werden mit der Digitalisierung die Potenziale der Entlastung von Bürokratie und der Unterstützung pflegerischer Tätigkeiten verbunden. Trägerverbände wie Berufsverbände sind interessiert an einer Digitalisierung der Pflege und formulieren in ihrem Positionspapier vom August 2020 vor allem Anforderungen an eine umfassende Digitalisierungsstrategie, die auch geeignete rechtliche Rahmenbedingungen, insbesondere

---

[11] Vgl. Bündnis Digitalisierung in der Pflege, *Digitalisierung in der Pflege: Eckpunkte einer nationalen Strategie*.

mit Blick auf technische Standards, Innovation, Refinanzierung, Kompetenzentwicklung und Teilhabe umfasst. Die beteiligten Organisationen und Verbände wollen damit als gestaltender Akteur einer ganzheitlichen Digitalisierungsstrategie für die Pflege auftreten. Die Digitalisierung der Pflege wird also von maßgeblichen Pflegendenorganisationen als mitzugestaltendes Ziel proklamiert.

Die (weitere) Digitalisierung der Pflegearbeit ist also sowohl politisch als auch von den betroffenen Akteuren gewünscht.

2.2 Ergibt sich durch die Einführung der digitalen Tools eine stärkere Befähigung der Pflegenden?

Diese Frage schließt direkt an die Diskussion um Tendenzen der Professionalisierung bzw. De-Professionalisierung der Pflege durch den Einsatz digitaler Technik an, und fokussiert hier speziell das digitale Pflegemanagement. Hier soll natürlich nicht von irgendeiner beliebigen, zu erwerbenden bzw. zu erhaltenen Fähigkeit gesprochen werden, sondern von Fähigkeiten, die Pflegekräfte in ihrer beruflichen Kompetenz auszeichnen. Mit *Befähigung* ist folglich eine Erhöhung der eigenen pflegerischen Kompetenz gemeint. Wenn Pflegearbeit eine *wissensbasierte Interaktionsarbeit* ist, wobei diese auch die sogenannte *Gefühlsarbeit* umfasse,[12] umfasst eine Erhöhung der diesbezüglichen Kompetenz also:

- den Erwerb von Wissen, das sich auf die pflegerische Versorgung bezieht (also z. B.: Wie wird ein künstlicher Darmausgang nach neuestem Stand der Forschung versorgt? Welche Handlungsschritte beinhaltet eine professionelle Dekubitusprophylaxe?),
- den Erwerb von Fertigkeiten im Bereich der professionellen Gestaltung der Interaktion (Anleitung zur Selbstpflege nach Orem, Gesprächsführungskompetenz, Tarieren zwischen Nähe und Distanz, Schaffen einer professionellen Distanz bzw. respektvollen Nähe insbesondere bei körpernahen Verrichtungen) oder
- das Erlernen von Kompetenzen im Bereich der emotionalen Stabilisierung des Gegenüber bzw. der Erwerb eines professionellen

---

[12] Vgl. Bovenschulte/Busch-Heizmann/Lizarazo López/Lutze/Tiryaki/Trauzettel, *Potentiale einer Pflege 4.0 für die Langzeitpflege*, 5.

Umgangs mit eigenen Gefühlen im Pflegeprozess (z. B. eigene Betroffenheit oder Ekel vor übelriechenden Wunden).[13]

Dass Pflegende im Zuge der Digitalisierung der Pflegearbeit das korrekte Bedienen einer Software zur Pflegeplanung und -dokumentation erlernen, erweitert zwar deren Kompetenzen, jedoch nicht deren pflegespezifische Kompetenz. Im Gegenteil werden durch das Erlernen des Umgangs mit Pflegesoftware zunächst zeitliche Ressourcen gebunden, die für den Erwerb bzw. Erhalt pflegerischer Fähigkeiten dann nicht mehr zur Verfügung stehen. Die fortschreitende Digitalisierung und damit verbundene Weiterentwicklung von Standards und Programmen erfordert die ständige Weiterbildung ihrer Nutzer*innen,[14] sodass dieses zusätzliche, nun notwendig gewordene Lernfeld bestehen bleibt. Insbesondere weniger technikaffine Pflegekräfte brauchen ausreichend zeitliche Ressourcen, um die Bedienung und angemessene Anwendung der Technologie im Arbeitsalltag zu erlernen.[15]

Wenn der Umgang mit der Software erlernt wurde und dadurch z. B. der Zugang zu aktuellem pflegespezifischem Wissen erleichtert wird, kann dies wiederum einen positiven Einfluss auf die pflegerische Kompetenz haben. Die gängigen Programme (z. B. Medifox und DMRZ) ermöglichen eine direkte Umsetzung des Konzepts zur Steuerung des Pflegeprozesses (des sogenannten „Strukturmodells"[16]), das im Zuge der Bemühungen um die Entbürokratisierung der Pflege entwickelt wurde[17] und liefern neben Hintergrundinformationen zu den im Planungsgespräch abzudeckenden Themenfeldern auch die aktuellen Expertenstandards zu entsprechenden Pflegemaßnahmen. Die professionelle Pflegepraxis ist u. a. gekennzeichnet durch die Orientierung an Pflegestandards, die durch eine qualifizierte Ausbildung vermittelt werden und zu einer fachlich kompetenten und sicheren Pflege füh-

---

[13] An anderer Stelle wird nur die Stabilisierung der emotionalen Verfassung der pflegebedürftigen Person als Gefühlsarbeit bezeichnet, der Umgang der Pflegekraft mit eigenen Gefühlen dagegen als „Emotionsarbeit" (Lutze/Trauzettel/Busch-Heizmann/Bovenschulte, *Potenziale einer Pflege 4.0*, 18). Im Rahmen dieses Beitrags ist eine solche weitere Differenzierung argumentativ jedoch nicht nötig.
[14] Bündnis Digitalisierung in der Pflege, *Digitalisierung in der Pflege: Eckpunkte einer nationalen Strategie*, 9.
[15] Vgl. Bovenschulte/Busch-Heizmann/Lizarazo López/Lutze/Tiryaki/Trauzettel, *Potentiale einer Pflege 4.0 für die Langzeitpflege*, 17.
[16] Vgl. Grammer/König, *Pflegeprozess*, 82.
[17] Vgl. Herrgesell, *Konzepte, Modelle und Theorien in der Pflege*, 17.

ren. Die ständige Verfügbarkeit aktueller evidenzbasierter Handlungsrichtlinien, auch später während der beruflichen Praxis, kann für die Qualität einer wissensbasierten Pflege durchaus hilfreich sein.

Hier muss jedoch klar differenziert werden zwischen einem Anleiten der Pflegekraft durch das mobile Endgerät (Smartphone oder Smart Glasses) als sogenannte „Step-by-Step Guidance"[18] und der Nutzung der Pflegesoftware als Nachschlagewerk bzw. Informationsquelle zur Auffrischung und Aktualisierung des Kenntnisstands im Sinne der eigenständigen kontinuierlichen Weiterbildung außerhalb der Interaktion mit der pflegebedürftigen Person.

Die schrittweisen Vorgaben durch das Smartphone sind bezüglich der Befähigung der Pflegenden kritisch zu sehen, denn sie können zu einer Beeinträchtigung der Interaktionsarbeit und sogar der fachlichen Kompetenz führen. Die Anleitung der Pflegenden „in Echtzeit", also parallel zum Ausführen der Pflegehandlungen, stört den Fokus auf die pflegebedürftige Person und das emotionale und kognitive „Dabeibleiben". Eine dritte Instanz tritt zwischen die beiden Subjekte der Koproduktion der Pflege,[19] und übernimmt die Steuerung der Pflegehandlungen. Hier kann nur noch schwerlich von Klientenzentrierung oder Bedürfnisorientierung in der Pflegearbeit gesprochen werden. Mit Blick auf die fachliche Kompetenz besteht hier das aus anderen Branchen bereits bekannte Risiko des Verlusts des Situationsbewusstseins und eigener Kenntnisse durch ein übersteigertes Vertrauen in ein digitales Gerät.[20] Wenig qualifizierte Pflegende können durch eine „Step-by-Step Guidance" zwar vor groben Pflegefehlern bewahrt werden,[21] für ausgebildete Fachkräfte bedeutet die Vorgabe durch das

---

[18] Vgl. Recken/Prilla/Rashid, *Augmented Reality Datenbrillen in der ambulanten Intensivpflege*; Kopetz/Wessel/Balzer/Jochems, *Smart Glasses as Supportive Tool in Nursing Skills Training*.

[19] Zur Charakterisierung der Pflege als personenbezogene Dienstleistung, die auf der Koproduktion von pflegender und pflegebedürftiger Person basiert vgl. Hagedorn, *Anerkennungsdefizite und Machtasymmetrien in der häuslichen Pflegearbeit. Eine sozialethische Reflexion*, 113–114.

[20] Vgl. Bovenschulte/Busch-Heizmann/Lizarazo López/Lutze/Tiryaki/Trauzettel, *Potentiale einer Pflege 4.0 für die Langzeitpflege*, 6.

[21] Eine Randbemerkung: Hier stellt sich dringend die Frage nach der Verantwortung für im digital angeleiteten Pflegeprozess entstehende Pflegefehler und dadurch verursachte Gesundheitsschäden. Ist hier der*die Entwickler*in der Software zu belangen, die zu einer unsachgemäßen Versorgung geführt hat, oder der*die Pflegende, der die Handlung ausgeführt hat? Oder der*die Gesetzgeber*in, der den Einsatz solcher Apps in der Pflege nicht angemessen reguliert hat? (Vgl. zur gleichlautenden Fragestellung mit Blick auf Pflegeroboter: Bendel, *Roboter im Gesundheitsbereich*, 207).

Smartphone jedoch eine Dequalifizierung.[22] Sie könnten ohne den rigiden Ablauf besser – nämlich sowohl fachlich fundiert als auch situations- und personenorientiert – pflegen. Der Einsatz digitaler Technik in der unmittelbaren Anleitung der Pflege unterstützt mit Blick auf die Fachlichkeit des Pflegepersonals das sogenannte „Race to the Bottom". Er ist eher dazu geeignet, bei gering qualifiziertem Personal ein absolutes Minimum an Pflegefachlichkeit zu gewährleisten als dazu, qualifizierte Pflegekräfte in ihrer (eigenen) Professionalität zu unterstützen und beeinträchtigt die Qualität der Interaktions- und Gefühlsarbeit.

Die Nutzung der Pflegesoftware als Nachschlagewerk außerhalb der konkreten pflegerischen Tätigkeit ist separat zu betrachten. Sie ist mit Blick auf die Aktualisierung des pflegerischen Fachwissens wie schon dargestellt durchaus positiv zu bewerten. Zu einer Verbesserung der Interaktions- und Gefühlsarbeit kann ein Nachschlagen von aktuellen Behandlungsstandards jedoch wenig beitragen. Mit Blick auf diese wesentlichen Bereiche der Pflege wird die Digitalisierung der Arbeit eher als eine zusätzliche Anforderung an die Pflegenden wahrgenommen. Sie müssen durch den Technikeinsatz in diesen Bereichen eine zusätzliche Integrations- und Vermittlungsleistung erbringen.[23]

2.3 Führen die digitalen Tools zu einer Arbeitserleichterung bzw. zu einer Entschärfung bis dahin bestehender Problemlagen?

Das von allen Seiten vor dem Hintergrund des Fachkräftemangels, der Ökonomisierung und Bürokratisierung der Pflege proklamierte Ziel der Digitalisierung der Pflegearbeit ist, für höhere Pflegequalität sorgen und dabei den Zeitaufwand für die Dokumentation zu verringern, sodass wieder „mehr Zeit für den Menschen" entsteht.[24] In fast allen Veröffentlichungen zur Digitalisierung der Pflege steht das Versprechen bzw. die Hoffnung, mehr Zeit für den Menschen zu schaffen im Mittelpunkt – nicht zuletzt auch im oben zitierten Positionspapier des Bündnisses Digitalisierung in der Pflege.[25] Das Gefühl, aufgrund der angespannten Personalsituation und der Vielzahl an zu erledigenden

---

[22] Vgl. Evans/Hielscher/Voss, *Damit Arbeit 4.0 in der Pflege ankommt*, 3.
[23] Vgl. Hielscher, *Digitalisierungsprozesse und Interaktionsarbeit in der Pflege*, 33.
[24] Z. B. Kasper, *Digitalisierung – die strategische Chance der Pflege im nächsten Jahrhundert*, 299.
[25] Vgl. Bündnis Digitalisierung in der Pflege, *Digitalisierung in der Pflege: Eckpunkte einer nationalen Strategie*.

(„pflegefernen"[26]) Aufgaben keine Zeit mehr für die eigentlich Pflege zu haben, scheint derzeit mit das drängendste Problem in der professionellen Pflege zu sein. Es ist hier also folgende Frage zu beantworten: Gibt es eine Zeitersparnis durch das digitale Pflegemanagement, die der Interaktion mit den Pflegebedürftigen zugutekommt?

Zusammenfassend lässt sich sagen, dass der Digitalisierung der Pflegearbeit in fast allen in diesem Beitrag ausgewerteten Veröffentlichungen eine Effektivierung der Dokumentation und Organisation von Pflege zugeschrieben wird. Diese rührt zum einen von der Vernetzung von Geräten und der örtlich nicht gebundenen Verfügbarkeit und Modifizierbarkeit der Daten her. Geleistete Pflegeschritte und neue Informationen können direkt „am Bett" bzw. „point of care" erfasst werden und sind direkt zentral verfügbar. Das spart einerseits Laufwege, andererseits können die erfassten Pflegemaßnahmen auch gleichzeitig (bei Interoperabilität der jeweiligen Systeme) in die Abrechnung des Dienstes bzw. Pflegeheims eingespeist und relevante Daten für die Bestellung von Materialien und Medikamenten übernommen werden, sodass ganze Arbeitsschritte eingespart werden. Für den Bereich der ambulanten Pflege kann man sagen, dass der gegenwärtige Organisationsaufwand ohne digitale Unterstützung wohl gar nicht mehr zu bewältigen wäre.[27]

Das mobile digitale Erfassen der Daten bedeutet de facto eine stärkere Integration der Dokumentation in den Pflegeprozess bzw. in die Interaktion mit der pflegebedürftigen Person. Das ist schon deshalb notwendig, weil Eintragungen zur Leistungserbringung häufig mit Zeitmarker versehen sind.[28] Zeitersparnis gibt es also um den Preis der Störung der Interaktions- und Gefühlsarbeit, wie schon mit Blick auf die schrittweise Steuerung von Pflegeverrichtungen angemerkt. Dabei beschleunigt die Verfügbarkeit von Textbausteinen und datenbasiert generierten Interventionsvorschlägen die Dateneingabe.[29] Allerdings vor

---

[26] Dieser durchaus zeitintensive Anteil der Pflegearbeit, der die administrativen und gegenstandsbezogenen Verrichtungen umfasst (im Gegensatz zu den personennahen Tätigkeiten der Interaktions- und Gefühlsarbeit) ist vom Tätigkeitscharakter her am ehesten für eine Entlastung durch digitale Technik geeignet (vgl. Lutze/Trauzettel/Busch-Heizmann/Bovenschulte, *Potenziale einer Pflege 4.0*, 19).
[27] Vgl. Bleses/Busse, *Digitalisierung der Pflegearbeit in der ambulanten Pflege: Herausforderungen und Gestaltungsmöglichkeiten guter Arbeitsqualität*, 49.
[28] Vgl. Urban/Schulz, *Digitale Patientendokumentationssysteme. Potenziale, Herausforderungen und Gestaltungsmöglichkeiten*, 84.
[29] Vgl. Urban/Schulz, *Digitale Patientendokumentationssysteme. Potenziale, Herausforderungen und Gestaltungsmöglichkeiten*, 85.

allem dann, wenn diese unverändert übernommen werden. Eine Individualisierung der Diagnosen und/oder Maßnahmen bedeutet bei digitaler Dokumentation einen extra Zeitaufwand, was bei papiergestützter Dokumentation nicht der Fall ist. Dadurch könnte die Digitalisierung der Pflegedokumentation im Bemühen um eine maximale Zeitersparnis zu einer Standardisierung der Pflege oder zu einer Abweichung der geleisteten (individualisierten) von der dokumentierten (standardisierten) Pflege führen.

Weiter wird als Vorteil der Digitalisierung der Pflegeplanung genannt, dass sich die Pflegekräfte auf ihrem Diensthandy schon zu Hause mit ihren Touren bzw. Einsätzen beschäftigen können und auch Mitteilungen bezüglich Dienstplanänderungen in Echtzeit angezeigt bekommen. Dadurch können unnötige Wege vermieden werden und die Pflegekräfte starten voll informiert in ihre Schicht.[30] Hier beruht die Zeitersparnis im Arbeitsablauf genauer besehen auf einer Auslagerung der „Orientierungsphase" in die Freizeit der Pflegekraft.

Es ist also eine Zeitersparnis aufgrund der digitalen Dokumentation und Planung der Pflege zu verzeichnen. Gleichzeitig entstehen Risiken einer Beeinträchtigung der Interaktions- und Gefühlsarbeit sowie Tendenzen der Entgrenzung der Arbeitszeit, der Standardisierung, Rationalisierung und potenziell auch Überwachung – die Dokumentation in Echtzeit schafft, ob gezielt oder nicht, die Möglichkeit einer umfassenden Kontrolle der Pflegekräfte.[31]

Es bleibt die Frage, ob die erzielte Zeitersparnis der Interaktion mit den Pflegebedürftigen zugutekommt.

Studien verweisen darauf, dass sich durch die Potenziale digitaler Dokumentationssoftware neue Bedarfe seitens der Unternehmensleitung entwickeln, bspw. durch verschiedene Auswertungsfunktionen. Der Umfang der Dokumentation kann durch neue Nachfragen ausgedehnt sein, wodurch zwar effizienter dokumentiert wird, aber eben auch mehr.[32] Auch steigende gesetzliche Anforderungen für die Dokumentation können die gewonnene Zeit „auffressen". Hier zeigt sich ein

---

[30] Vgl. Bleses/Busse, *Digitalisierung der Pflegearbeit in der ambulanten Pflege: Herausforderungen und Gestaltungsmöglichkeiten guter Arbeitsqualität*, 58.
[31] Die Studie von Bovenschulte et al., die insgesamt zu einer positiven Bewertung der Tools zum digitalen Pflegemanagement kommt, weist darauf hin, dass die Dokumentation nicht als Kontrollinstrument dienen sollte, und erkennt damit implizit dieses Risiko an (Vgl. Bovenschulte/Busch-Heizmann/Lizarazo López/Lutze/Tiryaki/Trauzettel, *Potentiale einer Pflege 4.0 für die Langzeitpflege*, 21).
[32] Vgl. Hielscher/Kirchen-Peters/Sowinski, *Technologisierung der Pflegearbeit?*, 11; Albrecht/Wolf-Ostermann/Friesacher, *Pflege und Technik – konventionelle oder IT-gestützte*

widersprüchlicher Befund für den deutschen Kontext. Durch das Pflege-Qualitätssicherungsgesetz (eingeführt 2002, revidiert 2008) ergaben sich insbesondere für die Altenpflege umfängliche Dokumentationserfordernisse.[33] Im Zuge des Zweiten Pflegestärkungsgesetzes von 2017 wurde die „Bürokratisierung" der Pflege dann wieder stark zurückgefahren. In der Dokumentationslogik des neuen Konzepts zur Pflegedokumentation (SIS) müssen seitdem nur noch Abweichungen zur Grundplanung (anstatt sämtlicher planmäßig erfolgter Handlungen) dokumentiert werden.[34] Eine aktuelle Studie der Bertelsmann Stiftung zeigt jedoch, dass die niederländischen, kanadischen und dänischen Pflegekräfte eine deutlichen Entlastung durch die digitale Pflegedokumentation und -planung spüren, sich dies bei ihren deutschen Kolleg*innen aber „aufgrund der gleichzeitig stetig steigenden gesetzlichen Anforderungen"[35] nicht in gleichem Maße feststellen lasse.

Auch wenn die Digitalisierung das Pflegemanagement effektiver macht, entsteht also nicht automatisch mehr „Zeit für den Menschen". Die potenziell gesparte Zeit wurde bzw. wird nach aktueller Studienlage durch den „Sog der Möglichkeiten" der digitalen Technik und/oder rechtliche Vorgaben quasi reabsorbiert. Dieser negative Befund muss allerdings nicht der Digitalisierung als solcher angelastet werden, sondern den sich parallel verändernden Rahmenbedingungen und Anforderungen. Jenseits der Frage nach einer Zeitersparnis sind hier eine ganze Reihe problematische Tendenzen in den Blick gekommen, die durch eine digitale mobile Pflegedokumentation mit befördert werden: Störung des Beziehungsgeschehens, Standardisierung der Pflege und Entgrenzung der Arbeitszeit.

3. FAZIT

Ist die derzeit beobachtbare Digitalisierung der Pflegearbeit eine soziale Innovation im positiven Sinn? Also (1) eine absichtsvolle Verände-

---

Pflegedokumentation – spiegelt die Praxis den theoretischen Diskurs wider?; Zieme, *Auswirkungen IT-gestützter Pflegedokumentation auf die Pflegepraxis – eine Übersichtsarbeit*; Daum, *Digitalisierung und Technisierung der Pflege in Deutschland*, 34.

[33] Vgl. Daum, *Digitalisierung und Technisierung der Pflege in Deutschland*, 35.
[34] Vgl. Urban/Schulz, *Digitale Patientendokumentationssysteme. Potenziale, Herausforderungen und Gestaltungsmöglichkeiten*, 83.
[35] Bovenschulte/Busch-Heizmann/Lizarazo López/Lutze/Tiryaki/Trauzettel, *Potentiale einer Pflege 4.0 für die Langzeitpflege*, 12.

rung einer sozialen Praxis, die (2) zu einer stärkeren (professionell-pflegerischen) Befähigung der Beteiligten führt und (3) bestehende Herausforderungen (zu hoher Arbeitsdruck, zu wenig „Zeit für den Menschen") besser zu bewältigen hilft?

(1) Die digitale Dokumentation und Pflegeplanung ist grundsätzlich von relevanten Akteuren der Pflegearbeit gewünscht. Sie unterstützt (2) in Hinsicht auf das unkomplizierte Nachschlagen von Pflegefachwissen die professionelle Kompetenz der Pflegenden. Allerdings bringen die mobile digitale Dokumentation sowie die Anleitung des pflegerischen Handelns in Form einer „Step-by-Step Guidance" Erschwernisse für die Interaktions- und Gefühlsarbeit mit sich. (3) Digitale Dokumentation und Pflegeplanung ist grundsätzlich effizienter als die papiergebundene, birgt jedoch Risiken bezüglich der Pflege- und Arbeitsqualität (v. a. Tendenzen der Standardisierung, Rationalisierung und Entgrenzung der Arbeitszeit) und die Zeitnot in der Pflege wird dadurch nicht behoben, weil sich im Zuge der Digitalisierung die Anforderungen an Organisation und Dokumentation verändern. Die potentiell gewonnene Zeit kommt nach derzeitiger Studienlage *nicht* der Interaktion mit den Pflegebedürftigen zugute.

Bei der weiteren Gestaltung der Digitalisierung der Pflegearbeit sollte demnach folgendes berücksichtigt werden:

– Es muss Zeit *außerhalb* der Pflegetätigkeit eingeräumt werden, in der Pflegekräfte ihren Kenntnisstand der Expertenstandards und anderer Behandlungsrichtlinien aktualisieren können.

– Pflegende sollten die Möglichkeit bekommen, in Supervision und Weiterbildung Formen des Einbezugs des Smartphones in die Interaktions- und Gefühlsarbeit zu entwickeln und einzuüben, damit eine Deprofessionalisierung und ein Verlust an Pflegequalität in diesen Bereichen vermieden wird.

Oder: Die Dokumentation wird als pflegefremde Aufgabe an eine andere Berufsgruppe abgegeben, die die Pflege begleitet. Die Digitalisierung der Pflegearbeit würde so mit einer stärkeren Interprofessionalität flankiert.[36] Der Vorteil dabei wäre, dass auch ein erhöhtes Aufkommen an Datenerhebung, wie es in der Literatur derzeit beschrieben wird, die Pflegenden nicht unter zusätzlichen Druck setzen würde. Die Pflegekraft selbst würde keine Zeit mehr

---

[36] Ohnehin bedeutet die Digitalisierung des Gesundheitswesens ein Zuwachs an technisch orientierten, neuen Berufsbildern im Bereich der Pflegearbeit (vgl. Matusiewicz, *Prolog zur Digitalen Pflege*, 8; Juffernbruch, *Veränderung von Berufen im Gesundheitswesen durch E-Health*, 56–57).

mit der Dokumentation verbringen, wodurch definitiv mehr Zeit für Interaktion entstehen würde.
Nachteile wären hier die Anwesenheit einer zusätzlichen Person, was zumindest gewöhnungsbedürftig sein könnte, und der „Kostenpunkt" eines*r zusätzlichen Mitarbeiter*in.

- Die eigene Fachkompetenz und das pflegefachliche Urteilsvermögen müssen maßgeblich dafür bleiben, welche pflegerische Intervention geplant bzw. durchgeführt wird. Es muss in der softwarebezogenen Weiterbildung klar gemacht werden, dass es sich bei Textbausteinen und datenbasierten Vorschlägen für Pflegemaßnahmen um kritisch zu prüfende Vorschläge handelt, sodass weiterhin die Pflegekraft und nicht die Software den Pflegeprozess verantwortet und fachgerecht gestaltet. Zeitersparnis darf hier nicht höher gewichtet werden als fach- und personengerechte Dokumentation und Planung der Pflege.
- Die ständige Verfügbarkeit der Einsatzpläne darf nicht zu der Erwartung führen, dass sich Pflegekräfte in ihrer Freizeit damit beschäftigen. Um den positiven Einfluss des vorab Informiertseins zu bewahren ohne dass dies zulasten der Erholung der Pflegekraft geht, wäre ein kleines Zeitbudget der Pflegekräfte im Homeoffice denkbar.
- Digitale Dokumentationssysteme machen durch den Abgleich mit den abrechenbaren Einheiten nur formalisierbare Leistungen sichtbar und blenden Aspekte der Interaktions- und Gefühlsarbeit aus. Daraus könnte vor dem Hintergrund der Verquickung von Dokumentation, Abrechnung und Steuerung des Pflegeprozesses eine Tendenz entstehen, die Kontaktzeiten zu vermindern. Dieser „Versuchung" der digitalen Strukturierung der Pflegearbeit muss im Interesse der Pflegenden und Pflegebedürftigen widerstanden werden.

Insgesamt ist mit Blick auf die Einführung der digitalen Technik in der Altenpflege zu beachten, dass diese im Vergleich zu vorherigen Technologiephasen folgenreicher für die Arbeitsgestaltung ist, und gleichzeitig häufig Rationalisierungsbestrebungen der Einführung zugrunde liegen. Problematisch wird es insbesondere, wenn die mit der Einführung verknüpften Risiken und Gestaltungsherausforderungen ausgeblendet werden.[37] Dass ein Einsatz digitaler Technik in der Altenpflege

---

[37] Vgl. Evans/Ludwig/Gießler/Breuker/Scheda, *Digitalisierung für die Altenpflege. „Lernreise" als Instrument des betrieblichen Capacity-Buildings*, 153.

für die Arbeitsqualität und die Pflegequalität segensreich sein *kann*, zeigt die schon zitierte aktuelle Studie der Bertelsmann Stiftung. Dort wird anhand konkreter internationaler Pflegeeinrichtungen deutlich, wie z. B. Entlastungspotenziale durch den Technikeinsatz gehoben werden können.[38] Die partizipative Einbindung der Pflegekräfte in Auswahl und Implementierung erfordert Knowhow in der Prozessgestaltung und Zeit. Dies sollte Pflegeeinrichtungen im Zuge der Digitalisierung der Pflegearbeit ermöglicht werden, um im Sinne einer sozialen Innovation gedeihliche sozio-technische Arbeitsstrukturen zu schaffen.

Literatur

Albrecht, Maren/Wolf-Ostermann, Karin/Friesacher, Heiner, *Pflege und Technik - konventionelle oder IT-gestützte Pflegedokumentation - spiegelt die Praxis den theoretischen Diskurs wider? Eine empirische Studie aus dem Bereich der stationären Altenpflege*, in: Pflegewissenschaft 12 (2010), 34–46.

Albu-Schäffer, Alin/Dietrich, Alexander/Suchenwirth, Lioba/Vogel, Jörn, *Die anwendungsbezogene Entwicklung von Pflegeassistenzsystemen. Herausforderungen und eine vorläufige Bilanz*, in: Mokry, Stephan/Rückert, Maximilian Th. L. (Hg.), Roboter als (Er-)Lösung? Orientierung der Pflege von morgen am christlichen Menschenbild: Forschung/Technik/Praxis, Paderborn 2020, 42–58.

Becka, Denise/Evans, Michaela/Hilbert, Josef, *Digitalisierung in der sozialen Dienstleistungsarbeit. Stand, Perspektiven, Herausforderungen, Gestaltungsansätze*, Düsseldorf 2017.

Becke, Guido/Bleses, Peter/Goldmann, Monika, *Soziale Innovationen – eine neue Perspektive für die Arbeitsforschung im Feld sozialer und gesundheitsbezogener Dienstleistungen*, in: Becke, Guido/Bleses, Peter/Frerichs, Frerich/Goldmann, Monika/Hinding, Barbara/Schweer, Martin K. W. (Hg.), Zusammen - Arbeit - Gestalten. Soziale Innovationen in sozialen und gesundheitsbezogenen Dienstleistungen, Wiesbaden 2016, 9–34.

Bendel, Oliver, *Roboter im Gesundheitsbereich. Operations-, Therapie- und Pflegeroboter aus ethischer Sicht*, in: Bendel, Oliver (Hg.), Pflegeroboter, Wiesbaden 2018, 195–212.

---

[38] Vgl. Bovenschulte/Busch-Heizmann/Lizarazo López/Lutze/Tiryaki/Trauzettel, *Potentiale einer Pflege 4.0 für die Langzeitpflege*, 21.

Bleses, Peter/Busse, Britta, *Digitalisierung der Pflegearbeit in der ambulanten Pflege: Herausforderungen und Gestaltungsmöglichkeiten guter Arbeitsqualität*, in: Bleses, Peter/Busse, Britta/Friemer, Andreas (Hg.), Digitalisierung der Arbeit in der Langzeitpflege als Veränderungsprojekt, Berlin/Heidelberg 2020, 49–64.

Bovenschulte, Marc/Busch-Heizmann, Anne/Lizarazo López, Martina/Lutze, Maxie/Tiryaki, Sirin/Trauzettel, Franziska, *Potentiale einer Pflege 4.0 für die Langzeitpflege*, Gütersloh 2021.

Bundesministerium für Bildung und Forschung, *Die neue Hightech-Strategie. Innovationen für Deutschland*, Berlin 2014.

Bundesministerium für Bildung und Forschung, *Technik zum Menschen bringen. Forschungsprogramm zur Mensch-Technik-Interaktion*, Bonn 2015.

Bundesministerium für Bildung und Forschung, *Forschung und Innovation für die Menschen. Die Hightech-Strategie 2025*, Berlin 2018.

Bundesregierung, *Das Alter hat Zukunft: Forschungsagenda der Bundesregierung für den demografischen Wandel*, Bonn 2012.

Bundesregierung, *Jedes Alter zählt - Für mehr Wohlstand und Lebensqualität aller Generationen*, 2015; verfügbar unter: https://www.bmi.bund.de/SharedDocs/downloads/DE/veroeffentlichungen/2015/demografiestrategie-der-bundesregierung.pdf;jsessionid=EFFCB248D8563FF793183AF7F5223D9D.2_cid295?__blob=publicationFile&v=1

Bündnis Digitalisierung in der Pflege, *Digitalisierung in der Pflege: Eckpunkte einer nationalen Strategie*, 2020; verfügbar unter: https://www.vkad.de/cms/contents/vkad.de/medien/dokumente/02-positionen/positionspapier-nati/positionspapier_verbaendebuendnis_digitalisierung_pflege_final_28042021.pdf?d=a&f=pdf

Daum, Mario, *Digitalisierung und Technisierung der Pflege in Deutschland. Aktuelle Trends und ihre Folgewirkungen auf Arbeitsorganisation, Beschäftigung und Qualifizierung*, Hamburg 2017.

Deutscher Ethikrat, *Robotik für gute Pflege. Stellungnahme*, Berlin 2020.

Evans, Michaela/Hielscher, Volker/Voss, Dorothea, Damit Arbeit 4.0 in der Pflege ankommt. Wie Technik die Pflege stärken kann, Düsseldorf 2018.

Evans, Michaela/Ludwig, Christine/Gießler, Wolfram/Breuker, Gertrud/Scheda, Wolfgang, *Digitalisierung für die Altenpflege. „Lernreise" als Instrument des betrieblichen Capacity-Buildings*, in: Bleses, Peter/Busse, Britta/Friemer, Andreas (Hg.), Digitalisierung der Arbeit in der Langzeitpflege als Veränderungsprojekt, Berlin/Heidelberg 2020, 151–165.

Grammer, Ilona/König, Peter, *Pflegeprozess*, in: Becker, Ursula (Hg.), Altenpflege heute. Lernbereiche I bis IV, München ³2017, 77–97.

Habisch, André, *Traditionsverwurzelte Zukunftsoffenheit. Technologische Innovation in der Perspektive jüdisch-christlicher Sozialethik*, in: Mokry, Stephan/Rückert, Maximilian Th. L. (Hg.), Roboter als (Er-)Lösung? Orientierung der Pflege von morgen am christlichen Menschenbild, Paderborn 2020, 128–141.

Hagedorn, Jonas, *Anerkennungsdefizite und Machtasymmetrien in der häuslichen Pflegearbeit. Eine sozialethische Reflexion*, in: Schröder, Julia (Hg.), Gewalt in Pflege, Betreuung und Erziehung. Verschränkungen, Zusammenhänge, Ambivalenzen, Weinheim/Basel 2019, 108–129.

Hänselmann, Eva, *Digitale Technik in der Altenpflege. Eine sozialethische Reflexion*. Sozialethische Arbeitspapiere des Instituts für Christliche Sozialwissenschaften Nr. 16, Münster 2022.

Herrgesell, Sandra, *Konzepte, Modelle und Theorien in der Pflege*, in: Becker, Ursula (Hg.), Altenpflege heute. Lernbereiche I bis IV, München ³2017, 11–27.

Hielscher, Volker, *Digitalisierungsprozesse und Interaktionsarbeit in der Pflege*, in: Bleses, Peter/Busse, Britta/Friemer, Andreas (Hg.), Digitalisierung der Arbeit in der Langzeitpflege als Veränderungsprojekt, Berlin/Heidelberg 2020, 33–45.

Hielscher, Volker/Kirchen-Peters, Sabine/Sowinski, Christine, *Technologisierung der Pflegearbeit? Wissenschaftlicher Diskurs und Praxisentwicklungen in der stationären und ambulanten Langzeitpflege*, in: Pflege & Gesellschaft 20 (2015), 5–66.

Juffernbruch, Klaus, *Veränderung von Berufen im Gesundheitswesen durch E-Health*, in: Matusiewicz, David/Pittelkau, Christian/Elmer, Arno/Addam, M. (Hg.), Die digitale Transformation im Gesundheitswesen. Transformation, Innovation, Disruption, Berlin 2017, 53–58.

Kaiser-Duliba, Alexandra, *Arbeit 4.0: sozialethische Zugänge zum Arbeitsbegriff im Kontext digitaler Transformationsprozesse*, in: Bachmann, Claudius/Kaiser-Duliba, Alexandra/Sturm, Cornelius (Hg.), Wirtschaftsethik. Sozialethische Beiträge, Münster 2020 (Forum Sozialethik, 21), S. 83–115.

Kasper, Nico, *Digitalisierung – die strategische Chance der Pflege im nächsten Jahrhundert*, in: Elmer, Arno/Matusiewicz, David/Althammer, Thomas (Hg.), Die digitale Transformation der Pflege. Wandel. Innovation. Smart Services, Berlin 2019, 297–300.

Kopetz, Jan Patrick/Wessel, Daniel/Balzer, Katrin/Jochems, Nicole, *Smart Glasses as Supportive Tool in Nursing Skills Training*, in: Boll, Susanne/Hein, Andreas/Heuten, Wilko/Wolf-Ostermann, Karin (Hg.), Zukunft der Pflege, Oldenburg 2018, 137–141.

Lutze, Maxie/Trauzettel, Franziska/Busch-Heizmann, Anne/Bovenschulte, Marc, *Potenziale einer Pflege 4.0*, Gütersloh 2021.

Matusiewicz, David, *Prolog zur Digitalen Pflege*, in: Elmer, Arno/Matusiewicz, David/Althammer, Thomas (Hg.), Die digitale Transformation der Pflege. Wandel. Innovation. Smart Services, Berlin 2019, 3–10.

Recken, Heinrich/Prilla, Michael/Rashid, Asarnusch, *Augmented Reality Datenbrillen in der ambulanten Intensivpflege*, in: Boll, Susanne/Hein, Andreas/Heuten, Wilko/Wolf-Ostermann, Karin (Hg.), Zukunft der Pflege, Oldenburg 2018, 180–184.

Urban, Monika/Schulz, Lena, *Digitale Patientendokumentationssysteme. Potenziale, Herausforderungen und Gestaltungsmöglichkeiten*, in: Bleses, Peter/Busse, Britta/Friemer, Andreas (Hg.), Digitalisierung der Arbeit in der Langzeitpflege als Veränderungsprojekt, Berlin/Heidelberg 2020, 81–95.

Zieme, Stefan, *Auswirkungen IT-gestützter Pflegedokumentation auf die Pflegepraxis – eine Übersichtsarbeit*, in: Güttler, Karen/Schoska, Manuela/Görres, Stefan (Hg.), Pflegedokumentation mit IT-Systemen. Eine Symbiose von Wissenschaft, Technik und Praxis, Bern 2010, 87–99.

Programmierte Autonomie?
Autoregulative Waffensysteme als anthropologische Anfrage

Nicole Kunkel

1. EINLEITUNG

Im Juni 2020 soll erstmals ein autoregulatives Waffensystem[1] zum Einsatz gekommen sein, zumindest geht das aus einem UN-Bericht vom März 2021 hervor.[2] Ob es sich wirklich um ein solches System handelt, oder ob die Drohne fern gesteuert betrieben wurde ist schwer zu beurteilen, weil es sich bei maschineller Autonomie letztlich um Software handelt: Der Tötungsbefehl wird dabei nicht von einem Menschen gegeben, sondern vom Algorithmus selbst, der das Ziel anvisiert und bekämpft, ohne dass der Mensch noch Einfluss auf oder Kontrolle über diese Prozesse hätte. Ob aber in dem Moment, in dem der Befehl zum Schießen erging, eine Verbindung zum System bestand und die Person im Kontrollzentrum Einsicht hat, ist schwer von außen einzusehen.

Schon seit einigen Jahren wird um autoregulative Waffensysteme vor allem politisch und juristisch gestritten; der Einsatz hochautomatisierter Technik mit dem erklärten Ziel Menschen zu Töten ruft offenbar Unwohlsein hervor. So hat sich bereits 2013 *die Campaign to Stop Killer Robots* gegründet, eine politische Dachorganisation von derzeit etwa 180 NGO's, die sich entschieden gegen den Einsatz von Autoregulation

---

[1] Ich benutzte anstelle des gebräucheren Begriffs der Autonomie den der Autoregulation. Genaueres dazu findet sich unten im Artikel, oder aber bei Kunkel, *Autoregulative Waffensysteme*. In letzterem Artikel gebe ich zudem einen Überblick über politische und ethische Debatten und Argumente.

[2] Vgl. Final report of the Panel of Experts on Libya established pursuant to Security Council resolution 1973 (2011) S/2021/229, online unter https://undocs.org/Home/Mobile?FinalSymbol=S%2F2021%2F229&Language=E&DeviceType=Desktop&LangRequested=False

in Waffensystemen ausspricht. Andererseits lockt die Technik mit großen Versprechungen zum Schutz von Menschenleben: Sie verspricht nicht nur, dass Soldaten eigener Reihe nicht zu Schaden kommen, weil sie auf dem Schlachtfeld nicht mehr auftauchen, sondern weckt auch die Hoffnung, dass der Wegfall menschlicher Schwächen wie Frust, Übermüdung, Angst oder Rachegedanken die Zahl an zivilen Opfern massiv verringern könnte.[3]

Ich möchte an dieser Stelle grundsätzlich nach dem Verhältnis von Mensch und Maschine fragen, wie es sich unter den Bedingungen autoregulativer Technik darstellt.[4] Besonders anhand von Waffensystemen zeigen sich dabei die Probleme dieser Technik wie im Brennglas: Was heißt es, wenn Maschinen zutiefst ethische Entscheidungen, wie die über Leben und Tod überlassen werden? Warum ist es ein Problem, wenn Technik anthropomorph dargestellt wird, also etwa als autonom und handelnd? Ziel der Ausführung ist es, damit einen Beitrag zu anthropologischen Überlegungen zu leisten, sprich: Welches Menschenbild wirkt im Hintergrund, wenn ethische Entscheidungen an Maschinen delegiert werden? Dabei werde ich zu dem Schluss kommen, dass die Maschine aus sich heraus weder autonom noch ethisch im klassischen Sinne agieren kann: Sie folgt lediglich einem Algorithmus, der die genauen Schritte abstrakt erfasst, und – da unfähig die Welt um ihn herum zu verstehen – auf die sozialen und ethischen Fähigkeiten des Menschen angewiesen bleibt. Um dies nachzuweisen, werde ich zunächst klären, worum es sich bei einem autoregulativen (Waffen-) System handelt und dabei die Arbeitsweise von subsymbolischen Algorithmen erläutern (2). Im Anschluss werde ich fragen, was genau passiert, wenn wir Maschinen anthropomorphisieren, sie also *autonom* und künstlich *intelligent* nennen, oder ihnen maschinelle *Lern*prozesse unterstellen (3). Sodann werde ich darstellen, wie Autonomie im klassisch-philosophischen Sinne verstanden wird und erklären, warum ich den Terminus der Autoregulation bevorzuge (4). Schließlich werde ich das Fazit ziehen, dass diese terminologische Umstellung dabei helfen kann, einen unsachgemäßen Umgang mit Technik zu vermeiden (5).

---

[3] Vgl. Arkin, Governing Lethal Behavior in Autonomous Robots.
[4] Einen guten Einblick in die politischen, juristischen und konkreten ethischen Implikationen dieser Technik bietet etwa der TAB-Report von 2021 oder die Berichte der SWP. Vgl. Grünwald/Kehl, *Autonome Waffensysteme*, sowie Dahlmann/Dickow, *Preventive Regulation of Autonomous Weapon Systems*.

2. AUTOREGULATIVE ALGORITHMEN

Eine erste Schwierigkeit in der Debatte um autoregulative Waffensystemen ist, dass sie weder eindeutig definiert noch in der Fachdebatte unter demselben Begriff verhandelt werden. So wird das Thema wissenschaftlich unter dem Terminus der autonomen Waffensysteme diskutiert,[5] während die Öffentlichkeit eher von Killerrobotern spricht.[6] Ich selbst ziehe den Terminus der autoregulativen Waffe vor. Neben der Schwierigkeit eines zutreffenden Beschreibungsbegriffs ist auch die Definition dieser neuen Art von Waffentechnik höchst umstritten. Das liegt nicht zuletzt daran, dass die Abgrenzung zwischen Automatisierung und maschineller Autonomie fließend ist. Ich lege für meine Ausführungen die Definition des Internationalen Rotes Kreuzes zu Grunde. Sie lautet:

„Autonomous Weapon Systems are defined as any weapon system with autonomy in the critical functions of target selection and target engagement. That is, a weapon system that can select (i.e. detect and identify) and attack (i.e. use force against, neutralize, damage or destroy) targets without human intervention."[7]

Zentral ist hier, dass Waffen dann als autonom, bzw. autoregulativ bezeichnet werden, wenn sie ohne menschliche Einflussnahme ein Ziel – gedacht ist hier natürlich vor allem an einen Menschen – anvisieren und töten können. Das heißt nun aber nicht, dass jede automatisierte Waffe, wie etwa technisch recht einfache Minen, derselben Definition unterliegt; aber die Grenzen verlaufen fließend. Dies zeigt sich vor allem da, wo bereits hochautomatisierte Waffensysteme, etwa das Nahbereichsverteidigungssystem Phalanx, weiter automatisiert werden.[8] Im Zentrum steht hier in jedem Fall die Feststellung, dass die Maschine ohne menschliche Einflussnahme agiert. Ob es sich dabei um ein Luftfahrzeug, ein Bodenfahrzeug oder ein Seefahrzeug handelt, spielt zunächst keine Rolle – entscheidend ist, dass im Moment der Zielsetzung und -bekämpfung kein Mensch mehr die Kontrolle über das Fahrzeug hat. Zudem ist technische Autonomie ein Teilprozess, bezieht sich also

---

[5] Vgl. Dahlmann/Dickow, *Preventive Regulation of Autonomous Weapon Systems*.
[6] Vgl. etwa die Website der Campaign to Stop Killer Robots, https://www.stopkillerrobots.org/. Eingesehen am 21.04.2021.
[7] International Committee of the Red Cross, *Views of the ICRC on autonomous weapon systems*. Diese Definition allerdings fußt wiederum auf der des US-amerikanischen Verteidigungsministeriums.
[8] Vgl. Altmann, *Autonome Waffensysteme*, 112f.

auf eine bestimmte Eigenschaft eines technischen Systems.⁹ Für eine Drohne etwa könnte sich Autoregulation auf die Start- und Landesequenz beziehen – oder eben auf die Tötungsfunktion.

Die technische Grundlage hierfür sind künstlich intelligente Algorithmen, die wiederum zumeist subsymbolisch operieren, das heißt sie arbeiten vom Speziellen zum Besondern und sollen aus vielen Daten bestimmte Muster erkennen.¹⁰ Ein System soll beispielsweise lernen Gesichter zu erkennen: Während dieses Prozesses arbeitet das System zwar de facto von allein und kann am Ende – so denn die Aufgabe geglückt ist – mit hoher Sicherheit menschliche Gesichter identifizieren, muss aber, um diese Aufgabe zu meistern, sehr viele Bilder von Menschen analysieren. Das System braucht zudem an irgendeiner Stelle einmal Rückmeldung, ob es zu richtigen Ergebnissen gekommen ist.¹¹ Die zu Grunde liegenden Daten jedoch, indem diesem Falle Bilder menschlicher Gesichter, werden stets vom Menschen bereitgestellt und spiegeln als solche die Lebenswelt des Menschen wider. Das heißt auch, dass das System nicht neutral lernt, wann ein Gesicht ein Gesicht ist, denn die Bilder, die das System trainieren, entstehen nicht in luftleerem Raum. So gibt es etwa gerade im Bereich der Gesichtserkennung Probleme mit Bildern von *Persons of Color* oder Frauen. Diese Gruppen werden deutlich schlechter von Gesichtserkennungssoftware erkannt, wie eine Studie von 2018 belegt.¹² In ähnlicher Weise konnte Safiya Noble nachgewiesen, dass der Suchalgorithmus von Google Menschen – vor allem Frauen – mit schwarzer Hautfarbe diskriminiert und sexualisiert. So werden etwa bei der Google-Bildersuche nach dem Begriff "*beautiful*" weiße, bei der Suche nach dem Begriff "*ugly*" schwarze Frauen gezeigt – ohne, dass dafür extra der Begriff "*woman*" ausgewiesen werden muss.¹³ Wenn aber der Algorithmus mit seinen scheinbar neutralen mathematischen Methoden doch vorrangig die Welt, in der wir leben widerspie-

---

⁹ Vgl. Dignum, *Responsible Artificial Intelligence*, 18.
¹⁰ Vgl. A.a.o., 13.
¹¹ Diese Rückmeldung kann an unterschiedlichen Stellen erfolgen. Entweder sind die Daten von vorn herein klassifiziert nach Gesicht/keine-Gesicht, sodass das System "weiß", auf welchem Bild was zu sehen ist. Oder aber die Bilder werden im Nachhinein klassifiziert und so der Lernfortschritt des Algorithmus entweder bestätigt oder verworfen. Besonders im letzten Fall, sog. neuronalen Netzen, bracht es mehrere Anläufe, bis das System die Aufgabe bewältigt hat.
¹² Buolamwini, Joy, Gebru, Timnit, *Gender Shades, Intersectional Accuracy Disparities in Commercial Gender Classification*.
¹³ Vgl. Noble, *Algorithms of Oppression*, 22.

gelt, operiert er nicht unabhängig vom Menschen, sondern bleibt fortwährend auf ihn bezogen – genau das zeigt sich, wenn ein Suchalgorithmus diskriminiert.

Zugleich sind die algorithmisch produzierten Ergebnisse nicht immer eindeutig vorhersagbar und zeitigen nichtintendierte Nebeneffekte. Mustererkennungsprogramme etwa sind hervorragend zur Diagnose von etwa Hautkrebs geeignet. Jedoch haben einige dieser Algorithmen gelernt, dass immer dann eine höhere Wahrscheinlichkeit für Hautkrebs vorliegt, wenn ein Lineal mit auf dem Foto abgebildet ist. Dies mag zunächst verwundern, erklärt sich aber daraus, dass in der Krebsdiagnostik häufig Lineale neben krankhaften Zellen angelegt werden, um diese zu vermessen. Neben gesunden Zellen wird in der Regel kein Lineal angelegt.[14] Hier zeigt sich: Die zugrundeliegenden Daten sind störungsanfällig, allerdings auf eine dem Menschen zunächst unbewusste Weise. Das Problem ist, dass Algorithmen nicht nur künstlich *intelligent*, sondern auch künstlich *dumm* sein können, nämlich in Bezug auf Weltwissen, das sich einem Menschen ohne Weiteres erschließt.

Etwas anders gelagert sind die Probleme, die sich aus der direkten Zusammenarbeit von Menschen und Maschinen ergeben können. So hat Lisanne Baindridge bereits 1983 den Zusammenhang der *Ironies of Automation* benannt.[15] Gemeint ist damit, dass ein Mensch, der mit einer (hoch-)automatisierten Maschine zusammenarbeitet, die eigenen Fähigkeiten verlernt, weil er:sie diese nicht mehr von Hand ausführt. In Folge dieses Kompetenzverlusts überschätzt der:ie Operateur:in die Fähigkeiten der Maschine. Das heißt in der Praxis, dass der Mensch den Vorschlägen der Maschine in aller Regel folgen wird. Untersuchungen deuten sogar darauf hin, dass dies dann noch der Fall ist, wenn dem:r Operateur:in bekannt ist, dass das System fehlerhaft operiert.[16]

All diese Zusammenhänge deuten darauf hin, dass im Einsatz von Algorithmen, egal wie elaboriert diese auch sein mögen, bereits bestimmte Konsequenzen angelegt sind: So ist immer damit zu rechnen, dass auch Algorithmen voreingenommen sind. Entsprechend ist stets darauf zu achten, wer Algorithmen mit welchen Daten programmiert. So kann es sein, dass eine Software, die in einem bestimmten kulturellen Zusammenhang trainiert wurde, sich nicht bruchlos in einem anderen Zusammenhang einsetzen lässt. Auch ist davon auszugehen, dass das System etwas anderes „lernt", als ursprünglich intendiert wurde,

---

[14] Vgl. Narla/Kuprel/u.a., *Automated Classification of Skin Lesions, From Pixels to Practice*.
[15] Vgl. Baindridge, *Ironies of Automation*.
[16] Vgl. Bahner, *Übersteigertes Vertrauen in Automation*.

einfach weil dem System das nötige Weltwissen als Kontrollinstanz hierfür fehlt. Dies wiegt umso schwerer, wenn Menschen im Umgang mit Maschinen ihre Fähigkeiten verlernen und dann die Möglichkeiten der Maschine überschätzen, ihr vielleicht sogar blind folgen. Werden diese Prozesse nun auf Waffensysteme übertragen, wird recht schnell deutlich, welche desaströsen Folgen dies haben könnte.

3. ANTHROPOMORPHISIERENDE MENSCHEN

Den bis hierhin beschriebenen Zusammenhängen spielt die menschliche Tendenz in die Hände, Technik zu anthropomorphisieren, sprich die Wahrnehmung von Technik, seien es Algorithmen oder Roboter, als wären es Menschen oder hätten menschliche Eigenschaften:

„At its core, anthropomorphism entails attributing humanlike properties, characteristics, or mental states to real or imagined nonhuman agents and objects."[17]

Dabei kann die Anthropomorphisierung von Maschinen sehr unterschiedlich ausfallen, sei es durch anthropomorphes Design in Form eines menschlichen Körpers, wie etwa bei dem Androiden Sophia von Hanson Robotics – ein Roboter, der nicht nur die arabische Staatsbürgerschaft erhalten hat, sondern auch einen eigenen Twitter-Account betreibt.[18] Sei es, wenn Alexa mit menschlicher Stimme spricht. Auf einer anderen Ebene findet Anthropomorphisierung auch dort statt, wo Technik innerhalb der Interaktion von Mensch und Maschine vermenschlicht wird, einen Vorgang, den Frederike van Oorschot imitative Imagination nennt.[19] Gemeint ist, dass die handlungsleitende Imagination beim Entwurf, im Umgang mit und in der Beschreibung von künstlichen Entitäten anthropomorph vorgeformt ist: Der Mensch erkennt sich also selbst in seiner Technik. Sehr deutlich wird dies bei den Begriffen der *Künstlichen Intelligenz*, des *Maschinellen Lernens* und der maschinellen *Autonomie*. Alle drei Begriffe sind in der Wissenschaft vielfältig kritisiert worden, weil der künstliche Counterpart auf vollkommen andere Weise arbeitet als der Mensch.[20]

---

[17] Epley/Waytz et al., *Anthropomorphism*, 865.
[18] Vgl. Nyholm, *Humans and Robots*, 1-3.
[19] Vgl. Frederike van Oorschot, *Alles Technik, oder was?*
[20] Vgl. allgemein Charbonnier, *Wahrnehmen, entschieden, handeln*; Fuchs, *Menschen und künstliche Intelligenz*; Smith, *The Promise of Artificial Intelligence*. Im Besonderen vgl. für

Anthropomorphisierung verbindet sich dabei nicht selten mit Anthropozentrismus. Der Philosoph Ralf Becker etwa kommt zu dem Schluss: „Der Mensch versteht das Ganze von sich her und ist zugleich selbst Teil eines Ganzen."[21] In anderen Worten: Der Mensch macht sich selbst zum Maß aller Dinge und versteht sich dann von diesem Maße her. Er versteht sich also aus der Welt heraus, die er sich selbst auf diese Weise konstruiert hat. Innerhalb einer solchen zirkulären Konstruktion fügen sich auch Maschinen in die menschliche Lebenswelt ein, da auch sie als ein Teil der kulturellen und sozialen Imagination als handelnde Akteure in Erscheinung treten.[22] Dies wird von psychologischen Untersuchungen bestätigt. So etwa kommen Epley, Waytz et al. zu dem Schluß:

„[T]reating agents as human versus nonhuman has a powerful impact on whether those agents are treated as moral agents worthy of respect and concern or treated merely as objects, on how people expect those agents to behave in the future, and on people's interpretations of these agents' behavior in the present."[23]

Allerdings weisen die Autoren auch darauf hin, dass Menschen Nicht-Menschen keineswegs in jeder Situation in gleichem Maße anthropomorphisieren. Neben Faktoren, wie das zur Verfügung stehende Wissen über den Menschen und der Motivation selbst, ein Akteur zu sein, spielt hierbei auch der Wunsch nach Sozialität eine zentrale Rolle. Das zeigt sich daran, dass Menschen, die sich schwer tun mit anderen Menschen soziale Beziehungen aufzubauen, wie etwa Autisten, auch seltener nicht-menschliche Entitäten als Menschen betrachten.[24] Der Grund dafür wird in der gegenwärtigen Forschung vor allem darin gesehen, dass Anthropomorphisierung eng mit sozialen Faktoren verbunden ist. Das heißt aber auch, dass Anthropomorphisierung vor allem bei der Entwicklung sozialer Robotik enorm hilfreich sein kann.[25] Oder

---

maschinelles Lernen: Steil, *Roboterlernen ohne Grenzen*; für den Terminus künstliche Intelligenz vgl. AlgorithmWatch, *Automating Society*.

[21] A.a.o., 33.

[22] Ich rekurriere hierbei auf die Theorie von Charles Taylor zum sozial Imaginären, das in Bildern, Geschichten und Legenden eher als in Theorien zum Ausdruck kommt und das sich in gemeinsamen Praktiken niederschlägt. Vgl. Taylor, *Modern social imaginaries*, 23.30, und verbinde dies mit den Einsichten Bruno Latours und Mark Coeckelberghs, für die auch Maschinen und unbelebte Technik akteurhaft in Erscheinung treten. Vgl. Latour, *Pandoras Hope* und Coeckelbergh, *Using Words and Things*.

[23] Epley/Waytz et al., *Anthropomorphism*, 864.

[24] Vgl. A.a.o., 865.

[25] Vgl. Damiano/Dumouchel, *Anthropomorphism in Human-Robot Co-evolution*, 2.

anders ausgedrückt: Der Mensch sehnt sich nach Gemeinschaft mit anderen Menschen – und denkt sich diese zur Not herbei, indem er Nicht-Menschen menschliche Eigenschaften zuschreibt.[26]

Dies geschieht nun nicht nur, indem nicht-menschliche Entitäten die Form von Androiden bekommen oder mit menschlicher Stimme sprechen, sondern auch durch metaphorische Rede.

„Metaphors that might represent a very weak form of anthropomorphism can still have a powerful impact on behavior, with people behaving toward agents in ways that are consistent with these metaphors."[27]

Genau das trifft auch auf gängige Metaphern zu, wie etwa die Rede von künstlicher *Intelligenz*, maschinellem *Lernen* und technischer *Autonomie*. Fraglich ist dann, ob und inwiefern diese Entwicklungen problematisch sind oder nicht. Während an dieser Stelle etwa der Philosoph Thomas Fuchs warnt, dass anthropomorphisierte Technik zur „Selbstverkennung des Menschen"[28] führe und der Theologe Ralph Charbonnier erklärt, dass es sich dabei um eine Verschleierung des „eigentlichen Charakters dieser Artefakte"[29] handle, stehen andere Wissenschaftler dem deutlich positiver gegenüber. So kommen etwa die Autoren Nicholas Epley, Adam Waytz, et al. in der bereits zitierten Studien zu dem Ergebnis, dass Anthropomorphisierung den Umgang mit Maschinen gerade erleichtern könne[30] und Janina Loh betont in ihrer *Roboterethik*, dass dies der Akzeptanz von Maschinen zuträglich sei, ohne dass die Beziehung zwischen Mensch und Maschine denselben Charakter tragen müsse, wie die zwischen Menschen.[31] In jedem Fall aber stimmen die Autor:innen darüber ein, dass sich durch die Anthropomorphisierung von Technik – sei es durch Metaphern oder Design – der Umgang mit ihnen verändert: Sie verlieren ihren Charakter als simples Werkzeug und bekommen Akteurqualität zugeschrieben, die es dann wiederum ermöglicht, mit ihnen wie mit einem Menschen zu interagieren. Zugleich werden dabei menschliche Eigenschaften auf die Maschine übertragen – unabhängig davon, ob diese ihr innewohnen oder nicht.

---

[26] Vgl. Epley/Waytz et al., *Anthropomorphism*, 867.875f. Die Autoren nennen an dieser Stelle vor allem Haustiere und religiöse Entitäten.
[27] A.a.o., 867.
[28] Fuchs, *Menschen und künstliche Intelligenz*, 62.
[29] Charbonnier, *Wahrnehmen, entscheiden, handeln*, 81.
[30] Vgl. Epley/Waytz et al., *Anthropomorphism*, 879.
[31] Vgl. Loh, *Roboterethik*, 81.

Ohne den diesen Disput lösen zu wollen und jede Anthropomorphisierung von Technik in Bausch und Bogen verwerfen zu wollen,[32] möchte ich im Folgenden auf einen Unterschied zwischen Mensch und Maschine hinweisen, exemplarisch am Begriff der Autonomie und in Unterscheidung von philosophischem Verständnis und technisch produzierter Autonomie.

4. AUTONOMIE IN PHILOSOPHIE UND TECHNIK

Autonomie ist der Begriff, mit dem innerhalb der technischen Wissenschaften diejenigen Prozesse beschrieben werden, die ich hier als Autoregulation ausgewiesen habe. Bezug genommen wird damit auf die Fähigkeit der Maschine scheinbar selbstständig zu handeln. Dabei wird, ganz im Sinne der imitativen Imagination, vom autonomen Menschen auf die hochautomatisierte Maschine geschlossen, als würde die Maschine die Fähigkeiten des Menschen in derselben Weise nachahmen. Da der Begriff der Autonomie ein zentraler Begriff moderner westlicher Philosophietradition und eng mit den Werken Immanuel Kants verbunden ist, werde ich diesen ursprünglichen Begriff und die philosophische Bedeutung im Folgenden skizzieren, um dann zu überprüfen, ob und inwiefern dies mit den technischen Vorgängen in Einklang zu bringen ist.[33]

Für Kant meint der Begriff der Autonomie vor allem – ganz im Sinne der griechischen Begriffe αὐτός (*autós;* ‚selbst') und νόμος (*nómos;* ‚Gesetz') – die Fähigkeit des Menschen sich selbst Gesetze zu geben. Er schreibt dazu in der Grundlegung zur Metaphysik der Sitten:

„Autonomie des Willens ist die Beschaffenheit des Willens, dadurch derselbe ihm selbst (unabhängig von aller Beschaffenheit der Gegenstände des Wollens) ein Gesetz ist."[34]

Dabei sind Freiheit, Autonomie und die Fähigkeit sich selbst ein vernünftiges Gesetz zu geben untrennbar miteinander verbunden:

„[W]as kann denn wohl die Freiheit des Willens sonst sein, als Autonomie, d.i. die Eigenschaft des Willens, sich selbst ein Gesetz zu sein?"[35]

---

[32] So kann Anthropomorphisierung etwa im Umgang mit sozialen Robotern, etwa in der Pflege, durchaus positive Eigenschaften zeitigen, ohne dass das in der selben Form für Waffensysteme gelten muss.
[33] Vgl. Christman, *Autonomy in Moral and Political Philosophy*.
[34] Kant, *Grundlegung zur Metaphysik der Sitten*, 440.
[35] A.a.o., 447.

In der Kritik der praktischen Vernunft bezieht Kant dies auf moralische Gesetze: Indem der Mensch die ihm gegebene Freiheit des Willens nutzt, um sich selbst Gesetze zu geben, trifft er moralische Entscheidungen – und zwar frei von allen äußeren Einflüssen. Eine solche Art der Selbstgesetzgebung kann zugleich als universal gelten, weil sie unabhängig von konkreten Umständen getroffen wird. Sie stimmt insofern mit dem Kategorischen Imperativ überein.[36] Interessanterweise hält Kant sich bei seinen Beschreibungen der Zusammenhänge jedoch vorwiegend an die Rückbindung an „vernünftige Wesen". So schreibt er etwa:

„Die praktische Nothwendigkeit nach diesem Princip zu handeln, d. i. die Pflicht, beruht gar nicht auf Gefühlen, Antrieben und Neigungen, sondern bloß auf dem Verhältnisse vernünftiger Wesen zu einander, in welchem der Wille eines vernünftigen Wesens jederzeit zugleich als gesetzgebend betrachtet werden muß, weil es sie sonst nicht als Zweck an sich selbst denken könnte."[37]

Das heißt aber zugleich, dass alle vernünftigen Wesen, die dazu in der Lage sind, als autonom gelten können, ohne dass es sich dabei zwangsläufig um Menschen handeln muss, etwa Engel oder potentielles außerirdisches Leben.[38] Damit eröffnet sich gleichsam die Möglichkeit, diesen Begriff auf nicht-menschliche Entitäten auszudehnen, etwa künstlich intelligente Maschinen. Die entschiedene Frage wäre dann: Tun Maschinen dies?

Bevor ich diese Frage diskutiere, sei aber noch auf eine andere Art der Rekonstruktion von Autonomie verwiesen, wie sie Harry Frankfurt vornimmt – denn auch in der Philsophie ist das Konzept von Auonomie alles andere als Konsens.[39] Der amerikanische Philosoph kritisiert an Kant eben jene Fixierung auf die rationale Vernunft und schlägt deswegen vor, diese Engführung zu erweitern, und zwar um die „aktive Liebe". Er schreibt: „In active love, the lover cares selflessly about his beloved. It is important to him for its own sake that the object of his love flourish; he is disinterestedly devoted to its interests and ends."[40] Für Frankfurt besteht also Autonomie zusätzlich darin, selbstlos beim Anderen zu sein und sich ganz uneigennützig für ihn:sie einzusetzen. Oder anders ausgedrückt: Entscheidend ist die (liebende) Beziehung des

---

[36] Vgl. Christman, *Autonomy in Moral and Political Philosophy*.
[37] Kant, *Grundlegung zur Metaphysik der Sitten*, 434.
[38] Vgl. von der Pfordten, *Zur Würde des Menschen bei Kant*, 15.
[39] Vgl. Christman, *Autonomy in Moral and Political Philosophy*.
[40] Frankfurt, *Autonomy, Necessity and Love*, 135.

autonomen Ichs zu seinem Gegenüber. Auch hier, bei Frankfurt lässt sich fragen: Ist das denn eine ureigene Eigenschaft, die auf Menschen beschränkt ist – oder lässt sich der Kreis der autonomen Akteure auf künstliche Entitäten erweitern?

Entscheidend ist hier nicht so sehr, ob die autonome Entität ein Mensch ist oder nicht, sondern vielmehr, ob und inwiefern die Maschinen den kognitiven Anforderungen von Autonomie gerecht wird. Brian Cantwell Smith, Professor für ADM-Systeme und den Menschen an der Universität von Toronto, unterschied bezüglich dieser zu Grunde liegenden kognitiven Fähigkeiten zwischen *reckoning* und *judgement*, also Berechnung und Urteilen. Smith weist darauf hin, dass es sich beim Urteilen um eine Tätigkeit handelt, die der menschlichen Intelligenz in ihrem vollen Wortsinn entspricht. In seinen Worten:

„I use judgement for [...] a form of dispassionate deliberative thought, grounded in ethical commitment and responsible action, appropriate to the situation in which it is deployed."[41]

Dem gegenüber stellt Smith die Berechnungsprozesse von Computern, indem er schreibt:

„I use the term reckoning for the types of calculative prowess at which computers and AI systems already excel [...]"[42]

Den wesentlichen Unterschied zwischen beiden Kognitionsarten sieht Smith darin, dass der Mensch in seinem Urteilen versteht, worauf sich diese Urteile beziehen, während der Maschine jedes Weltwissen fehlt – der zentrale Unterschied zwischen artifiziellen Systemen und dem Menschen besteht somit letztlich darin, dass künstliche Intelligenz nicht weiß, wovon sie redet.[43]

Da nun aber genau diese Prozesse die Grundlage für sog. maschinelle Autonomie bilden, ist sehr fraglich ob Autonomie hier der richtige Terminus ist, denn zumindest eine situative Kenntnis und ein Wissen von der Bedeutung einer (moralischen) Entscheidung gehören für den philosophischen Begriff der Autonomie grundlegend dazu, ein Umstand auf den auch in der Fachdebatte vielfach hingewiesen wurde und wird.[44] Dies gilt allerdings auch für das Autonomieverständnis nach Frankfurt, denn von selbstloser Liebe kann bei einer artifiziellen

---

[41] Smith, *The Promise of Artificial Intelligence*, XV.
[42] Ebd.
[43] Vgl. Smith, *The Promise of Artificial Intelligence*, 76.110.
[44] So etwa Leveringhaus, *Ethics and auotnomous weapons*, 32f; Grünwald/Kehl, *Autonome Waffensysteme*, 36.

Entität kaum die Rede sein. Deswegen halte ich eine rein terminologische Umstellung von Autonomie auf Autoregulation für hilfreich.[45] Der Begriff Autoregulation stammt aus der Kybernetik und meint die selbstständige Regulierung eines technischen Systems, so, wie dies auf recht basale Weise bei einem Thermostat oder aber einem Autopiloten der Fall ist: Das System nimmt über seine Sensoren bestimmte Reize der Umwelt auf und verarbeitet diese, indem es darauf reagiert. Diese Systeme sind nun allerdings noch lange nicht autonom im philosophischen Sinne: Sie agieren lediglich aufgrund ihrer Berechnungen und ohne jedes Weltwissen. Im Falle des Waffensystems etwa bedeutet dies die totale Unkenntnis vom Wert des Lebens und dem Verlust, den der Tod eines Menschen für Andere mit sich bringt.

5. FAZIT

Maschinen sind bislang also keineswegs im Stande autonom zu handeln – ihre zentralen kognitiven Fähigkeiten liegen im Rechnen und in Mustererkennung.[46] Allein der Mensch verfügt über die Fähigkeit, Sinn und Unsinn einer Situation und den ihr innewohnenden Wert zu erfassen. Werden nun aber Maschinen wider besseres Wissen als autonom bezeichnet, werden ihnen Eigenschaften metaphorisch zugeschrieben, die sie so nicht haben. Eine solche Anthropomorphisierung wirkt sich aber auf den Umgang mit der Maschine aus, denn wir behandeln dann das System nicht mehr wie eine Maschine, die Rechenprozesse ausführt, sondern attestieren ihr zugleich das Können, moralische Wertentscheidungen zu treffen – im Zweifelsfall sogar besser als der Mensch.[47] Wichtig für einen sachgerechten Umgang mit Maschinen ist jedoch, dass ihnen nicht mehr oder weniger zugetraut wird, als sie zu leisten im Stande sind. Das beinhaltet das Wissen darum, dass Algorithmen bereits parteiisch sind, indem sie unsere Lebenswelt spiegeln und dass sich unbemerkt Störfaktoren in die Daten einschleichen können. Dafür ist es wichtig, dass Menschen, die mit algorithmisch gesteuerten Maschinen zusammenarbeiten, die Arbeitsweise der Technik kennen und kritisch gegenüber den Ergebnissen und Handlungsvorschlägen des maschinellen Counterparts bleiben, denn: Nur der Mensch hat das nötige Weltwissen, um die Angaben der Maschinen auch verorten zu

---

[45] Vgl. Kunkel, *Autoregulative Waffensysteme*.
[46] Vgl. Sharkey, *Staying in the loop*, 27.
[47] Vgl. Arkin, *Governing lethal behavior*.

können und so ist die Maschine letztlich von den kognitiven Fähigkeiten des Menschen abhängig. Oder in der hier verwendeten Nomenklatur ausgedrückt: Autoregulative Entitäten bleiben auf autonome angewiesen. Dies ist umso wichtiger, wenn es – wie bei Waffensystemen mit autoregulativen Funktionen – um tödliche Entscheidungen geht. Auf diese Zusammenhänge weist der Begriff der Autoregulation bereits terminologisch hin und will so zu einer sachdienlicheren Zusammenarbeit von Mensch und Maschine verhelfen.

Allerdings kann es aus geisteswissenschaftlicher Perspektive nicht allein um eine angemessene Zusammenarbeit von Mensch und Maschinen gehen. Nehmen wir die philosophischen Ausführungen zum Anthropomorphismus ernst, nämlich die oben erwähnte Tendenz des Menschen, sich selbst zum Maß aller Dinge zu machen und sich dann von diesem Maße her selbst zu verstehen, dann ist Anthropomorphisierung zumindest klärungsbedürftig. Es könnte sich dann nämlich um einen Zirkelschluss in der philosophischen Debatte handeln. Das hieße, dass der Mensch Technik erschafft, die ihm ähnelt, sich dann in dieser Technik selbst spiegelnd wiedererkennt und seine anthropologischen Annahmen anpasst. Auf diese Prozesse hat der Ethiker Peter Seele mit dem Begriff der *Maschinisierung* des Menschen hingewiesen.[48] In ähnlicher Absicht hat auch der Theologe Florian Höhne kürzlich diese Reduktion – unter Rückgriff auf die Forschung von Samerski und Henkel – kritisiert, da hier der Mensch lediglich in seiner Eigenschaft als „risikoinformierter Entscheider" in den Blick gerät.[49] Wird der Mensch aber von der Maschine her verstanden, geraten Fähigkeiten wie Weltwissen aus dem Blick und das Urteilen wird zugunsten des Rechnens in den Hintergrund gedrängt. Gerade für ethische Entscheidungen, wie die über Leben und Tod von Menschen, ist aber ein Urteil aufgrund von Weltwissen gefragt – deswegen sollte, zumindest nach derzeitigem Stand der Technik, die Tötungsentscheidung von einer autonomen, nicht von einer autoregulativen Entität getroffen werden: Autoregulative Waffensysteme sind aus dieser Perspektive heraus also abzulehnen.

Literatur

AlgorithmWatch (Hg.), *Automating Society. Taking Stock of Automated Decision Making in the EU*, Berlin 2019.

---

[48] Vgl. Seele, *Künstliche Intelligenz und die Maschinisierung des Menschen*, 151f.
[49] Vgl. Höhne, *Bilder des Menschlichen*.

Altmann, Jürgen, *Autonome Waffensysteme. Der nächste Schritt im qualitativen Rüstungswettlauf?* In: Werkner, Ines-Jaqueline/ Hofheinz, Marco (Hg.): Unbemannte Waffen und ihre ethische Legitimierung, Wiesbaden 2019, 111-136.

Arkin, Ronald C., *Governing Lethal Behavior in Autonomous Robots*, Boca Raton 2009.

Bahner, Jennifer Elin, *Übersteigertes Vertrauen in Automation: Der Einfluss von Fehlererfahrungen auf Complacency und Automation Bias*, Berlin 2008.

Bainbridge, Lisanne, *Ironies of automation*, in: Automatica 6/19 (1983), 775–779.

Barth, Karl, *Kirchliche Dogmatik III,2*, München 1984.

Baxter, Gordon/Rooksby, John/Wang, Yuan-Zheng/Khajeh-Hosseini, Ali, The ironies of automation: still going strong at 30? in: ECCE (2012).

Becker, Ralf, Der menschliche Standpunkt. Perspektiven und Formationen des Anthropomorphismus, Frankfurt am Main 2011.

Buolamwini, Joy/Gebru, Timnit, Gender Shades: Intersectional Accuracy Disparities in Commercial Gender Classification, in: Proceedings of Machine Learning Research 81 (2018), 1–15.

Christman, John, *Autonomy in Moral and Political Philosophy*, unter: https://plato.stanford.edu/archives/fall2020/entries/autonomy-moral/ (abgerufen am 12.01.2022).

Charbonnier, Ralph, *Wahrnehmen, entscheiden, handeln – werden digitale Maschinen menschlich?* In: Görder, Björn/Zeyher-Quattlender, Julian (Hg.), Daten als Rohstoff. Die Nutzung von Daten in Wirtschaft, Diakonie und Kirche aus ethischer Sicht, Münster 2019, 61-82.

Coeckelbergh, Mark, *Using Words and Things. Language and Philosophy of Technology*, Routledge 2017.

Dahlmann, Anja/ Dickow, Marcel: *Preventive Regulation of Autonomous Weapon Systems. Need for Action by Germany at Various Levels*, in: SWP-Research Paper 3/2019.

Damiano, Luisa/Dumouchel, Paul, *Anthropomorphism in Human-Robot Co-evolution*, in: Frontiers in psychology 9 (2018), 1-9.

Dignum, Virgina, *Responsible Artificial Intelligence. How to Develop and Use AI in a Responsible Way*, Cham 2019.

Epley Nicholas, Waytz Adam, Cacioppo John T., *On seeing human: a three-factor theory of anthropomorphism*, in: Psychol Rev. 4/14 (2007), 864-886.

Frankfurt, Harry G., *Autonomy, Necessity and Love*, in: ders., Necessity, Volition and Love, Cambridge 1999, 129-145.

Fuchs, Thomas, *Menschliche und Künstliche Intelligenz. Eine Klarstellung*, in: ders., Verteidigung des Menschen. Grundfragen einer verkörperten Anthropologie, Berlin 2020, 21-70.

Grünwald, Reinhard/Kehl, Christoph, *Autonome Waffensysteme. Endbericht zum TA-Projekt*, Bad Honnef 2020.

Heylighen, Francis/Joslynn, Cliff, *Cybernetics and secondorder cybernetics*, in: Meyers, R. (Hg.), Encyclopedia of Physical Science and Technology, New York ³2001.

Höhne, Florian, *Bilder des Menschlichen. Theologisch-ethische Herausforderungen der Vorstellungswelten künstlicher Intelligenz*. Vortrag auf der Tagung: *Framing KI. Metapher, Narrative und Frames im Reden über künstliche Intelligenz aus medienwissenschaftlicher und ethischer Perspektive* am 4./5. Dezember 2020 an der FEST Heidelberg. Artikel im Erscheinen.

International Committee of the Red Cross, *Views of the ICRC on autonomous weapon systems. Paper submitted to the Convention on Certain Conventional Weapons Meeting of Experts on Lethal Autonomous Weapons Systems (LAWS)*, unter: https://www.icrc.org/en/document/views-icrc-autonomous-weapon-system (abgerufen am 25.11.2021).

Kant, Immanuel, *Grundlegung zur Metaphysik der Sitten*, in: Königlich Preußische Akademie der Wissenschaften (Hg.), Kant's gesammelte Schriften IV, Berlin 1911.

Kunkel, Nicole, *Autoregulative Waffensysteme. Automatisierung als friedensethische Herausforderung – ein Werkstattbericht*, in: Ethik und Gesellschaft 2 (2021).

Latour, Bruno, *Pandora's Hope*, Harvard 1999.

Leveringhaus, Alex, *Ethics and Autonomous Weapons*, London 2016.

Loh, Janina, *Roboterethik*, Berlin 2019.

Narla, Akhila/Kuprel, Brett/Sarin, Kavita/Novoa, Roberto/Ko, Justin, *Automated Classification of Skin Lesions. From Pixels to Practice*, in: Journal of Investigative Dermatology, 10/138 (2018), 2108-2010.

Noble, Safiya Umoja, *Algorithms of Oppression. How Search Engines Reinforce Racism*, New York 2018.

Nyholm, Sven, *Humans and Robots. Ethics, Agency, and Anthropomorphism*, London 2020.

Frederike van Oorschot, *Alles Technik, oder was? Ethische Perspektiven auf das Verhältnis von Mensch und Maschine im Kontext einer imaginationssensiblen Technikethi*, in: Diebel-Fischer, Hermann/Kunkel, Nicole/

Zeyher-Quattlender, Julian (Hg.), Mensch und Maschine im Zeitalter „Künstlicher Intelligenz". Theologische Herausforderungen (im Erscheinen).

von der Pfordten, Dietmar, *Zur Würde des Menschen bei Kant*, in: Jahrbuch für Recht und Ethik, Berlin 2006, 501–517.

Seele, Peter, *Künstliche Intelligenz und die Maschinisierung des Menschen*, Köln 2020.

Sharkey, Noel, *Staying in the loop. Human supervisory control of weapons*, in: Bhuta, N./Beck, S. et al. (Hg.), Autonomous Weapons Systems. Law, Ethics, Policy, Cambridge 2016, 23–38.

Smith, Brian Cantwell, *The Promise of Artificial Intelligence. Reckoning and Judgement*, Cambridge/London 2019.

Steil, Jochen, *Roboterlernen ohne Grenzen? Lernende Roboter und ethische Fragen*, in: Woopen, Christiane/Jannes, Marc (Hg.), Roboter in der Gesellschaft. Technische Möglichkeiten und menschliche Verantwortung, Berlin/Heidelberg 2019, 15-33.

Taylor, Charles, *Modern Social Imaginaries*, Durham/London 2004.

Künstliche Intelligenz und moralische Verantwortung
Wer übernimmt die Verantwortung für moralisch
illegitime Operationen von KI-gesteuerten
Kampfrobotern?

Timo Greger

1. EINLEITUNG: VERANTWORTUNG IN EINER TECHNISIERTEN ALLTAGSPRAXIS[1]

Technische Systeme und Artefakte sind fehleranfällig. Viele dieser Anwendungen führen beim Einsatz bzw. Betrieb gelegentlich zu nicht wünschenswerten, manchmal auch für Umwelt und Mensch schädigenden sowie moralisch problematischen Tatbeständen. Trotzdem verbieten wir den Einsatz derselben nicht, da uns diese technischen Systeme einen hohen, wünschenswerten Nutzen versprechen und wir die Risiken sowie Gefahren beim Betreiben derselben in Kauf nehmen. In gewissen Fällen kann der Einsatz von technischen Systemen, insbesondere auch von KI-Systemen, sogar ethisch geboten sein, gerade dann, wenn ihr Einsatz unsere Alltagspraxis deutlich gerechter, besser oder wünschenswerter macht. Dennoch haften wir als Nutzer, ggf. auch der Hersteller, unabhängig davon, ob wir kausal einen Schaden verursacht haben, für die Schäden, die im Zusammenhang des Betriebs entstanden sind – wir übernehmen also Verantwortung für den Betrieb von technischen Systemen, z. B. wenn unser geparktes Auto aufgrund eines Defekts ein anderes Auto schädigt.

Im Gegensatz zu den uns seit langem bekannten technischen Systemen, werfen die Möglichkeiten, die uns Künstliche Intelligenz bietet, neue Probleme oder zumindest eine völlig neue Dimension dieser

---
[1] Ich danke Sarah Köglsperger und Felicia Kuckertz für hilfreiche Gespräche und Hinweise.

Probleme auf: Sogenannte vollautonome KI-Systeme zeichnen sich durch einen extrem hohen Grad an Selbständigkeit und Autoregulativität aus, welche das Maß bisheriger technischer Systeme weit übersteigen. Einige solcher spezifischen Artefakte sind sogar ganz bewusst so gestaltet, dass der Mensch weder intervenieren kann noch soll. Beispielsweise soll der Fahrer eines vollautonomen Kraftfahrzeuges gar nicht mehr intervenieren können, da man annimmt, dass das Fahrzeug autonom besser und weniger schädigend betrieben wird, als es ein menschlicher Fahrer tun könnte. Vor diesem Hintergrund stellt sich insbesondere bei KI-Systemen die Frage, wer in einem konkreten Schädigungsfall bzw. bei einer moralisch illegitimen und nicht intendierten Operation einer vollständig autonomen KI die Verantwortung hierfür zu tragen hat, wenn der Nutzer selbst im Einsatzfall weder intervenieren soll noch kann.

Im folgenden Beitrag soll die Frage diskutiert werden, welchen Instanzen berechtigterweise Verantwortung für eine moralisch illegitime Handlung durch eine vollständig autonome KI zugeschrieben werden kann. Zunächst soll der moralische Konfliktfall anhand des Beispiels eines vollständig autonomen KI-Kampfroboters dargestellt werden (2.1). Anschließend daran soll das theoretische Problem der Verantwortungszuschreibung in komplexen technischen bzw. soziotechnischen System thematisiert werden (2.2), um darauf folgend zwei Forschungsansätze zum Problem darzustellen (2.3). Zunächst soll die These von Floridi und Sanders (2004) kritisch diskutiert werden, welche schwachen KI-Systemen zumindest begrenzt *moral agency* und damit Verantwortungsfähigkeit zuschreiben wollen (2.3.1). Anschließend daran werde ich die These Robert Sparrows (2007), dass eine Verantwortungslücke bestünde und niemand Verantwortung trägt, diskutieren und zurückweisen (2.3.2). Abschließend soll ausgehend von der These der kollektiven Verantwortung versucht werden, anhand des Beispiels eines KI-Kampfroboters, geeignete Instanzen zu identifizieren, denen Verantwortungsfähigkeit legitimerweise zugeschrieben werden kann (3).

2. KÜNSTLICHE INTELLIGENZ UND MORALISCHE VERANT-
WORTUNG

2.1 Letale Autonome Roboter: Wenn eine KI illegitim tötet

Stellen wir uns folgendes Szenario vor, was in naher Zukunft durchaus relevant werden könnte: Anstatt menschlicher Soldaten setzen wir künftig KI-gesteuerte Kampfdrohnen, sogenannte *letale autonome Roboter* bzw. *Waffensysteme* (LAR/LAW) ein. Sie ermöglichen einen präziseren und Kollateralschäden besser vermeidenden Kriegseinsatz, indem sie anders als bei einem großflächigen Bombeneinsatz die Infrastruktur, Umwelt und Zivilisten nachhaltig schonen und im Falle einer Befriedung zu keinen langfristigen Schäden führen, wie z. B. zerstörte Daseinsvorsorge, Schulen, Krankenhäuser oder Blindgänger und Minenfelder. Darüber hinaus schonen sie aber auch die eigenen Ressourcen, insbesondere menschliche Soldaten. Es scheint also *prima facie* gute Gründe für einen solchen Einsatz zu geben. Für unser Szenario wählen wir die technisch ausgereifteste Variante solcher Systeme, um den Konflikt möglichst präzise darzulegen. Wir nehmen an, dass ein solcher KI-gesteuerter und trainierter Kampfroboter vollständig autoregulativ, d. h. ohne Kontroll- und Interventionsmöglichkeiten seitens der einsetzenden Soldaten oder Befehlshaber, agiert. Er agiert also im sogenannten *human-out-of-the-loop-modus*, in welchem, wenn er einmal initialisiert wurde, der menschliche Bediener in den konkreten Akt nicht mehr eingreifen kann und dies auch nicht soll, da das System explizit dazu gebaut wurde, menschliche Fehler zu eliminieren. Als konkretes Beispiel stellen wir uns vor, dass dieser Roboter entsendet wird, um eine feindliche Terroristengruppe zu eliminieren. Zu diesem Zweck wurde er nach bestem Wissen und Gewissen von KI-Spezialisten trainiert. Er kennt den Aufenthaltsort der Ziele, er kann die Terroristen nach optischen Kriterien wie übliche Kleidung, Gestik, Bewegungen und auch das Gruppenverhalten analysieren. Er ist darüber hinaus in der Lage, Emotionen zu messen und die kommunikativen Akte der Terroristen zu analysieren, sodass er übliche paramilitärische Kommunikationen etc. kategorisieren kann. Kurz um: Wir gehen von einem perfekt konstruierten und trainierten KI-System aus, welches vor dem Hintergrund dieses probabilistischen Wissens über Genauigkeit und Präzision von den Befehlshabern und der Politik in den Kampfeinsatz entsendet wird, um militärische Ziele – in diesem Beispiel Terroristen – zu eliminieren. Darüber hinaus legen wir auch zugrunde, dass die auszulöschenden Ziele legitime Ziele sind, d. h. sich in einer kriegerischen Kampfhandlung befindliche Soldaten bzw. Terroristen. Dies ist insbesondere deshalb relevant, weil hier der moralische Problemfall rechtlich akzentuiert wird. Nach den Grundsätzen des humanitären Kriegsvölkerrechts (Art. 3 Abs. 1 der Genfer Konventionen) gibt es in einem solchen Szenario legitime und illegitime Ziele. Sowohl von menschlichen Akteuren als auch von Drohnen wird deshalb das Gebot der Diskrimination bzw. des Nicht-Kombattanten-Schutzes eingefordert, welches besagt, dass ausschließlich feindliche Kriegsteilnehmer und keine unbeteiligten Dritten wie Zivilisten in Kampfhandlungen verwickelt oder gar getötet werden dürfen[2]. Stellen wir uns nun im obigen Szenario vor, dass das KI-System neben zahlreichen Terroristen auch eine Gruppe spielender Kinder als Terroristen fehlklassifiziert und auf Basis dieser Fehlklassifikation letztlich tötet. Im Falle eines menschlichen Soldaten, der die Kinder tötet, ist der Fall sehr klar: Er hat mit dieser Tötung zum einen eindeutig gegen das Gebot der Diskrimination und zum anderen gegen den klaren Befehl des zuständigen Offiziers verstoßen und kann hierfür zur Verantwortung gezogen, gerichtlich verurteilt und bestraft werden. Doch wer wird im Falle einer illegitimen Tötung durch ein KI-System zur Verantwortung gezogen? Der Roboter selbst? Der befehlende Offizier? Der initiierende Soldat? Der Hersteller bzw. die ausführenden Programmierer? Der Verteidigungsminister? Oder gar niemand?[3]

2.2 Verantwortungszuschreibung in komplexen (sozio-)technischen Systemen

Betrachten wir zunächst ganz allgemein unsere menschliche Alltagspraxis: Unter welchen Umständen, gemäß welchen Kriterien schreiben wir einem Akteur die Verantwortung für sein Verhalten zu? Nähern wir uns dem Problem zunächst dadurch, dass wir festhalten, dass die Frage, wem und nach welchen Kriterien wir einem Akteur Verantwortlichkeit für sein Verhalten zuschreiben, generell sozial konstruierten und deliberativ konstituierten Kriterien entspringen. Welcher Akteur wann

---

[2] In allen vier Genfer Abkommen werden im wortgleichen Art. 3 Abs. 1 die Kriegsparteien darauf verpflichtet, Nichtkombattanten zu schützen. Eine Aussage über das tötende Subjekt wird nicht getroffen, sodass der Schutzbereich für Nichtkombattanten unabhängig vom potentiell tötenden Subjekt oder technischen System gilt.
[3] Dieses Beispiel habe ich ähnlich ausgeführt in: Greger, *Misfortune*.

Verantwortung zu übernehmen hat, entspringt also keiner naturgesetzlichen Festlegung oder *a priori* Gesetzmäßigkeit, sondern ist Ergebnis von gesellschaftlichen Zuschreibungspraktiken.[4] Darüber hinaus bedeutet dies aber nicht, dass diese Zuschreibungspraktiken willkürlich und beliebig veränderbar sind, sondern dass wir gewisse Kriterien und Tatbestände zugrunde legen, wann ein Akteur verantwortlich ist und wann nicht. Dies bedeutet für den hier explizierten Gegenstand, dass wir bzw. die Ethik generell die Frage, wer in komplexen (sozio-)technischen Systemen Verantwortung übernehmen soll, im Zuge einer rationalen und deliberativen Klärung bestimmen müssen.

Gemäß dem klassischen individualistischen Verantwortungsbegriffs schreiben wir einem Akteur die Verantwortung für *seine eigenen Handlungen* zu. Daraus folgt gleich zweierlei: Zum einen schreiben wir einem Akteur nur dann Verantwortung zu, wenn sein Verhalten *Handlungscharakter* hat. Handlungscharakter bedeutet, dass ein Akteur intentional handelt, also gerichtete mentale Zustände (Wünsche, Willen, normative Stellungnahmen) in Bezug auf einen Sachverhalt ausprägt und diese Intentionen bzw. die daraus resultierenden Gründe im Rahmen einer Deliberation reflektiert, abwägt und sich folglich für den tragenden Grund für eine Handlung A oder B entscheidet. Handelt es sich im Gegensatz hierzu aber um bloßes Verhalten – etwa wenn wir durch ein lautes Geräusch aufschrecken und daraufhin etwas fallen lassen – so ist das Ergebnis dieses Verhaltens nicht durch eine Abwägung von Gründen oder Intentionen zustande gekommen, sondern wurde kausal durch einen Affekt verursacht. In diesem Fall sprechen wir lediglich von bloßem Verhalten und das Verhalten hat keinen Handlungscharakter – folglich würden wir dem Akteur auch keine Verantwortung zuschreiben.[5] Zum anderen schreiben wir einem Akteur aber nur dann Verantwortung zu, wenn es sich um *eine eigene*, d. h. autonom zustande gekommene, Handlung handelt. Für eine unter massivem Zwang ausgeführte Handlung würden wir einen Akteur nicht oder nur begrenzt zur Verantwortung ziehen. Dies bedeutet, dass das zentrale Kriterium dafür jemanden Verantwortung zuzuschreiben, die Fähigkeit zur Autonomie ist. Nur wer autonom handelt, kann auch zur Verantwortung gezogen werden. Analog zu diesem Kriterium sprechen wir nur begrenzt oder nicht autonomiefähigen Akteuren, bspw. Kindern, kognitiv Beeinträchtigten, Tieren oder „seelisch gestörten" (§20 StGB) auch die

---

[4] Vgl. Möllers, *Normen*, 23-35.
[5] Vgl. Nida-Rümelin, *Verantwortung*, §9.

Verantwortungs- oder zumindest Schuldfähigkeit ab. Eltern haften für ihre Kinder, Vormünder für Behinderte und Hundehalter für ihren Hund – aufgrund einer defizitären Autonomiefähigkeit sind sie nicht voll verantwortungsfähig.

Nun hat sich innerhalb der analytischen Philosophie eine weit verzweigte Debatte entwickelt, was es nun konkret bedeutet, autonom zu handeln. Diese lassen sich grob, aber nicht immer trennscharf, in zwei Schulen, dem *Internalismus* und dem *Externalismus*, zusammenfassen.[6] Während internalistische Konzeptionen personaler Autonomie vor allem Intentionen bzw. mentale Zustände wie Wünsche kausal für die Verwirklichung von Autonomie ansehen[7], so betonen eher externalistische Konzeptionen vor allem die Fähigkeit eines autonomen Akteurs auf externe Gründe zu reagieren bzw. seine Intentionen durch Gründe zum Ausdruck zu bringen (*reason-responsiveness*).[8] Manche externalistischen Konzeptionen gehen sogar so weit, einem Akteur nur genau dann volle Autonomiefähigkeit zuzuschreiben, wenn dieser nicht nur fähig ist, seine Intentionen durch Gründe zum Ausdruck zu bringen, sondern seine Motive, Wünsche und Intentionen kritisch zu reflektieren und auf Basis dieser Reflexion seine Überzeugungen und Präferenzen auch zu ändern (*responsiveness-to-reasoning*). D. h. ein vollautonomer Akteur hat die Fähigkeit, unabhängig davon, was die eigenen Wünsche und Motive sind, zu diesen in kritische Distanz zu treten und seine Handlungen nach den „richtigen Gründen" auszurichten.[9] Unabhängig davon, wie sich die zahlreichen Konzeptionen im Detail nun unterscheiden, teilen alle Theorien eine Grundannahme: Zur Autonomiefähigkeit benötigt es eine konkrete Person, welche auf Basis ihrer Intentionen – seien diese nun durch bloße Intentionen, wie Wünsche, oder durch Gründe zum Ausdruck gebracht – handelt. Der Minimalkonsens all dieser Ansätze für Autonomie, und daraus resultierend Verantwortungsfähigkeit, ist also der *intentionale Charakter* einer Handlung.

Bereits hier lässt sich für die Fragestellung festhalten, dass alle gegenwärtigen schwachen KI-Systeme weder über mentale Zustände noch über Intentionen oder die Fähigkeit, ihre eigenen Präferenzen durch eine rationale Deliberation zu ändern, verfügen. Ein KI-System ist zunächst einmal eine Software, also ein Programm zur Lösung von informatischen Problemen. Die Lösung dieser Probleme findet auch nicht

---

[6] Ein Überblick: Seidel, *Autonomie*.
[7] Vgl. Frankfurt, *Importance*; Watson, *Will*.
[8] Vgl. Fischer/Ravizza, *Responsibility*; Nelkin, *Sense*; Wolf, *Freedom*.
[9] Vgl. Christman, *Autonomy*; Mele, *Agents*; Dworkin, *Theory*.

intentional statt, d. h. das KI-System prägt keinen Willen oder eine Überzeugung aus und trifft auch keine Entscheidungen. Ein KI-System löst seine informatischen Probleme mithilfe der Berechnung mathematischer Funktionen durch Algorithmen. Bei einem KI-System können Schwellenwerte und Gewichtungen in den einzelnen Funktionen angepasst und somit auch der Output verändert werden, solche Systeme sind aber weder zu einer freien Deliberation, noch zu einer intentionalen Handlung fähig. Eine KI, auch subsymbolische Systeme maschinellen Lernens, ist nach festgesetzten Verhaltensregeln determiniert sowie algorithmisch strukturiert und handelt somit weder intentional noch autonom.[10]

Ausgehend von dieser Einordnung können wir für den hier thematisierten Gegenstand festhalten, dass einer KI selbst keine Verantwortung zugeschrieben werden kann. Dennoch ist diese Technologie weder neutral noch amoralisch. Technik im Allgemeinen ist immer nicht nicht-normativ. Auch wenn ein KI-System kein voller moralischer Agent ist, so ist es doch zumindest ein impliziter moralischer Agent, welcher normativen Zwecken folgt.[11] Eine KI wurde nach gewissen normativen Zwecken gebaut und trainiert. Sie hat das Ziel, in unsere Alltagspraxis nach eben diesen vorgegebenen Zwecken gestaltend einzugreifen – und im Falle einer Abweichung von diesen, aufgrund technischen Versagens, entsteht überhaupt erst das hier aufgeworfene moralische Problem. Zur Klärung der Verantwortungsfrage ist es also sinnvoll, den Blick auf andere Instanzen zu verschieben: Auch wenn das KI-System selbst nicht intentional handelt, so wurde es doch von menschlichen Akteuren intentional gebaut, trainiert und eingesetzt. Dieser Ansatzpunkt verschiebt die Frage der Verantwortlichkeit also vom „handelnden KI-Akteur" hin zu den an der Produktion und dem Einsatz beteiligten moralfähigen Instanzen.

Diese Verschiebung ist nicht nur speziell bei KI-Systemen relevant, sondern symptomatisch für ein spätestens zu Beginn der Industrialisierung auftretendes Problem des klassischen individualistischen Verantwortungsbegriffs. Durch die zunehmende Arbeitsteilung, der Substitution klassischer, intersubjektiver Kommunikationsprozesse durch anonymere Marktbeziehungen sowie explizit durch die technisch struktu-

---

[10] Diese Unterscheidung zwischen Humanität und Algorithmizität sowie die Frage, ob dies technisch in Zukunft möglich sein wird, habe ich – ablehnend – hier thematisiert: Greger, *Humanität*.
[11] Vgl. Moor, *nature*.

rierte Interaktionspraxis ist eine klare, singuläre individuelle Verantwortungszuschreibung in komplexen (sozio-)technischen, aber auch gesellschaftlichen Interaktionsprozessen sehr oft nicht mehr möglich. An der Produktion eines technischen Artefakts oder an einem Verfahren kollektiver Willensbildung sind oftmals sehr viele Instanzen beteiligt, welche zwar individuell verantwortungsfähig sind, aber die für die Schädigung verantwortliche Fehlkonstruktion oftmals nicht auf einen eindeutigen intentionalen, autonomen Handlungsakt zurückführbar ist. Die moralische Verantwortungsfähigkeit verschwimmt und fordert den klassischen individuellen Verantwortungsbegriff heraus – besonders auch bei KI-Systemen.[12]

2.3 Zwei Ansätze zur Verantwortungszuschreibung bei vollautonomen KI-Systemen

2.3.1 These I: Verantwortungsfähige KI

Ausgehend von dem Ungenügen des klassischen Verantwortungsbegriffs werden in der Forschung einige Ansätze diskutiert, welche das Problem der nicht klar individuierbaren Verantwortung thematisieren bzw. zu lösen hoffen. Wie oben bereits erwähnt, sind alle Theorien und Kriterien der Verantwortungszuschreibung weder naturgesetzlich noch *a priori* bestimmt, sondern Ergebnis kollektiver Zuschreibungspraktiken. Dies trifft auch explizit auf das Kriterium der Intentionalität zu, sodass sich auch dieses zentrale und von mir als mehr oder weniger Konsens darstellende Kriterium für Verantwortungsfähigkeit grundsätzlich in Frage stellen lässt. Genau an diesem zentralen Kriterium setzen einige Forschungsansätze an, sodass ich den prominentesten dieser Vorschläge, von Floridi und Sanders 2004, kurz darstellen und kritisch hinterfragen werde.

Die Grundthese von Floridi und Sanders ist, dass der etablierte intentionalistische Verantwortungsbegriff zu stark für KI-Systeme sei und wir deshalb ein höheres Abstraktionsniveau (*Level of Abstraction*) benötigen, welches vom engen intentionalistischen Ansatz abstrahiert und erlaubt, den Kontext genauer zu betrachten. Floridi und Sanders entwickeln dieser Prämisse folgend drei zentrale Kriterien, welche ein KI-System erfüllen muss, um als *agent* zu gelten: 1. *interactive*, ein Agent reagiert auf externe Stimuli bzw. Input; 2. *autonomous*, ein Agent ist in der

---

[12] Vgl. Bayertz/Beck, *Moderne*, 138-141.

Lage automatisch bzw. selbständig seine Regeln zu ändern und 3. *adaptive*, ein Agent ist in der Lage auf Basis vergangener Daten zu lernen. Erfüllt ein KI-System diese drei Kriterien, was alle gängigen subsymbolischen KI-Systeme grundsätzlich erfüllen bzw., was technisch problemlos zu realisieren ist, dann kann ein solches KI-System als *agent* angesehen werden und als handlungsfähig gelten[13]. Den Autoren zufolge wird ein solcher *agent* immer dann zum *moral agent*, wenn er moralisch relevante Konsequenzen verursacht – und in diesen Fällen, modifiziert, abgeschaltet oder gar zerstört werden kann.[14]

Ausgehend von diesem Vorschlag möchte ich eine Kritik auf drei Ebenen entfalten: Erstens die semantische Ebene thematisieren, zweitens die konsequentialistisch-behavioristische Struktur dieser Theorie kritisieren und drittens die Frage aufwerfen, welche Weiterentwicklung dieser Vorschlag in der Praxis nach sich ziehen kann oder soll. Betrachtet man zunächst die semantische Ebene, so fällt auf, dass der semantische Gehalt der drei Kriterien mindestens unterbestimmt, wenn nicht sogar irreführend ist. Begreifen wir Interaktivität (*interactive*) lediglich als ein Vermögen eines Agenten auf externe Stimuli zu reagieren, so definiert dieses Kriterium keinerlei Anforderungen, *wie* ein solcher Agent mit externen Stimuli interagiert. Ist hiermit lediglich ein simples Verursacherprinzip gemeint? Und wenn ja, was unterscheidet ein komplexes KI-System dann von einer mit Solarkollektoren betriebenen Propellermütze? In beiden Fällen treten die externen Stimuli in Gestalt von elektrischen Impulsen auf. Mir erscheint, dass es für den moralischen Status eines Agenten nicht hinreichend ist, *ob* ein System auf externe Stimuli reagiert, sondern *wie* es das tut. Wenn man lediglich das „ob" zum Kriterium für Interaktivität erhebt, dann unterscheiden sich ein einfacher elektrischer Impuls eines Taschenrechners, ein komplexerer Input eines KI-Systems und ein sich zu den Impulsen seiner Umwelt verhaltender, seine mentalen Zustände sowie Intentionen bewertender und reflektierender Mensch nicht. Ähnliches gilt für die beiden Kriterien der Autonomie und der Adaption. Agiert ein KI-System wirklich *autonomous*, nur weil es auf Basis eines Trainings- oder Betriebsprozesses fähig ist, seine eigene algorithmische Struktur abzuändern? Finden hier evaluative, deliberative und das Verhältnis der Zwecke (analog zu Intentionen) zu den äußeren Umständen (analog zu Gründen) re-

---

[13] Floridi und Sanders schreiben einem solchen KI-System zwar keine *moral responsibility*, aber *accountability* zu.
[14] Vgl. Floridi/Sanders, *morality*.

flektierende Prozesse statt? Selbst wenn man von dem Kriterium der Intentionalität absieht, so ist – selbst für Kompatibilisten – immer noch der Vorgang einer freien Deliberation zentral für Autonomie. Aus diesen Gründen kann einem KI-System selbst auch keine Autonomie zugesprochen werden und es sollte besser von *Autoregulativität* gesprochen werden. Ähnlich verhält es sich mit dem adaptiven Charakter: Sollte man wirklich von „Lernen" sprechen, wenn ein KI-System dazu fähig ist, statistische Korrelationen in Datensätzen zu identifizieren und zu operationalisieren? Ist es wirklich als „Lernen" anzusehen, wenn eine KI beim sogenannten *reinforcement learning* ihr Verhalten selbständig in Bezug auf die Optimierung einer Belohnungsfunktion anpasst? Prägt und ändert ein KI-System hier seine Dispositionen? Hier von Lernen oder Adaption zu sprechen, erscheint mir sehr unterbestimmt und wenig plausibel zu sein.

Betrachten wir zweitens die konsequentialistisch-behavioristische Struktur des Ansatzes: Zentral dafür, dass ein Agent zum moralischen Agenten wird, sind nicht die Fähigkeiten, Vermögen oder Prozesse des Agenten selbst, sondern lediglich der Charakter der Konsequenzen, die er verursacht. Verursacht der Agent moralisch relevante Konsequenzen? Wenn ja, ist er als moralischer Agent anzusehen.[15] Zweifelsohne, wie oben bereits beschrieben, sind technische Prozesse immer normativ, da sie in die menschliche Alltagspraxis gestaltend eingreifen. In vielen Fällen entstehen lediglich pragmatische Probleme, etwa wenn ein Navigationssystem uns falsch anleitet. In einigen Fällen sind diese normativen Konsequenzen aber auch moralisch problematisch, wie etwa, wenn Menschen zu Schaden kommen oder getötet werden. Sollten wir immer dann, wenn ein künstlicher Agent moralisch problematische Konsequenzen verursacht, von einem vollen moralischen Agenten sprechen? Dieser Definition zufolge wären dies auch Kinder, Hunde oder geistig eingeschränkte Menschen – insbesondere weil sie alle drei Kriterien von Floridi und Sanders erfüllen. Dieser Punkt führt zur dritten Ebene der Kritik: Ich habe oben ausgeführt, dass die Frage, wem und nach welchen Kriterien wir einem Agenten Verantwortungsfähigkeit zuschreiben, auch zentral gesellschaftlichen Zuschreibungspraktiken entspringt, sodass es, bei einem hinreichenden Konsens, durchaus möglich wäre, Floridi und Sanders hier zu folgen. Die Frage, die sich aber ganz grundsätzlich stellt, ist, was gewinnen wir durch die-

---

[15] Vgl. Floridi/Sanders, *morality*, 364.

sen Ansatz für unser ethisches Problem ganz praktisch? Dass wir technische Systeme, die nicht optimale, unter Umständen moralisch hochproblematische Ergebnisse produzieren, anpassen, abschalten oder gar zerstören, ist längst Konsens und gängige Praxis – auch ohne die theoretische Begründung von Floridi und Sanders. Das zentralste Problem dieses Ansatzes scheint mir aber die ex-post-Orientierung zu sein, nämlich dass vor dem Einsatz der Technologie nicht mehr geklärt ist, als dass wir sie im Falle moralisch problematischer Aktionen anpassen oder abschalten. Über die Frage, wer beim moralisch problematischen Einsatz konkret die Verantwortung – auch im Sinne von *responsibilitiy* – übernehmen soll, bleiben Floridi und Sanders eine überzeugende Antwort schuldig.

2.3.2 These II: Verantwortungslücke

Ein weiterer prominenter Ansatz, wer im konkreten Schadensfall die Verantwortung übernehmen kann, wurde 2007 von Robert Sparrow eingeführt. Ausgehend davon, dass das KI-System selbst keine Verantwortung übernehmen kann,[16] diskutiert Sparrow am Beispiel eines LARs die Frage, ob Entwicklern oder Befehlshabern berechtigterweise Verantwortung zugeschrieben werden kann. Einem aristotelisch inspirierten Verantwortungsbegriff folgend argumentiert er, dass sich das konkrete Verhalten eines solchen Kampfroboters im Einsatzfall zum einen nicht vorhersehen (epistemische Bedingung) und zum anderen nicht kontrollieren (Kontrollbedingung) lässt, da weder ein Programmierer noch ein Befehlshaber konkrete Kontrolle ausübt oder intervenieren kann. Da beide Kriterien verletzt bzw. nicht erfüllt sind und auch der Roboter selbst keine Verantwortung übernehmen kann, kommt Sparrow zu dem Schluss, dass niemand die Verantwortung übernehmen kann und muss. Es besteht laut ihm also eine Verantwortungslücke – und KI-gesteuerte Kampfroboter sollten ihm zufolge auch nicht eingesetzt werden.[17]

Betrachten wir zunächst das Kriterium der Vorhersehbarkeit: Zweifelsohne ist es richtig, dass wir in einem spezifischen Einsatzfall nicht konkret wissen, wie ein System maschinellen Lernens zum jeweiligen Output gelangt (*traceability*-Problem, Black-Box-Phänomen). Das be-

---

[16] Sparrows Argument ist, dass ein KI-System selbst nicht leidensfähig ist und deshalb auch nicht bestraft werden kann. Vgl. Sparrow, *Robots*, 71-72.
[17] Vgl. Sparrow, *Robots*; Ähnlich auch: Matthias, *responsibility*.

deutet aber nicht, dass wir überhaupt nicht wissen, wie sich ein KI-System generell verhält, da probabilistisches Wissen darüber verfügbar ist, mit welcher Präzision und Genauigkeit ein solches System funktioniert. Legt man die von Bostrom und Yudkowsky getroffene Unterscheidung von *lokalem* und *nicht-lokalem* Wissen[18] zugrunde, so trifft die Annahme der Nicht-Vorhersehbarkeit von Sparrow lediglich auf das lokale Verhalten, aber nicht auf das nicht-lokale Verhalten des LARs zu. Auch wenn wir bei einem konkreten Einsatzszenario nie wissen können, ob das KI-System einen moralisch problematischen Fehler begeht oder nicht, so wissen wir doch auf Basis vergangener Daten, wie präzise und genau ein solches System unter welchen Umständen agiert. Auf Basis dieses probabilistischen, nicht-lokalen Wissens lässt sich dennoch eine durchaus belastbare Grundlage für eine Risiko-Entscheidung im konkreten Einsatzfall generieren. Zum einen ist auf Basis dieses Wissens, ein militärischer Befehlshaber durchaus in der Lage, unter Einbeziehung der konkreten Einsatzumstände, eine verantwortliche Entscheidung für oder gegen den Einsatz zu treffen. Zum anderen ist diese Art der Risikoentscheidung auch nichts wirklich Neues. Auch im Falle von herkömmlichen, konventionellen Waffensystemen treffen militärische Befehlshaber, auf Basis probabilistischen Wissens und Erfahrungswerten verantwortungsvolle Risikoentscheidungen.

Ähnlich verhält es sich beim Kriterium der Nicht-Kontrollierbarkeit: Es ist zwar richtig, dass sich das Verhalten des einmal initiierten LARs im Einsatzfall nicht kontrollieren lässt und der Mensch weder intervenieren kann, noch soll. Dennoch trifft das KI-System hier keine eigenen, autonomen Entscheidungen, sondern agiert auf Basis eines Herstellungs- und Trainingsprozesses. Das bedeutet, dass der LAR zwar *äußerlich*, d. h. im konkreten Einsatzfall, nicht kontrollierbar ist, *innerlich* aber sehr wohl. Das Verhalten eines KI-Systems ist insofern kontrollierbar, da alle Zwecke und Verhaltensmöglichkeiten im Rahmen von *engineering* durch Menschen gesetzt wurden – und diese können normativ mehr oder weniger wünschenswert, präzise und genau erfolgen.[19] Das bedeutet, dass ein solches KI-System zwar im Einsatz nicht kontrollierbar ist, aber generell durch die Art und Weise, wie es programmiert, trainiert oder mit welchen Sensoren es versehen wurde, durchaus kontrollierbar ist. Demzufolge gibt es auch hier Instanzen – Entwickler –

---

[18] Vgl. Bostrom/Yudkowsky, *ethics*, 319.
[19] Ich folge hier: Hakli/Mäkelä, *responsibility* und Lin et al., *military*.

die legitimerweise und nach gewissen Kriterien zur Verantwortung gezogen werden können.

3. LEGITIME INSTANZEN MORALISCHER VERANTWORTUNG

Im bisherigen Verlauf habe ich dafür argumentiert, dass einem KI-System selbst keine Verantwortung zugeschrieben werden kann und dass auch keine Verantwortungslücke bestünde, nach welcher niemand verantwortlich ist.[20] Darüber hinaus habe ich das Problem beschrieben, dass in komplexen (sozio)technischen Systemen der klassische individuierbare Verantwortungsbegriff zu kurz greift und einer Weiterentwicklung bedarf. Ausgehend von dem oben beschriebenen Problem, dass die Verantwortung in komplexen Gesellschaften bzw. Systemen droht, zu diffundieren, wurde von Helen Nissenbaum 1996 das sogenannte *problem-of-many-hands* beschrieben. Diesem Problem zufolge, lassen sich insbesondere bei technischen bzw. informatischen Prozessen keine Individuen mehr klar identifizieren, die zur Verantwortung gezogen werden können, da an der Entwicklung und Produktion dieser Systeme „sehr viele Hände" beteiligt sind, sodass Nissenbaum zu dem Schluss kommt, dass keine individuelle Instanz mehr Verantwortung übernehmen kann, sondern dass für die moralisch problematische Operationen in erster Linie eine kollektive Verantwortung bestünde.[21] Ausgehend von dieser Feststellung werde ich nun abschließend unter Einbeziehung des Beispiels des LARs versuchen, verschiedene Instanzen bzw. *Loci* zu identifizieren, welchen berechtigterweise Verantwortung zugeschrieben werden kann. Durch die konkrete Identifizierung dieser Instanzen werde ich mich sowohl gegen den klassischen individuierbaren Verantwortungsbegriff als auch gegen Nissenbaums These, dass sich die Verantwortung ausschließlich auf kollektiver Ebene befindet, wenden. Auch wenn die Identifizierung von verschiedenen Instanzen immer kontextspezifisch und individuell zu begründen ist, so meine ich dennoch, dass sich mittels dieser zu exponierenden Kriterien auch allgemeine Erkenntnisse gewinnen lassen, welchen Instanzen mit welchen Kriterien legitim Verantwortung zugeschrieben werden kann.

---

[20] An anderer Stelle habe ich darüber hinaus dagegen argumentiert, dass es sich in solchen Fällen auch ausschließlich um *moral misfortune*, also moralisch Pech handelt, was lediglich auf die Umstände zurückzuführen ist. Greger, *misfortune*.
[21] Nissenbaum, *accountability*.

Für moralisch problematische Handlungen einer vollständig autonomen KI identifiziere ich fünf verschiedene Instanzen, welchen aufgrund spezifischer Handlungs- und Legitimationskontexte Verantwortung zugeschrieben werden kann und sollte. Zunächst besteht (1) eine *laborale Verantwortung*: Gemäß dem oben ausgeführten Argument der inneren Kontrolle sind die Operationen einer solchen KI nicht autonom, sondern lediglich autoregulativ. Eine KI wurde von Entwicklern programmiert, trainiert und von Ingenieuren mit weiteren technischen Artefakten wie Sensoren gebaut. Darüber hinaus entscheiden diese Entwickler, mit welchen Daten eine solche KI trainiert wird – und dies kann mehr oder weniger ethisch sensibel geschehen. Wichtig zu betonen ist, dass diese Instanz nur für das zur Verantwortung gezogen werden kann, was sie im Rahmen ihres eingeräumten Spielraumes und Verantwortungsbereichs auch zu verantworten hat.[22] Darüber hinaus besteht aber auch (2) eine *potestale Verantwortung*: Befehlshaber und Bediener können aufgrund vorhandenem probabilistischen Wissens und Erfahrungswerten eine verantwortungsvolle Risikoentscheidung treffen, sodass bspw. ein LAR aufgrund dieser Daten lediglich im offenen Feld und nicht in urbanen Gebieten eingesetzt werden sollte, um bspw. das Ausmaß der nicht intendierten Schäden gering zu halten. Des Weiteren besteht aber auch (3) eine *corporative Verantwortung*, denn Unternehmen sind dafür verantwortlich, dass ihre Entwickler den nötigen Spielraum und Ressourcen zur Verfügung haben, um die Produkte verantwortungsvoll zu entwickeln. Darüber hinaus haben Unternehmen auch die Pflicht, dem Befehlshaber das entsprechende probabilistische Wissen zur Verfügung zu stellen sowie ihre Produkte kalkulierbar und sicher zu entwickeln. Darüber hinaus lässt sich aber auch dem Gesetzgeber – sei es je nach Gesetzesart der formelle oder materielle – eine (4) *auctoriale Verantwortung* zuschreiben. Hierzu ist es wichtig, auf das Szenario *ex negativo* hinzuweisen: Ein KI-System, was nicht eingesetzt werden darf, kann auch nicht töten – weder legitim noch illegitim. Letztlich besteht aber auch eine (5) *demokratische Verantwortung*, denn ohne eine entsprechende – durch einen wohlinformierten, deliberativen öffentlich Prozess begleitete, demokratische Willensbildung werden diese Systeme auch nicht eingesetzt. So lässt sich festhalten, dass obwohl der klassische Verantwortungsbegriff diese Phänomene nicht mehr

---

[22] Wie und in welchem Rahmen dies geschehen kann, führen wir hier aus: Gogoll et al., *ethics*.

adäquat erfasst, nach wie vor der Mensch die Verantwortung für die von ihm eingesetzte Technik trägt – auch wenn es komplexer geworden ist.

Literatur

Bayertz, Kurt/Beck, Birgit, *Der Begriff der Verantwortung in der Moderne: 19.-20. Jahrhundert*, in: Heidbrink, Ludger/Langbehn, Claus/Loh, Janina (Hg.), Handbuch Verantwortung, Wiesbaden, 2017, 133-148.

Bostrom, Nick/Yudkowsky Eliezer, *The ethics of artificial intelligence*: in: Frankish, Keith, Ramsey, Wiliam (Hg.), The Cambridge Handbook of Artificial Intelligence, Cambridge 2014, 316-334.

Bürge, Alfons, *Die Entstehung und Begründung der Gefährdungshaftung im 19. Jahrhundert und ihr Verhältnis zur Verschuldungshaftung. Eine Skizze*, in: Heldrich, Andreas/Prölss, Jürgen/Koller, Ingo (Hg.), Festschrift für Claus-Wilhelm Canaris zum 70. Geburtstag, München 2007, 59-81.

Christman, John, *Autonomy and Personal History*, in: Canadian Journal of Philosophy 21 (1991), 1-24.

Dworkin, Gerald, *The Theory and Practice of Autonomy*, New York 1988.

Floridi, Luciano/Sanders, John W., *On the Morality of Artificial Agents*, in: Minds and Machine 14 (2004), 349-379.

Fischer, John Martin/Ravizza, Mark, *Responsibility and control: A theory of moral responsibility*, Cambridge 1998.

Frankfurt, Harry, *The Importance of What We Care About*, Cambridge 1988.

Gogoll, Jan/Zuber, Niina/Kacianka, Severin/Greger, Timo/Pretschner, Alexander/Nida-Rümelin, Julian, *Ethics in the Software Development Process: from Codes of Conduct to Ethical Deliberation*, in: Philosophy & Technology 34 (2021), 1085-1108.

Greger, Timo, *Humanität und Algorithmizität. Ethische Herausforderungen in einer digitalisierten Gesellschaft*, in: Petersen, Maren; Kammasch, Gudrun (Hg.), Technische Bildung im Kontext von Digitalisierung / Automatisierung. Tendenzen, Möglichkeiten, Perspektiven. Wege zu technischer Bildung. Referate der 14. Ingenieurpädagogischen Regionaltagung 2019, Bremen 2020, Siegen 2020, 93-98.

Greger, Timo, *Künstliche Intelligenz und Moral Misfortune? Oder. Wer übernimmt die Verantwortung für moralisch illegitime Operationen eines KI-Systems?*, in: Kammasch, Gudrun/Keil, Sophia/Winkler, Daniel (Hg.), Produktions- und Dienstleistungsstrukturen der Zukunft im Fokus.

Wege zu technischer Bildung. Referate der 15. Ingenieurspädagogischen Regionaltagung 2021, Zittau/Görlitz 2021, Siegen 2022, 107-112,

Hakli, Raul/Mäkelä, Pekka, *Moral Responsibility of Robots and Hybrid Agents*, in: The Monist 102 (2019), 259-275.

Lin, Patrick/Bekey, George/Abney, Keith, *Autonomous Military Robotics: Risk, Ethics, and Design*, California Polytechnic State University 2008.

Matthias, Andreas, *The responsibility gap: Ascribing responsibility for the actions of learning automata*, in: Ethics and Information Technology 6 (2004), 175-183.

Mele, Alfred, *Autonomous Agents. From Self-Control to Autonomy*, New York 1995.

Möllers, Christoph, *Die Möglichkeit der Normen*, Frankfurt am Main 2015.

Moor, James H., *The nature, importance, and difficulty of machine ethics*, in: IEEE Intelligent Systems 21 (2006), 18-21.

Nelkin, Dana Kay, Making Sense of Freedom and Responsibility, Oxford 2011.

Nida-Rümelin, Julian, *Verantwortung*, Stuttgart 2011.

Nissenbaum, Helen, *Accountability in a computerized society*, in: Science and Engineering Ethics 2 (1996), 25-42.

Seidel, Christian, *Selbst bestimmen: Eine philosophische Untersuchung personaler Autonomie*, Berlin 2016.

Sparrow, Robert, *Killer Robots*, in: *Journal of Applied Philosophy*, 24 (2007), 62-77.

Watson, Garry, *Free Will*, Oxford 1982.

Wolf, Susan, *Freedom within Reason*, New York 1990.

Das *Digital Ethics Lab*
Ein didaktisches Konzept Forschenden Lernens zur Ausbildung digitaler Souveränität

Max Tretter/ Hannah Bleher/Maike Tischendorf

1. DIGITALISIERUNG MEISTERN

Digitalisierung ist ein Megatrend der Gegenwart. Viele Bereiche der gegenwärtigen Lebenswelt wie Bildung, Verkehr, Gesundheit, Finanzwesen und Wirtschaft sind mittlerweile datafiziert und werden zunehmend vernetzt. Der Philosoph Luciano Floridi hat den Begriff des „Onlife"[1] zur Beschreibung und Deutung der Chancen und Herausforderungen dieser Entwicklungen geprägt. Er beschreibt damit, wie analoge und digitale Lebensformen (scheinbar) untrennbar verschmelzen und es zu immer weiter reichenden, zeit- wie ortsunabhängigen Vernetzungen individueller und kollektiver Akteure kommt.

Die Digitalisierung transformiert in diesem Sinne unsere Lebensweise und Kultur[2] – und eröffnet neue Flexibilität, Freiheitsräume und Verwirklichungschancen. Als Kehrseite dieser Chancen birgt die Digitalisierung aber auch Risiken. Etwa stellt sich mit Blick auf die Selbstbestimmung von Individuen die Frage, was in digitalisierten Lebensformen noch selbst steuerbar ist oder als Privatheit verstanden werden kann.[3] Einzelne Personen drohen zu einem durchschaubaren, völlig prognostizierbaren und der Macht der großen Digitalplattformen ausgelieferten Rädchen im vielbeschriebenen „Überwachungskapitalismus"[4] zu werden.[5] Hinzu kommt die Gefahr, die von Social Media Platt-

---

[1] Vgl. Floridi, *Die 4. Revolution*.
[2] Vgl. Stalder, Kultur der Digitalität.
[3] Vgl. Véliz, Privacy is Power.
[4] Zuboff, Das Zeitalter des Überwachungskapitalismus.
[5] Vgl. Galloway, *The Four*.

formen ausgeht, die ihre User wie „Radikalisierungsmaschinen"[6] in sogenannte *Rabbit Holes* ziehen und empörungsgeleitet ideologisieren. Neben den gezeichneten Bedrohungen bringt die Digitalisierung sämtlicher Lebensbereiche unzählige weitere, politische, technologische und gesellschaftliche Herausforderungen mit sich.[7]

Digitalisierung erscheint als ein ambivalentes Phänomen. Um ihre Chancen zu nutzen und gleichzeitig ihre Herausforderungen zu meistern, bedarf es kreativer Lösungen, gesamtgesellschaftlicher Ansätze sowie der Ausbildung neuer Kompetenzen – so der Leitgedanke dieses Beitrags. Ein Konzept, das in diesem Sinne digitale Transformationsprozesse begleiten und eine produktive Einbettung dieser ermöglichen soll, formiert sich unter dem Begriff *digitale Souveränität*. Als multidimensionales Leitkonzept bezeichnet digitale Souveränität – neben einer digitalpolitischen wie ökonomischen Agenda – auf individueller Ebene die Möglichkeit zur informationellen Selbstbestimmung, d. h. den digitalen Raum eigenständig zur Verfolgung der persönlichen (Lebens-)Pläne nutzen zu können.[8] Neben dem Rechtsanspruch auf informationelle Selbstbestimmung, wie er im Zusammenhang mit dem allgemeinen Persönlichkeitsrecht nach Art. 2 Abs. 1 GG formuliert werden kann und in Art. 8 der EU-Grundrechtscharta festgelegt ist, ist die Ausgestaltung digitaler Souveränität entscheidend von Möglichkeitsräumen und institutionalisierten Kontrollmöglichkeiten abhängig.[9] Um digitale Souveränität nachhaltig zu ermöglichen, so unsere These, müssen diese strukturellen Bedingungen von einer individuellen Befähigung einzelner Personen im Sinne der Ausbildung spezifischer Kompetenzen begleitet werden.

Den Aspekt der Befähigung zur digitalen Souveränität wollen wir in diesem Beitrag näher beleuchten, indem wir darstellen, *warum* es einer Befähigung zur digitalen Souveränität bedarf und *wie* sich die digitale Souveränität als ein paradigmatisches Leitkonzept und Bildungsziel im digitalen Zeitalter darstellt. Anschließend präsentieren wir mit dem *Digital Ethics Lab* – einem Projekt forschenden Lernens, das digitale und ethische Bildung verbindet – ein Lehrveranstaltungsformat, das auf die

---

[6] Vgl. Ebner, Radikalisierungsmaschinen.
[7] Vgl. Harari, *21 Lektionen*.
[8] Vgl. Pohle/Thiel, Digital Sovereignty; Hummel et al., Data Sovereignty; Tretter, „Digitale Souveränität" als Kontrolle.
[9] Vgl. Hummel et al., *Datensouveränität*.

Vermittlung digitaler Souveränität zielt, indem es Selbst- und Medienkompetenzen ausbildet, und geben Einblick, wie sich das *Digital Ethics Lab* im Hochschulkontext praktisch umsetzen lässt.

2. DIGITALE SOUVERÄNITÄT AUSBILDEN

Um den An- und Herausforderungen der fortschreitenden Digitalisierung begegnen und auch im digitalen Raum die eigenen Lebenspläne informationell selbstbestimmt verfolgen zu können, benötigen Personen digitale Souveränität. Die individuelle Befähigung zur digitalen Souveränität ist hierzu ein wesentlicher Aspekt – und ist als solche an die Vermittlung und Bildung bestimmter Kompetenzen geknüpft. Dass nicht viele Personen die zur digitalen Souveränität notwendigen Kompetenzen mitbringen – nicht nur Personen, die wenig Affinität zu Technik und Bezug zum Digitalen, sondern auch Jugendliche, die als *Digital Natives* gelten und deren Leben vom Umgang mit digitalen Technologien durchdrungen ist –, zeigt eindrücklich eine Untersuchung von Müller et al. In der explorativen Studie werden 13-15-Jährige nach deren Umgang mit digitalen Technologien und zu ihren Kenntnissen des Digitalen befragt. Folgende Rückschlüsse über deren digitale Souveränität werden daraus abgeleitet:

„They are confronted with various challenges regarding Digital Sovereignty and gain most of their experiences in dealing with digital media alone and in their free time. Only few possess strategies to move competently, self-determinedly and safely through our deeply mediatized world. The majority of the interviewees appear to have only a vague notion about their own data traces and the use they are put to. [...] Most of them hardly reflect on their own possibilities for action. It is noticeable that support offers are not an issue. Accordingly, it must be assumed that they are unknown or unavailable."[10]

Aus den Ergebnissen der Interviewstudie schließen Müller et al., dass nur ein geringer Teil der Befragten ein angemessenes Verständnis über die Gefahren des digitalen Raumes besitzt, geschweige denn über effektive Strategien verfügt, um mit diesen umzugehen. Dieser doppelte Mangel an Verständnis und Strategien legt nahe, so Müller und ihre Kolleg:innen, dass es den Befragten an den nötigen Kompetenzen zum

---

[10] Müller et al., Digital Sovereignty of Adolescents, 37–38.

Umgang mit der Digitalisierung fehlt – und macht deutlich, wie groß diesbezüglich Handlungs- und Bildungsbedarf ist.[11]

Die Vermittlung der nötigen Kompetenzen zur digitalen Souveränität erweist sich angesichts der umfassenden Digitalisierung auch aus sozialethischer Perspektive als ein dringendes Anliegen.[12] Die Befähigung zur digitalen Souveränität wird vor diesem Hintergrund als grundlegend für soziale Teilhabeprozesse verstanden, womit insbesondere dem Bildungssektor, aufgrund seiner allgemeinen Zugänglichkeit wie seiner biographischen Prägekraft, eine zentrale Rolle zuzuschreiben ist.[13] Digitale Souveränität kann angesichts dessen als wichtiges Bildungsziel verstanden werden, dem die Kompetenzenvermittlung auf unterschiedlichen Ebenen folgen muss.

Einen zentralen Hinweis aus welchen Kompetenzen sich digitale Souveränität zusammensetzt liefert der Aktionsrat Digitale Bildung in seinem Gutachten *Digitale Souveränität und Bildung* aus dem Jahr 2018:

„Als ‚digitale Souveränität' wird die Möglichkeit verstanden, digitale Medien selbstbestimmt und unter eigener Kontrolle zu nutzen und sich an die ständig wechselnden Anforderungen in einer digitalisierten Welt anzupassen. Digital souveränes Handeln ist einerseits an individuelle Voraussetzungen gebunden, nämlich eine hinreichende Medienkompetenz der Person, und andererseits an die Bereitstellung entsprechender Technologien und Produkte."[14]

Als erste Kompetenz der digitalen Souveränität nennt der Aktionsrat die Medienkompetenz mit besonderem Fokus auf digitale Medien. Diese digitale Kompetenz lässt sich im Anschluss weiter ausdifferenzieren in eine digitale Medien*nutzungs*kompetenz (d.h. die Fähigkeit, sich Wissen digital zu erschließen), eine digitale Medien*produktions*kompetenz (d.h. die Fähigkeit, digitale Medien zu produzieren und am medialen Diskurs teilzuhaben) sowie eine digitale Medien*reflexions*kompetenz (d. h. die Fähigkeit, den eigenen digitalen Medienumgang kritisch zu reflektieren). Dabei gilt, dass die digitale Medienkompetenz steigt, je weiter man von der digitalen Mediennutzung zur -produktion und

---

[11] Dass der geringe Teil der Befragten, der sich als digital souverän bezeichnen lässt, sich die nötigen Kompetenzen selbst beigebracht hat, bestätigt den dringenden Handlungsbedarf weiter.
[12] Vgl. Dabrock, Die Würde des Menschen ist granularisierbar.
[13] Vgl. Müller-Lietzkow, Quo Vadis Digitale Bildung?
[14] Blossfeld et al., Digitale Souveränität und Bildung, 12.

-reflexion fortschreitet.[15] Zweitens führt der Aktionsrat eine Anpassungs- wie Selbstbestimmungsfähigkeit an und bestimmt diese unter Verweis auf das Strategiepaper der Kultusministerkonferenz *Bildung in der digitalen Welt* aus dem Jahr 2016[16] näher als projektorientiertes Handeln und Kooperieren, Selbstmanagement und Selbstorganisationsfähigkeit – und nennt damit Fähigkeiten, die in der pädagogischen Diskussion in der Regel unter dem Stichwort „Selbstkompetenzen" geführt werden.[17] Um also Schüler:innen und Jugendliche zu digitaler Souveränität zu befähigen, so lässt sich mit dem Aktionsrat Digitale Bildung festhalten, gilt es sowohl digitale Medienkompetenzen als auch Selbstkompetenzen zu vermitteln.

Trotz des sogenannten "Digital Turn"[18] in den Bildungswissenschaften, im Zuge dessen die digitalen Dimensionen von Lehr- und Lehrprozess zunehmend Aufmerksamkeit erfahren und vermehrt digitale Medien sowie semidigitale Lehr- und Lernformate (bspw. *Flipped* oder *Converted Classrooms*, *Webinare*, *Blendend-Learning*-Kurse, *E-Learning*) zum Einsatz kommen, ist die Vermittlung digitaler Selbst- und Medienkompetenzen kein Selbstläufer.[19] Zu ihrer nachhaltigen Vermittlung benötigt es unserer Meinung nach mehr als bestehende Lehrformate additiv um digitale Elemente zu ergänzen. Es braucht Lehr- und Lernformate, die von Grund auf digital gestaltet und auf die Vermittlung digitaler Selbst- und Medienkompetenzen ausgelegt sind.[20]

An diesen Bedarf knüpft das von uns entwickelte Lehr- und Lernkonzept des *Digital Ethics Lab* an. Als innovatives, grundlegend digital entworfenes Lehr- und Lernformat hat es zum Ziel, die etablierten universitären Lehrveranstaltungsformate – Vorlesung, Seminar, Übung – um ein neues Format zu ergänzen, um so die effektive Vermittlung von digitalen Selbst- und Medienkompetenzen zu unterstützen und Studierende, Schüler:innen und Jugendliche zu digitaler Souveränität zu befähigen.

---

15 Vgl. Blossfeld et al., Digitale Souveränität und Bildung, 17.
16 Vgl. Kultusministerkonferenz, *Bildung in der digitalen Welt*.
17 Vgl. Ehlers, *Future Skills*.
18 Für einen detaillierteren Einblick in den *Digital Turn*, vgl. Hochschulforum Digitalisierung, *The Digital Turn*.
19 Vgl. Dittler/Kreidl, Digitale Bildung in Hochschulen aus Sicht der Studierenden; Kreidl/
  Dittler, Wo stehen wir?
20 Vgl. Vater, *Kompetenzen für das digitale Zeitalter schaffen*. Bezüglich der medienbezogenen Handlungskompetenzen von Lehrpersonen, vgl. Europäische Kommission, *Europäische Rahmen für die digitale Kompetenz Lehrender*.

3. DIGITALE SOUVERÄNITÄT IN DER THEOLOGIE UND DAS *DIGITAL ETHICS LAB* – EIN DIDAKTISCHES KONZEPT

Das *Digital Ethics Lab* als Projekt Forschenden Lernens zielt darauf ab, die Studierenden zu digitaler Souveränität zu befähigen, indem es konkrete Selbst- und digitale Medienkompetenzen gleichzeitig zu vermitteln sucht.[21] Ziel des Projektes ist es, Studierende zum souveränen Umgang im digitalen Raum und mit digitalen Medien zu befähigen, Kompetenzen für ihre späteren Berufsfelder, in unserem Kontext: als Lehrer:innen und Pfarrpersonen, und Forschungskompetenzen sowie ethische Reflexionskompetenzen im Zusammenspiel mit der eigenen Produktion von digitalen Medien zu fördern. Für den medialen Kompetenzerwerb insbesondere von Schüler:innen ist nämlich die Professionalität der (zukünftigen) Lehrkräfte maßgeblicher Erfolgsfaktor für das Lehren und Lernen in der digitalen Welt.[22]

Prozesse Forschenden Lernens erweisen sich als besonders effektiv für individuelle Bildungswege.[23] Wo Lernende herausgefordert sind, sich ein Thema nicht einfach anhand vorgegebener Lektüren, Experimente und Vorgänge zu erschließen, sondern wo sie sich ein ihnen bislang fremdes Thema eigenverantwortlich, unter der Wahl eigener Zugänge, Methoden und Texte erschließen, wird ihre Selbstkompetenz zu einem hohen Maß gefördert. Neben dem Erleben von Selbstwirksamkeit sind es vor allem die souveräne Themenwahl und der selbstgewählte Forschungsweg, die den Studierenden einen individuellen und selbstbestimmten Lernweg ermöglichen und Reflexions- und Organisationsfähigkeit fördern. Die Lernenden werden vor die Herausforderung gestellt, eigenständig ein Themenfeld zu umreißen und zu definieren sowie angemessene wie effiziente Ansätze und Lösungen zu finden. Forschendes Lernen hebt sich von anderen Lehrformen insofern ab, dass die Methode die Selbstständigkeit und Eigenverantwortlichkeit der Studierenden fokussiert. Lehren und Lernen orientieren

---

[21] Unsere Einteilung der Kompetenzen für die Ausbildung der digitalen Souveränität orientiert sich an diesen beiden Kategorien. Beide ließen sich hinsichtlich ihrer Fach-, Sozial- und Selbstdimensionen weiter ausdifferenzieren. Zugunsten der Übersichtlichkeit tun wir dies an dieser Stelle nicht und präsentieren stattdessen eine integrierte Perspektive.
[22] Vgl. Kultusministerkonferenz, Lehren und Lernen in der digitalen Welt, 23.
[23] Für das Konzept des Forschenden Lernens, zentrale Prinzipien und Vorgehensweisen sowie praktische Umsetzungstipps und Auswertungen seiner Lerneffektivität, vgl. die Beiträge in den Sammelwerken von: Mieg/Lehmann, *Forschendes Lernen*; Wulf/Haberstroh/Petersen, *Forschendes Lernen*.

sich an den komplexen, sozialen und mehrperspektivischen Problemlösungsprozessen der Forschung.[24] Die Lernenden gestalten, erfahren und reflektieren den Prozess eines Forschungsvorhabens von der Entwicklung der Fragen und Hypothesen über die Wahl und Ausführung der Methoden bis zur Prüfung und Darstellung der Ergebnisse in selbstständiger Arbeit oder in aktiver Mitarbeit in einem übergreifenden Projekt.[25] Im *Digital Ethics Lab* steht das Forschende Lernen im Zentrum des didaktischen Konzepts, um Medien- wie Selbstkompetenzen, letztere als Forschungskompetenzen, zu fördern.

3.1 Das Digital Ethics Lab im Überblick

Das *Digital Ethics Lab* ist eine Lehrveranstaltung am Fachbereich Theologie der Friedrich-Alexander-Universität Erlangen-Nürnberg (FAU) und wird als theologisch-ethisches Seminar angeboten. Mit einem hohen Maß an Eigenverantwortung und Selbstständigkeit bearbeiten die Studierenden ein selbstgewähltes Forschungsthema im Bereich der Ethik und entwickeln hierzu einen digitalen Output (bspw. Video, Podcast, Blog, Vlog, etc.). In geblockten *Lab Sessions*, d.h. Ideenwerkstätten und Feedbackrunden, werden die Studierenden bei der Bearbeitung ihrer Forschungsthemen sowie der Produktion des digitalen Outputs unterstützt. Zudem haben sie die Möglichkeit, persönliches Coaching von Seiten der Dozierenden und durch studentische Tutor:innen in Anspruch zu nehmen.[26] In einem digitalen *Shared Workspace* haben die Studierenden außerdem die Möglichkeit, sich zu gemeinsamen Arbeitseinheiten zu verabreden und außerhalb der *Lab Sessions* zusammenzuarbeiten. Ihren Fortschritt dokumentieren die Studierenden in einem „Forschungstagebuch", das die Darstellung des Forschungsweges von der Idee bis hin zum digitalen Output umfasst und vor allem die inhaltlichen und thematischen Überlegungen dokumentiert. Dieses stellt zusammen mit dem abschließend produzierten digitalen Output die Prüfungsleistung des Seminars dar. Die erarbeiteten digitalen Produkte können dann auf der Online-Plattform des *Digital*

---

[24] Vgl. Mieg/Lehmann, *Forschendes Lernen*, 1–18.
[25] Vgl. Huber, Warum Forschendes Lernen nötig und möglich ist.
[26] Aufgrund des teilweise recht hohen Arbeitsaufwands des *Digital Ethics Lab*, empfehlen wir, mindestens eine studentische Tutor:in in die Durchführung der Lehrveranstaltung mit einzubinden. Abhängig von der Zahl der Teilnehmer:innen, kann es nützlich oder gar nötig sein, mit mehreren Tutor:innen zu arbeiten.

Ethics Lab (www.digitalethicslab.fau.de) veröffentlicht werden. Ganz im Sinne einer öffentlichen Wissenschaftskommunikation haben so auch weitere Studierende und Interessierte die Möglichkeit, zuverlässige Informationen und Materialien zu Themen der theologischen Ethik abzurufen.

3.2 Phasen & Kompetenzvermittlung des Digital Ethics Lab

Das didaktische Konzept des *Digital Ethics Lab* ist in vier etwa gleichlange Phasen von je ungefähr 25 Arbeitsstunden unterteilt, die aufeinander aufbauen, ineinander übergehen und mit einer Zielvereinbarung abgeschlossen werden. In den vier Phasen werden die zwei zentralen Kompetenzbereiche zur Förderung digitaler Souveränität, die digitale Medienkompetenz und Selbstkompetenz, als Lernziele adressiert. Das bedeutet, verschiedene Fähigkeiten werden in den verschiedenen Phasen erprobt und erlernt, die sich einer jeweils spezifischen Selbstkompetenz oder digitalen Medienkompetenz zuordnen lassen. Zu den Selbstkompetenzen werden in diesem didaktischen Konzept die Forschungs-, Selbstorganisations- und Kooperationskompetenz gezählt. Die digitale Medienkompetenz untergliedert sich in die digitale Mediennutzungs-, Medienproduktions- und Medienreflexionskompetenz. Während in den ersten beiden Phasen vor allem Selbstkompetenzen fokussiert werden, stehen in der dritten und vierten Phase die Vermittlung der digitalen Medienkompetenzen im Vordergrund. Im Detail stellt sich der Ablauf der Phasen und die Kompetenzvermittlung wie folgt dar.

In einer ersten *Ideenphase* finden die Studierenden selbstständig einen Forschungsschwerpunkt in einem Themenbereich ihrer Wahl und entwickeln ein Erkenntnisinteresse. Zentral sind hierzu eine eigenständige Literaturrecherche und das Formulieren eines Forschungsinteresses. Nach der konstituierenden *Lab Session*, in der die Studierenden durch Kreativitätstechniken wie bspw. Assoziationsspielen, Mindmapping oder der 6-5-3 Methode animiert werden,[27] einen Themenschwerpunkt zu formulieren, können die Studierenden bei Einzelterminen mit Dozierenden oder den studentischen Tutor:innen ihre Ideen prüfen und besprechen, um das Interesse an einem Forschungsbereich weiter zu vertiefen und evtl. auf weitere Literatur aufmerksam gemacht

---

[27] Vgl. Mai, Kreativitätstechniken.

zu werden. Die Entwicklung von Selbstorganisationskompetenzen ebenso wie Forschungskompetenzen stehen in dieser ersten Phase im Zentrum des Lernweges.

Nach der Ideenfindung startet die *Forschungsphase* mit einer zweiten *Lab Session*, in welcher grundlegende Methoden der ethischen Reflexion – in erster Linie: wie beschreibe ich ein Problem oder wie bilde ich ein ethisches Urteil[28] – und des systematisch-theologischen Arbeitens – vor allem: wie grenze ich ein Thema ab, wie formuliere ich eine Forschungsfrage oder eine Hypothese und wie recherchiere ich zu einem Thema[29] – erläutert und eingeübt werden. Ziel der *Lab Session* ist es, dass die Studierenden eine präzise Forschungsfrage sowie eine davon abgeleitete Hypothese formulieren können. Aufbauend darauf entwickeln die Studierenden eine stichwortartige Argumentationslinie und erstellen in einer anschließenden Schreibphase ein Kurz-Exposé als Zwischenbericht, in dem sie ihre Forschungsfrage klar formulieren und argumentativ entwickeln. Hierzu zählt, dass die Studierenden Einblick in den Forschungsstand zum Thema, ihre Literaturrecherche, die Zielsetzung der aktuellen Forschungsarbeit und ihr methodisches Vorgehen geben sowie eine Gliederung ausarbeiten. Nach Abgabe des Exposés folgt ein Review-Prozess zunächst durch die Dozierenden, um die Qualität der Arbeiten sicherzustellen. Kritik, Kommentare und Hilfestellungen werden gemeinsam mit den Studierenden diskutiert und reflektiert. Nach diesem ersten Review-Prozess und der Einarbeitung vor allem inhaltlicher Korrekturen folgt dann ein Peer-Review-Prozess durch die Kommiliton:innen, was insbesondere Kooperationskompetenzen fördern soll.

Die dritte Phase beginnt mit einer erneuten *Lab Session*, die den Übergang von der *Forschungs-* in die *Kreative Phase* markiert. In dieser Session präsentieren die Studierenden den weiteren Teilnehmenden erste Überlegungen, wie sie ihre Forschungsergebnisse ästhetisch aufbereiten und attraktiv gestalten wollen. Der anschließende offene, produktive Austausch über ästhetische Überlegungen und ein Peer-Feedback ihrer Kommiliton:innen sollen den Studierenden dabei helfen, ein passendes Format für ihre Inhalte zu finden. Im Anschluss können

---

[28] Zu den methodischen Fragen, wie man ein ethisches Problem beschreibt und ein ethisches Urteil bildet, vgl. Tödt, *Perspektiven theologischer Ethik*, 21–48; Daniels, *Reflective Equilibrium*.

[29] Für einen Überblick über die zentralen systematisch-theologischen Methoden, deren Vermittlung und Vertiefung wir im *Digital Ethics Lab* anstreben, vgl. Leiner, *Methodischer Leitfaden*.

die Studierenden ihrer Kreativität freien Raum lassen und ihre Inhalte in ein ansprechendes, mediales Konzept umwandeln. Um die Studierenden bei dieser Überführung zu unterstützen, stellen die Lehrenden und die studentischen Tutor:innen verschiedene digitale Formate vor – u. a. Kurzvideos, Podcasts, Comics oder Blogposts – und geben einen Einblick, was ästhetisch möglich und wie es technisch umsetzbar ist. Beim Entwerfen eines passenden Medienkonzepts zur ästhetischen Vermittlung der Ergebnisse ihres Forschungsprojekts schulen die Studierenden primär ihre Mediennutzungs- wie Medienreflexionskompetenzen. Je nach Wahl des Formats erarbeiten die Dozierenden und studentischen Tutor:innen Hilfestellungen, stellen geeignete Soft- und Hardwaretools vor, zeigen, wofür man diese jeweils einsetzen kann oder organisieren professionelle Schulungen. Ziel dessen ist es, Medienproduktionskompetenzen zu vermitteln, indem spezifische Planungsschritte für die Produktion des digitalen Outputs festgelegt werden, beispielsweise für die Videoproduktion: die Erstellung eines *Mood-* sowie *Storyboards*.[30] Die Kreative Phase endet mit der Abgabe einer Planungsskizze bzw. je nach Format einer Skriptabgabe.

In der finalen *(Post-)Produktionsphase* steht die Vermittlung der Medienproduktionskompetenzen im Zentrum. Diese Phase gestaltet sich je nach digitalem Output unterschiedlich. Meist ist es jedoch notwendig, dass sich alle Beteiligten vertieft der Produktion und damit verbundenen Visualisierungs- oder Animationstechniken bzw. Audioeffekten sowie der Einarbeitung in spezielle Softwareprogramme widmen und genügend Zeit für die Nachbearbeitung einplanen.[31] In dieser Phase spie-

---

[30] Eine Erklärung, was *Mood-* und *Storyboards* sind und wie man diese ausarbeitet, findet sich online im *Leitfaden für die Erstellung eines Videos*. Vgl. https://www.digitalethicslab.fau.de/files/2020/08/digitalethicslab_leitfaden_homepage.pdf

[31] In diesem Zusammenhang sind v.a. die rechtlichen Rahmenbedingungen der Nutzung fremder digitaler Medien und Dateien bspw. für die Videoproduktion relevant. Prinzipiell gilt dabei das *Fair Use-Prinzip*. Im schulischen Kontext gestattet § 60a UrhG die erlaubnisfreie Nutzung von bis zu 15% eines Werkes, so lange fremde Dateien und Medien *eindeutig* zu Bildungszwecken genutzt werden oder wenn die Dateien und Medien eine *Creative Commons*-Lizenz besitzen. Nach §51a des UrhG dürfen Pastiche – dazu zählen auch Remixe, Memes, Gifs, Mashups, Fan Art – öffentlich wiedergegeben, genutzt und verbreitet werden. Zusätzlich greift die Urheberrechtsreform von 2021, die es erlaubt, Filmausschnitte oder Tonspuren bis zu einer Länge von 15 Sekunden, einen Text mit bis zu 160 Zeichen oder ein Foto oder eine Grafik bis zu einer Größe von 125 Kilobyte für die geringfügige Nutzung für nichtkommerzielle Zwecke zu nutzen. Für eine hilfreiche Handreichung zu den rechtlich zu beachtenden Aspekten, vgl. BMBF, *Urheberrecht in der Schule*.

len die studentischen Tutor:innen eine zentrale Rolle, da sie die Erarbeitung der unterschiedlichen Formate koordinieren und den Studierenden passgenaue Hilfestellungen anbieten können. Die studentischen Tutor:innen sind beispielsweise in der Videoproduktion geschult und begleiten die Studierenden sehr eng in der Produktionsphase. Die Produktionsphase endet mit der Abgabe des digitalen Outputs und eines erläuternden Forschungstagebuchs. Die Gestaltung des Forschungstagebuchs ist sehr offen, notwendige Bestandteile sind jedoch die Abgabe folgender Portfolio-Aufgaben: Exposé (mit Forschungsfrage, Literaturrecherche, Hypothese, Gliederung), schriftliche Kurzreflexion des Review-Prozesses und Peer-Feedbacks, Notizen zur Konzeption und Planung des digitalen Outputs, Schriftliche Abschlussreflexion des Lernwegs, Literaturverzeichnis.

3.3 Zielgruppe

Das *Digital Ethics Lab* als universitäre Lehrveranstaltung am Fachbereich Theologie der FAU richtet sich an Studierende, die ein systematisch-theologisches Proseminar oder vergleichbare Seminare erfolgreich abgeschlossen haben.

Gleichzeitig ist dieses Lehrkonzept nicht auf die universitäre Lehre beschränkt und lässt sich auch in der Sekundarstufe durchführen. Das *Digital Ethics Lab* wird beispielsweise als Schulprojekt im Rahmen des wissenschaftspropädeutischen Seminars eines bayerischen Gymnasiums durchgeführt. In enger Zusammenarbeit mit den Lehrkräften werden das didaktische Konzept und der Kompetenzerwerb an den schulischen Kontext und die Interessen der Schüler:innen angepasst.

3.4 Zusätzlicher Mehrwert: digitales Lehr- und Lernmaterial & Beispiele für digitalen Output

Das *Digital Ethics Lab* bietet durch die Produktion von digitalem Output über den Rahmen der Lehrveranstaltung hinausgehend den zusätzlichen Mehrwert, dass die von den Teilnehmenden erarbeiteten digitalen Inhalte, wie Blogs, Videos, Podcasts, etc. auch anderen Studierenden der Evangelischen Theologie oder Religionslehre, Schüler:innen oder generell einem interessiertem Publikum öffentlich zur Verfügung stehen und beispielsweise als digitale Lern- und Informationsmaterialien dienen können. Um einen Einblick zu bekommen, wie diese Materialien aussehen können, verlinken wir hier zwei exemplarische, im Rahmen des *Digital Ethics Lab* entstandene Lernvideos.

QR-Code 1:
QR-Code zum Video „Geschlechtergerechte Sprache?!", das im Rahmen des Digital Ethics Lab entstanden ist.
URL: https://www.youtube.com/watch?v=S0JWRYSnPDA.

QR-Code 2:
QR-Code „Was ist Menschenwürde? Kurz erklärt, was Menschenwürde bedeutet".[32]
URL: https://www.youtube.com/watch?v=hO8X0PF07Ks.

---

[32] Bleher, Menschenwürde.

4. STEP-BY-STEP ANLEITUNG

Um die Umsetzung eines *Digital Ethics Lab* zu erleichtern, ist hier in Abb. 1 eine Step-by-Step Anleitung für Dozierende abgebildet. Mit Hilfe dieser kann überblickshaft nachvollzogen werden, welche Schritte die Organisation einer solchen Lehrveranstaltung umfassen.

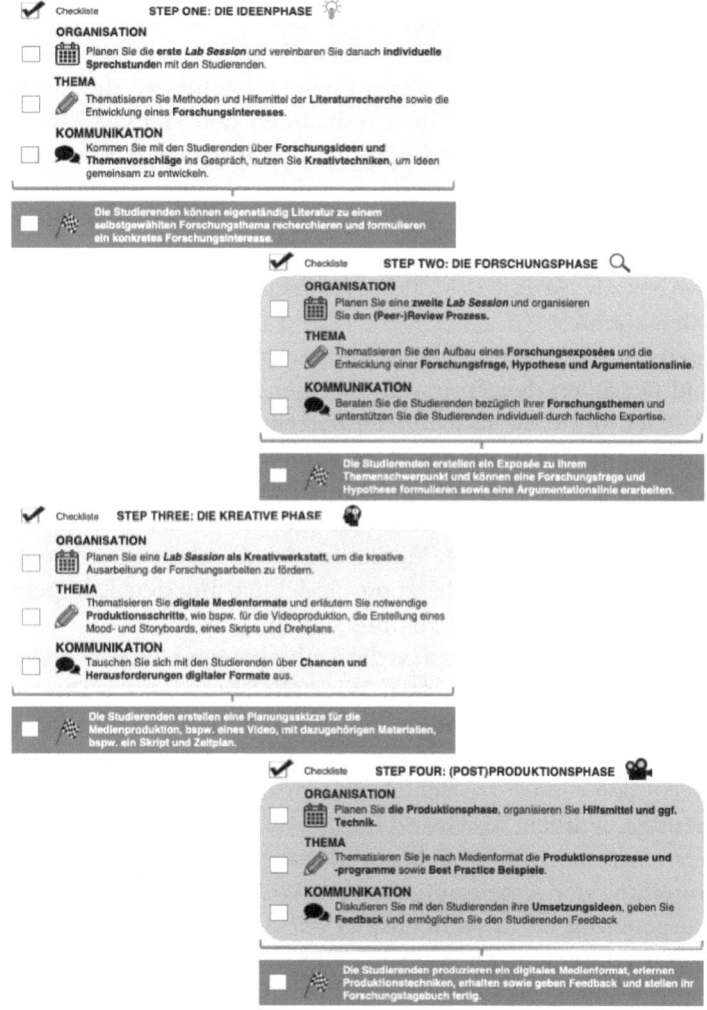

Abb. 1: Step-by-Step Anleitung zur Durchführung eines *Digital Ethics Lab*, gegliedert nach den vier Phasen der Lehrveranstaltung (erstellt von den Autor:innen).

5. FAZIT UND AUSBLICK

Anhand des *Digital Ethics Lab* haben wir in diesem Beitrag gezeigt, inwiefern die digitale Souveränität als ein Bildungsziel formuliert werden kann und wie sich die Befähigung zur digitalen Souveränität durch die Vermittlung von Selbst- und digitalen Medienkompetenzen in einem didaktischen Konzept Forschenden Lernens ganz praktisch darstellen lassen kann. Digitale Souveränität verstehen wir im Sinne eines multidimensionalen Konzepts, wobei wir hier die individuelle Ebene in den Blick genommen haben. Auf dieser Ebene verstehen wir digitale Souveränität als die Möglichkeit, dass Individuen den Herausforderungen der Digitalisierung souverän begegnen und ihre eigenen Lebenspläne im digitalen Raum selbstbestimmt verfolgen können. Inwiefern das *Digital Ethics Lab* konkret zur digitalen Souveränität befähigt, gilt es bildungswissenschaftlich weiter auszuwerten. Drei Erfahrungen zeichnen sich bereits ab, woran die bildungswissenschaftliche Forschung anschließen könnte:

Erstens, Studierende reagieren überaus positiv auf das Seminarangebot und begrüßen den Freiraum für eigenständiges und kreatives Arbeiten, ebenso wie die individuelle Betreuung, das Coaching und die enge Zusammenarbeit im Lab. Studierende, die das *Digital Ethics Lab* erfolgreich abgeschlossen haben, melden zurück, dass sie für sich einen hohen Lernerfolg sowohl fachlich als auch methodisch und praktisch in Bezug auf die digitale Medienproduktionskompetenz verzeichnen. Was diese Selbsteinschätzung tatsächlich für den Kompetenzerwerb bedeutet, gilt es näher zu untersuchen.

Zweitens beobachten wir, dass die Teilnehmerzahlen sich im Verlauf der Lehrveranstaltung verändern. Wir stellen fest, dass das Durchhaltevermögen der Teilnehmenden vor allem am Übergang von der Forschungsphase zur Kreativen Phase „schwächelt". In allen bisherigen Seminargruppen reduzierte sich ab diesem Zeitpunkt die Zahl der Teilnehmenden deutlich. Als Grund für ihr Ausscheiden geben die Studierenden meist mangelnde Selbstorganisationsfähigkeit bezüglich der Zeiteinteilung der Arbeitsaufgaben an. Welche Rolle Selbstorganisationskompetenzen im Zusammenspiel mit der Förderung von Medienkompetenzen spielen, gilt es noch näher zu untersuchen, um die Kompetenzvermittlung so effektiv wie möglich gestalten zu können.

Drittens stellen wir fest, dass die Teilnehmenden mit sehr unterschiedlichen Niveaus bezüglich der digitalen Medienproduktionskompetenzen in den Lernprozess einsteigen und darum die Produktion der

Inhalte unterschiedlich viel Zeit und Mühe beansprucht. Wie diese Unterschiede zu bewerten sind, was die Gründe hierfür sind und welche Konsequenzen daraus für die Kompetenzvermittlung in Bezug auf das didaktische Konzept folgen, gilt es sowohl bildungswissenschaftlich als auch sozialethisch vor dem Hintergrund des normativen Anspruchs auf Bildungsgerechtigkeit im Sinne einer Befähigungsgerechtigkeit im Hinblick auf digitale Teilhabeprozesse näher zu analysieren.

Literatur

Bleher, Hannah, *Menschenwürde*, unter: https://www.ethik-lexikon.de/lexikon/menschenwuerde (abgerufen am 07.02.2022).

Blossfeld, Hans-Peter/Bos, Wilfried/Daniel, Hans-Dieter/Hannover, Bettine/Köller, Olaf/Lenzen, Dieter/McElvany, Nele/Roßbach, Hans-Günther/Seidel, Tina/Tippelt, Rudolf/Wößmann, Ludger, *Digitale Souveränität und Bildung*, Münster 2018.

Bundesministerium für Bildung und Forschung (BMBF), *Urheberrecht in der Schule. Ein Überblick für Schulen und (angehende) Lehrkräfte*, Berlin 2020.

Daniels, Norman. Reflective Equilibrium, unter: https://plato.stanford.edu/archives/spr2011/entries/reflective-equilibrium/ (abgerufen am 13.04.2022).

Dabrock, Peter, *Die Würde des Menschen ist granularisierbar. Muss die Grundlage unseres Gemeinwesens neu gedacht werden?*, in: Evangelischer Pressedienst. Dokumentation 22 (2018), 8–16.

Dittler, Ullrich/Kreidl, Christian, *Digitale Bildung in Hochschulen aus Sicht der Studierenden: Wahrnehmung des Status quo, Erwartungen und Wünsche*, in: Fürst, Ronny Alexander (Hg.), Digitale Bildung und Künstliche Intelligenz in Deutschland. Nachhaltige Wettbewerbsfähigkeit und Zukunftsagenda, Wiesbaden 2020, 457–474

Ebner, Julia, *Radikalisierungsmaschinen. Wie Extremisten die neuen Technologien nutzen und uns manipulieren*, Berlin 2019.

Ehlers, Ulf-Daniel, *Future Skills. Lernen der Zukunft – Hochschule der Zukunft*, Wiesbaden 2020.

Europäische Kommission, *Europäischer Rahmen für die digitale Kompetenz Lehrender (DigCompEdu)*, unter: https://ec.europa.eu/jrc/en/digcompedu (aufgerufen am 20.04.2022).

Floridi, Luciano, *Die 4. Revolution. Wie die Infosphäre unser Leben verändert*, Berlin 2015, (engl. *The 4th revolution. How the infosphere is reshaping human reality*, Oxford 2014).

Galloway, Scott, *The Four. Die geheime DNA von Amazon, Apple, Facebook und Google*, Kulmbach ²2018, (engl. *The Four. The hidden DNA of Amazon, Apple, Facebook, and Google*, New York 2017).

Harari, Yuval Noah, *21 Lektionen für das 21. Jahrhundert*, München 2018, (engl. *21 Lessons for the 21st Century*, New York 2018).

Hochschulforum Digitalisierung, *The Digital Turn. Hochschulbildung im digitalen Zeitalter*, Berlin 2016.

Huber, Ludwig, *Warum Forschendes Lernen nötig und möglich ist*, in: Huber, Ludwig/Hellmer, Julia/Schneider, F. (Hg.), Forschendes Lernen im Studium. Aktuelle Konzepte und Erfahrungen, Bielefeld 2013, 9–35.

Hummel, Patrik/Braun, Matthias/Tretter, Max/Dabrock, Peter, *Data Sovereignty: A Review*, in: *Big Data & Society* 8 (2021). https://doi.org/10.1177/2053951720982012.

Hummel, Patrik/Braun, Matthias/Augsberg, Steffen/von Ulmenstein, Ulrich/Dabrock, Peter, *Datensouveränität. Governance-Ansätze für den Gesundheitsbereich*, Wiesbaden 2021. https://doi.org/10.1007/978-3-658-33755-1.

Kreidl, Christian/Dittler, Ullrich, *Wo stehen wir? Ergebnisse einer umfassenden empirischen Studie zu Lernen und Unterricht an Hochschulen heute*, in: Kreidl, Christian/Dittler, Ullrich, Hochschule der Zukunft. Beiträge zur zukunftsorientierten Gestaltung von Hochschulen, Wiesbaden 2018, 35–62.

Kultusministerkonferenz, *Bildung in der digitalen Welt. Strategie der Kultusministerkonferenz*, Berlin 2016.

Kultusministerkonferenz, *Lehren und Lernen in der digitalen Welt Ergänzung zur Strategie der Kultusministerkonferenz „Bildung in der digitalen Welt"*, Berlin 2021.

Leiner, Martin, *Methodischer Leitfaden Systematische Theologie und Religionsphilosophie*, Göttingen 2008.

Mai, Jochen, *Kreativitätstechniken: Übersicht 20 genialer Tipps & Methoden*, unter: https://karrierebibel.de/kreativitaetstechniken/ (abgerufen am 13.04.2022).

Mieg, Harald A./Lehmann, Judith (Hg.), *Forschendes Lernen. Wie die Lehre in Universität und Fachhochschule erneuert werden kann*, Frankfurt am Main/New York 2017.

Müller, Jane/Thumel, Mareike/Potzel, Katrin/Kammerl, Rudolf, *Digital Sovereignty of Adolescents*, in: MedienJournal 44 (2020): 30–40. https://doi.org/10.24989/medienjournal.v44i1.1926.

Müller-Lietzkow, Jörg, *Quo Vadis Digitale Bildung?*, in: Friedrichsen, Mike/Bisa, Peter-J., Digitale Souveränität. Vertrauen in der Netzwerkgesellschaft, Wiesbaden 2016, 305–323.

Pohle, Julia/Thiel, Thorsten, *Digital Sovereignty*, in: *Internet Policy Review* 9 (2020). https://doi.org/10.14763/2020.4.1532.

Stalder, Felix, *Kultur der Digitalität*, Berlin 2015.

Tödt, Heinz Eduard, *Perspektiven theologischer Ethik*, München 1988.

Tretter, Max, *„Digitale Souveränität" als Kontrolle. Zentrale Formen digitaler Kontrollausübung und ihr Verhältnis zueinander*, in: Glasze, Georg/Odzuck, Eva/Staples, Ronald (Hg.), Was heißt digitale Souveränität? Diskurse, Praktiken und Voraussetzungen „individueller" und „staatlicher Souveränität" im digitalen Zeitalter, Bielefeld 2022, 89–125.

Vater, Klaus-Hinrich, *Kompetenzen für das digitale Zeitalter schaffen*, in: Friedrichsen, Mike/Wersig, Wulf (Hg.), Digitale Kompetenz. Herausforderungen für Wissenschaft, Wirtschaft, Gesellschaft und Politik, Wiesbaden 2020, 201–205.

Véliz, Carissa, *Privacy is Power. Why and how you should take back control of your data*, London 2020.

Wulf, Carmen/Haberstroh, Susanne/Petersen, Maren (Hg.), *Forschendes Lernen. Theorie, Empirie, Praxis*, Wiesbaden 2020.

Zuboff, Shoshana, *Das Zeitalter des Überwachungskapitalismus*, Frankfurt am Main/New York 2018 (engl. The Age of Surveillance Capitalism. The Fight for a Human Future at the New Frontier of Power, New York 2019).

Autor*innenverzeichnis

Bleher, Hannah, Dipl. theol., Wissenschaftliche Mitarbeiterin am Lehrstuhl für Sozialethik der Rheinischen Friedrich-Wilhelms Universität Bonn, Projektleiterin des *Digital Ethics Lab*.
Kontakt: hbleher@uni-bonn.de

Dietz, Sebastian, Mag. theol., Wissenschaftlicher Mitarbeiter in der Nachwuchsgruppe *Herrschaft* an der Katholisch-Theologischen Fakultät der Julius-Maximilians-Universität Würzburg.
Kontakt: sebastian.dietz@uni-wuerzburg.de

Frankenreiter, Ivo, Dr. theol., B.A. phil., Wissenschaftlicher Mitarbeiter am Lehrstuhl für Christliche Sozialethik an der Ludwig-Maximilians-Universität München.
Kontakt: ivo.frankenreiter@lmu.de

Greger, Timo, Dipl. sc. pol. Univ, M.A. phil., Wissenschaftlicher Mitarbeiter am Lehrstuhl für Wissenschaftstheorie an der Ludwig-Maximilians-Universität München, Wissenschaftlicher Koordinator / Co-Projektleiter „KI und Ethik".
Kontakt: timo.greger@lrz.uni-muenchen.de

Hänselmann, Eva, Dr. sc. hum., M.A., Wissenschaftliche Mitarbeiterin im DFG-Projekt „Zukunftsfähige Altenpflege. Sozialethische Reflexionen zu Bedeutung und Organisation personenbezogener Dienstleistungen" am Institut für christliche Sozialethik an der Westfälischen Wilhelms-Universität Münster.
Kontakt: eva.haenselmann@uni-muenster.de

Helmus, Caroline, Dr. phil., Wissenschaftliche Mitarbeiterin am Institut für Katholische Theologie der Universität zu Köln und im DFG-Projekt „Ist „glauben" ein universales Vermögen? Zur Möglichkeit des

Glaubensvollzugs bei von Geburt an schwerster kognitiver Beeinträchtigung" (Prof. Dr. Saskia Wendel, Universität Tübingen).
Kontakt: chelmus1@uni-koeln.de/caroline.helmus@uni-tuebingen.de

Kistler, Sebastian, Dr. theol., Wissenschaftlicher Mitarbeiter am Lehrstuhl für Christliche Sozialethik der LMU München im BMBF-Projekt „Vorsorge und Innovation als ethische Prinzipien in der Bioökonomie" und Vertreter der Professur für Theologische Sozialethik und Gesellschaftswissenschaften an der Universität Regensburg (Teilzeit).
Kontakt: s.kistler@lmu.de

Kunkel, Nicole, Dipl. theol., promoviert am Lehrstuhl für Systematische Theologie mit dem Schwerpunkt Ethik und Hermeneutik an der Humboldt-Universität zu Berlin zur ethischen Beurteilung von letalen autoregulativen Waffensystemen.
Kontakt: nicole.kunkel@student.hu-berlin.de

Palkowitsch, Alexandra, MA BSc BA, Universitätsassistentin (Praedoc) am Fachbereich für Sozialethik des Instituts für Systematische Theologie und Ethik der Katholisch-Theologischen Fakultät der Universität Wien.
Kontakt: alexandra.palkowitsch@univie.ac.at

Puzio, Anna, Dr., Mag. Theol., M.A., ist als Postdoctoral Researcher an der University of Twente tätig und arbeitet hier im niederlandeweiten Forschungsprogramm ESDiT (Ethics of Socially Disruptive Technologies) zu Themen der Technikethik, Technikanthropologie und Umweltethik.
Kontakt: www.anna-puzio.com, a.s.puzio@utwente.nl

Reiners, Simon, M.A. phil., Wissenschaftlicher Mitarbeiter am Oswald von Nell Breuning Institut für Wirtschafts- und Gesellschaftsethik der Philosophisch-Theologischen Hochschule Sankt Georgen in Frankfurt am Main. Er promoviert an der Goethe-Universität Frankfurt am Lehrstuhl für Sozialphilosophie zum Verhältnis von Neo-materialistischen Feminismen und der Kritischen Theorie Frankfurter Schule.
Kontakt: reiners@sankt-georgen.de

Riedl, Anna Maria, Dr. theol., M.A., Juniorprofessorin für Christliche Sozialethik mit Forschungsschwerpunkt nachhaltige Entwicklung an der Universität Bonn
Kontakt: amriedl@uni-bonn.de

Tischendorf, Maike, Studentische Hilfskraft im Projekt Digitale Souveränität Jugendlicher an der Friedrich-Alexander-Universität Erlangen-Nürnberg, Tutorin für das *Digital Ethics Lab.*
Kontakt: maike.tischendorf@fau.de

Tretter, Max, Dipl. theol., Wissenschaftlicher Mitarbeiter am Lehrstuhl für Systematische Theologie II (Ethik) an der Friedrich-Alexander-Universität Erlangen-Nürnberg, Co-Projektleiter des *Digital Ethics Lab.*
Kontakt: max.tretter@fau.de

Veith, Werner, Dr. theol., M.A., AkadORat am Lehrstuhl für Christliche Sozialethik und Leiter der Geschäftsstelle des Departments Katholische Theologie an der Ludwig-Maximilians-Universität München
Kontakt: werner.veith@lmu.de